国家林业和草原局普通高等教育"十三五"规划教材

高等院校园林与风景园林专业系列教材

U0162090

风景 PRINCIPLES OF LANDSCAPE ARCHITECTURE
园林学原理

林 箐 张晋石
薛晓飞 等◎编著

中国林业出版社
China Forestry Publishing House

内容简介

本教材共 6 章内容，第 1 章阐述了风景园林学的概念以及它与相关学科的关系，第 2 章介绍了风景园林的发展历史和当今理论研究和实践的状况；第 3 章介绍了风景园林实践的过程和内容；第 4~6 章分别从空间、生态和社会角度阐述了风景园林学的基本原理。

本教材是风景园林专业的基础理论教材，通过对风景园林学科广泛而全面的介绍，使学生建立正确的专业认识，构建基本的知识框架和均衡的价值体系，为进一步的专业课学习打好基础。本教材视野广阔，内容全面系统，文字深入浅出，不仅可用作高等院校风景园林、园林、景观设计、环境艺术、园艺、城乡规划等专业教材，也可供相关专业的从业人员参考。

图书在版编目（CIP）数据

风景园林学原理 / 林箐、张晋石、薛晓飞等编著. —北京：中国林业出版社，2020.07（2022.7 重印）
国家林业和草原局普通高等教育"十三五"规划教材　高等院校园林与风景园林专业系列教材
ISBN 978-7-5219-0444-4

Ⅰ.①风…　Ⅱ.①林…②张…③薛…　Ⅲ.①园林设计—高等学校—教材　Ⅳ.①TU986.2

中国版本图书馆CIP数据核字（2019）第301452号

中国林业出版社·教育分社

策划、责任编辑：康红梅　　　**责任校对：**苏　梅
电话：83143551　83143527　　　**传真：**83143516

出版发行　中国林业出版社 (100009 北京市西城区德内大街刘海胡同7号)
　　　　　　E-mail：jiaocaipublic@163.com　电话：(010)83143500
　　　　　　http://www.forestry.gov.cn / lycb. html
经　销　新华书店
印　刷　北京中科印刷有限公司
版　次　2020 年 7 月第 1 版
印　次　2022 年 7 月第 2 次印刷
开　本　889mm×1194mm　1/16
印　张　12.75
字　数　352千字
定　价　53.00元

《风景园林学原理》
编 著 人 员

林　箐（北京林业大学）

张晋石（北京林业大学）

薛晓飞（北京林业大学）

郭　巍（北京林业大学）

郑　曦（北京林业大学）

黄　晓（北京林业大学）

前　言

　　风景园林学是一门古老而又现代的学科。说它古老，是因为它是几千年来人类为生产生活而改造自然环境所积累的艺术和经验，与人类文明的历史一样久远。说它现代，是因为它为了应对工业革命之后人类所面临的一系列前所未有的问题和挑战，通过不断地吸收现代科学技术的成果和相关学科的理论和实践经验，逐渐发展为一门视野广阔的关于人类生存环境保护和建设的学科。今天，风景园林的领域前所未有的宽广，内涵日益丰富，价值体系也越来越多元。这些内容是风景园林专业的学生应当了解的学科背景和基础知识。

　　风景园林学又是一门应用学科，规划设计是学科的核心内容，也是教学中最重要的环节。然而，除了美学和技巧，风景园林规划设计还需要价值观和方法论的指导。缺少方法论的指导，学生学习规划设计可能就是事倍功半；而缺乏价值观的正确引导，再漂亮的设计也可能是南辕北辙。因此，对于风景园林的初学者来说，建立正确的专业价值观和科学的方法论，是进行专业学习的基础。

　　中国的风景园林不仅具有悠久而丰富的历史，而且，在近40年中国现代化、城镇化的快速发展中，它在自然环境保护和人居环境建设方面发挥了不可替代的作用。目前，它还在不断地发展，今后在协调人类与环境的关系上将会发挥更大的作用。中华人民共和国的风景园林教育走过了60多年，已经取得了丰硕的成果，培养了大量的专业人才，也形成了独具特色的教学体系。但为了应对社会和行业的巨大变化，为了学科的未来发展，风景园林教育需要增加更丰富的内容，吸收更多、更新的理论以完善教学体系。

　　在学科飞跃发展的背景下，我们编写了《风景园林学原理》，目的是为了让风景园林的初学者能够在短时间内对风景园林学的概念、历史、现状、价值体系、理论方法等有一个初步且全面的了解，引导学生走进风景园林学科的大门。全书共6章内容，1~2章包括对风景园林学概念的阐述，与相关学科的比较辨析，风景园林的发展历史以及当今理论研究和实践的状况；第3章介绍了风景园林实践的过程和内容；第4~6章分别从空间、生态和社会角度阐述了风景园林学的基本原理。

　　本教材是风景园林专业的基础理论教材，通过对风景园林学科广泛而全面的介绍，能够使学生在学习风景园林专业之初，建立正确的专业认识，构建基本的知识框架和均衡的价值体系，为进一步的专业课学习打好基础。

　　本书的编写分工如下：

第1章	第2章	第3章	第4章	第5章	第6章
林　箐	林　箐、薛晓飞、黄　晓	林　箐、薛晓飞	郭　巍	张晋石	林　箐、郑　曦

此外，感谢雷芸副教授对本教材部分内容提出的宝贵意见和建议，感谢北京林业大学历届研究生在资料查找、图纸绘制等方面做的工作，他们是：吴菲、郁聪、杜小玉、夏甜、张蓬艳、韩冰、肖鸿堉、陈航、刘颖妍、杨涵株、张阁、吕方舟、李宏倩等同学。

本教材在写作过程中，参考了国内外大量资料，我们尽可能地在参考文献中列出。但由于本书涉及的内容非常庞杂，资料来源极其广泛，由于各种原因难免会有一些文献资料的出处被遗漏。在此，我们对这些作者表示歉意和衷心的感谢！

为了编写《风景园林学原理》，团队成员从零开始，凭借多年的专业研究和实践，依靠长期的教学积累，根据国内风景园林专业的特点，经过反复研究，最终确定了教材的基本结构和主要内容。由于是初次编写，也缺少国内外类似的书籍或者教材作为借鉴，加之涵盖的内容又非常广泛，因而书中的内容难免有不当之处，期望同仁与读者予以指正，反馈意见，以便在再版时能补充、修改和完善。

林　箐
2019年8月

目 录

第1章

绪 论

1.1 风景园林学的概念

风景园林学的内涵和外延，随着时代、社会和生活的发展，随着相关学科的发展，不断丰富和扩大。风景园林学的英文为 Landscape Architecture，这个词今天所代表的内容与它产生之初的含义已经有了很大差别。

1.1.1 名词的起源和确立

"landscape"一词源于荷兰语"Landschap"，16世纪末随着荷兰风景画（Landscape Painting）的影响传入英语语言中，用于表述这些描绘大地风景，尤其是表达内陆自然风景的绘画（图1-1）。到了17世纪，欧洲的古典主义风景画家们热衷于描绘希腊和罗马郊外的乡村，尤其喜爱用古代建筑装饰的风景（图1-2）。

1754年，英国诗人沈斯通（Shenstone）提出"风景造园师"（Landscape Gardener）的概念，并将在场地上创造风景画般的赏心悦目的景观称为风景式造园（Landscape Gardening）。

1828年，英国绅士麦松（Gilbert Laing Meason）出版了《意大利伟大画家的风景建筑》（*The Landscape Architecture of the Great Painters of Italy*）一书，建议设计师去学习提香（Titian）、普桑（Poussin）、克劳德·洛兰（Claude）等画家的风景画作品中建筑与其环境之间的关系。这是历史上首次有人运用 Landscape Architecture 这个词。当时著名的园林作家劳登（John Claudius Loudon）注意到了 Landscape Architecture 这个词，并借这一名词作为自己编撰的《H·莱普顿先生晚期的风景式造园与风景建筑》（*The Landscape Gardening and Landscape Architecture of the Late H. Repton Esq*，

图1-1 荷兰画家雅各布·凡·雷斯达尔（Jacob van Ruisdael）的风景画（http://en.wikipedia.org）

图1-2 普桑的绘画"菲基翁的葬礼"（http://en.wikipedia.org）

1840 年）的书名，指的是适合放在经过人工设计的风景中的建筑（图 1-3）。

美国的园林设计师和园林作家唐宁（A. J. Downing）对劳登非常推崇，认为他是"这个时代最杰出的造园方面的作家"。唐宁在自己的写作中也使用了 Landscape Architecture 一词。唐宁的两位朋友——奥姆斯特德（Frederick Law Olmsted）和沃克斯（Calvert Vaux）1858 年合作纽约中央公园设计竞赛的方案时，他们称自己为"风景建筑师"（Landscape Architects）。由于奥姆斯特德在这一行业中的影响，Landscape Architecture 作为行业的名称逐渐被大家接受。还因为奥姆斯特德大量从事公园和公园系统方面的工作，由此人们自然地将这一名词更多地与公共项目联系起来（图 1-4）。

1898 年，美国风景园林师协会（American Society of Landscape Architects，ASLA）成立。1900 年，哈佛大学首次开设了 Landscape Architecture 专业，自此，Landscape Architecture 作为专业和学科的名称在美国得到确立。

图1-3 莱普顿设计的风景园Ashton Court
（http://vimeo.com）

图1-4 奥姆斯特德与沃克斯设计的纽约中央公园

由于奥姆斯特德设计和规划的纽约中央公园、波士顿翡翠项链等项目在欧洲的影响，他所提出的 Landscape Architecture 一词也逐渐被欧洲学者所接受，苏格兰生物学家、社会学家和城市规划思想家盖迪斯（Patrick Geddes）和英国园林设计师莫森（Thomas Mawson）都是最早一批接受和引用这个名词的欧洲学者。

1948 年，来自欧洲和北美的 15 个国家的代表在英国剑桥成立了国际风景园林师联合会（International Federation of Landscape Architects，IFLA），英国的著名学者和设计师杰弗里·杰里科爵士（Sir Geoffrey Jellicoe）担任了首任主席。自此，Landscape Architecture 作为专业和学科的名称在国际上得到承认。

20 世纪 20 年代，Landscape Architecture 作为一个专业术语从国外传入中国，1930 年陈植先生首次将此翻译为"造园学"，并在 1935 年给造园学下过一个定义，即"关于土地之美的处置，而为系统的研究也"，这个解释可以说与同时期国际上对 Landscape Architecture 的定义是基本一致的。当时中国一些农学院的园艺系、森林系或工学院的建筑系相继开设"庭院学"或"造园学"课程。中华人民共和国成立后，原北京农业大学园艺系和清华大学营建学系在 1951 年联合成立"造园组"，第一次成为一个独立的高等教育专业。1956 年，随着国家院系大调整，该专业转入原北京林学院（现北京林业大学），并借鉴苏联高等教育体系改名为"城市及居民区绿化系"，从 20 世纪 70 年代末到进入 21 世纪，专业名称又从"园林"发展为"风景园林"，并固定下来。20 世纪 90 年代以后，越来越多的院校设立了 Landscape Architecture 专业，但是中文对应名称并不统一，有园林、风景园林，也有从英文直译过来的景观建筑学、景观、景观设计等。2011 年，国务院学位委员会和教育部将风景园林学列为 110 个一级学科之一，自此，Landscape Architecture 在中国大陆的官方名称得到确定。

在专业组织的建设方面，1983 年在中国建筑学会下建立园林学会，并出版学刊《中国园林》。1985

年，中国代表以观察员身份参加了第 23 届 IFLA 大会，与世界专业组织建立了联系。1989 年独立建会，正式称为"中国风景园林学会"（Chinese Society of Landscape Architecture，CHSLA）。

1.1.2 定义的发展

Landscape Architecture 这一名词的含义不仅在形成的过程中发生了很大的变化，而且在它确立为专业名称之后其含义也是在不断发展的。

1910 年，美国风景园林师协会主席 C·W·埃利奥特对它做了如下解释：Landscape Architecture 主要是一门艺术，它最重要的作用是创造和保存人类居住环境和更大郊野范围内的自然景色的美；但它也涉及城市居民的舒适、方便和健康的改善。

美国园林历史学家诺曼·纽顿（Norman Thomas Newton），1971 年在其著作《大地上的设计》（*Design on the Land: The Development of Landscape Architecture*）中写道：Landscape Architecture 是指安排土地以及土地上的空间和物体的艺术，以使人类能够安全有效地对之加以利用，并达到增进健康和快乐的目的——如果愿意，也不妨称之为科学。历史上无论何时何地，只要这种艺术被从事，那么它的方法和结果，用今天的术语讲，都叫 Landscape Architecture。它一般包括分析问题、提出解决办法并指导措施的施行。什么问题呢？说起来也许宽广无边，但它所涉及的内容一直都与人类对户外空间以及土地的利用相关。

2000 年，美国风景园林师协会（ASLA）指出：Landscape Architecture 可以广泛地定义为有关土地的分析、规划、设计、管理，以及保护和恢复的艺术和科学⋯⋯Landscape Architecture 涉及建筑学、市政工程学和城市规划学所有这些设计职业，将它们各自的要素加以整合，利用这些要素设计出人与土地之间具有美学和实用价值的关系⋯⋯通过为人类和其他生物做出最佳的场所设计，来提高他们的生活质量。

《简明不列颠百科全书》中对于 Landscape Architecture 的解释如下：是为了满足人们的物质和精神生活的需要而对土地和地上物体进行布置的艺术。除了园林与景观设计以外，还有以下几方面的内容：总平面设计、土地规划、总体规划、城市设计、环境规划。

杰弗里·杰里科和苏珊·杰里科在《牛津园林指南》中写道：Landscape Architecture 是使用土、水、植被和构筑物等材料来设计和整合大地上自然和人工要素的科学和艺术。Landscape Architecture 肩负着为各种用途及居住创造场所的责任。

从上述定义可以看出，20 世纪初，人们对于这一词汇的认识仍然带有相当的美学倾向，意味着一个美的自然场所。而随着时代的发展，随着专业实践领域的拓展，人们认识的改变，这个词汇涵盖的范围越来越宽广，也越来越脱离了美学的评判，工作领域从居住环境和郊野扩展到整个大地，服务对象从人类扩大到所有生物。定义上的变化反映了这个行业在过去 100 多年的发展历史。

1.1.3 现代风景园林学与传统造园学的关系

相对于现代风景园林学 100 多年的历史，风景园林艺术和人类文明的历史一样久远，它已经形成并发展了几千年。但是，在历史上这些工作并不是由"风景园林师"来完成的，而是由各种不同职业的人所从事，比如官员、贵族、国王、诗人、画家、文人、建筑师、园丁、工匠、农民、僧侣还有风水先生等。如果我们以现代风景园林学的眼光来审视我们学科的历史，会发现这些历史包含在园林史、建筑史、城市发展史、水利史、农业史等人类

图1-5 杭州西湖是由古代水利、城市、宫苑等建设活动共同塑造的（张圣东摄）

改造环境、建设家园的历史当中（图1-5）。

世界上很多国家都有悠久的建造园林的历史。人类祖先的造园活动，是为了创造更美好的生活环境。早期的园林往往与生活的实际需求紧密结合，实用性大于观赏性，因此也与建筑、农业等的关系更为密切。经过几千年的发展，在不同文化圈内，造园艺术都发展成为了一门创造具有观赏价值和使用功能的室外空间的独立艺术。在最近100多年，随着工业化和现代化对自然环境、对人类生产生活方式的改变，以及城市扩张、交通拥挤和环境污染等现实问题，传统造园学的理论和方法越来越不能满足时代的需求，因此这个学科不断地吸收科学技术的成果，吸收相关学科的理论和实践经验，从而发展壮大，成为视野更为宽广、地位日益重要的一门关于人类生存环境保护和建设的学科——风景园林。

传统造园学的理论和实践构成了现代风景园林学历史与理论的重要组成部分，也是今天风景园林师学习和获取灵感的源泉。但是随着社会的发展，现代风景园林学还涵盖了许多传统造园学中不包含的内容，如居住区规划，村镇规划，区域规划，生态规划，人工湿地的营造，棕地的恢复等。

1.2 风景园林学教育、研究和实践

1.2.1 风景园林学教育结构

我国风景园林教育已经形成了中职、高职、专科、本科、硕士、博士的阶梯状教育结构。

1.2.2 风景园林学研究范围

风景园林学是一门实践学科，实践的需求是推动研究的最大动力。社会生活和科学技术的不断发展使得风景园林的实践范围不断地扩大，也与越来越多的学科产生了交叉，因而风景园林学的研究领域也在不断扩展，程度也在不断加深。

目前风景园林学的研究范围主要包括：

规划设计理论，包括场地规划原理，空间设计原理，各种不同类型项目的规划设计方法，区域规划、生态规划、地理设计等的理论和方法。

风景园林的历史，包括园林史及建筑史、城镇建设史、农业史和水利史中的相关部分。

自然和生态的研究，包括植物的生态习性及其应用，植物群落，湿地，景观生态学，恢复生态学。

风景园林技术，包括新材料新技术的应用，工程技术的革新，数字化设计与建造，生态技术。

社会科学领域的研究，包括风景园林经济学，风景园林社会学，环境心理学，风景园林管理、法规和政策等。

哲学领域的研究，如美学，风景园林艺术思想。

1.2.3 风景园林学实践领域

风景园林实践的领域随着社会发展而越来越广泛。

从工作的对象来看，风景园林实践的领域包括：住宅庭院，居住区环境，公园，主题公园，动植物园，纪念园地，城市公共空间，建筑内外环境，大地艺术与大地雕塑，历史遗迹地，企业园区与大学校园，旅游胜地和度假村，运输走廊及城市基础设施，湿地，乡村，国土等。

从工作的性质来看，风景园林实践包括研究、咨询、规划、设计、施工和管理。

1.3 风景园林学与相关学科的关系

1.3.1 风景园林学与城乡规划学

现代城乡规划学科是以城乡建成环境为研究对象，以城乡土地利用和城市物质空间规划为学科的核心，结合城乡发展政策、城乡规划理论、城乡建设管理等社会性问题所形成的综合研究内容。现代城乡规划学是在19世纪末20世纪初形成的，但是与风景园林学一样，城乡规划的思想和历史非常久远。历史上的城市规划往往是由统治者、建筑师、园林师和军事工程师来完成的

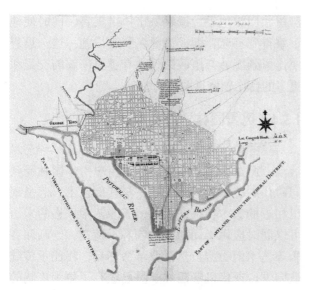

图1-6　军事工程师朗方提出的美国首都华盛顿的规划方案
（http://en.wikipedia.org）

图1-7　苏州网师园，建筑和园林有机融合

（图1-6）。在美国，城市规划在成为一门独立的学科之前，一直与风景园林交织在一起。哈佛大学1909年在风景园林系中开设了美国第一门"城市规划"课程，1929年成立美国第一个城市规划系，至此城市规划才从风景园林中分化出来。无论是历史还是今天的理论与实践，风景园林学与城乡规划学都有许多交集，如城市设计、社区规划、乡村规划等，许多理论和方法都是共享的。

1.3.2　风景园林学与建筑学

建筑学是一门关于建筑设计和建造的艺术和技术的综合科学。无论古今，建筑与风景园林都是密不可分的。历史上伟大的建筑，如埃及哈特谢普苏特女王神庙、希腊雅典神庙、中国的万里长城，都是紧密结合了自然环境并与自然景观相互映衬，形成建筑与环境的共同体。从人们的居住建筑来说，有建筑就有庭院，历史上的很多建筑都是与庭院一起设计并形成统一的整体。如罗马郊外的别墅和中国古代的宅院，建筑与园林有机融合，难分彼此（图1-7）。在工业革命以前，风景园林的主体还是园林和庭院，那时它与建筑艺术的关系非常紧密，很多设计师既设计建筑，也设计园林。进入现代社会以来，建筑技术越来越复杂，风景园林的实践范围也越来越广泛，但两者的交集仍然很多，如建筑庭院、建筑外环境、城市步行街与广场、屋顶绿化、绿色建筑等。当前，风景园林学、建筑学与城乡规划学一起，成为3个互有交集的姊妹学科，成为指导人居环境建设的重要理论和方法。

1.3.3　风景园林学与市政工程学

市政工程是指城市建设中的各种公共交通设施、给水、排水、燃气、城市防洪、环境卫生及照明等基础设施，有关市政工程的学科包含了道路和桥梁工程、给排水工程、污水处理、垃圾处理、防洪工程、城市供热供气工程等。在中国，城市园林绿化一直被主管部门列为市政工程的一部分，换言之，园林绿地属于城市基础设施，这与国际上近年来"绿色基础设施"的思想是契合的。园林绿地的建设本来就涉及内部的市政管线和设施，需要与市政工程专业的人员合作；同时，园林绿地自身可能承担了一些市政工程的作用。如城市河道两旁的滨水公园，它承担着防洪泄洪的重要功能，不仅仅是城市绿地，更是一项美化、功能化和生态化的市政工程，需要运用多方面的知识。今天的风景园林，强调用绿地更多地与其他市政工程结合，以更生态的方式建造城市。如用绿地代替部分城市雨水管网的功能，加强雨水

图1-8　街道旁的雨水花园（http://ggwash.org）

图1-9　大地艺术作品"螺旋形防波堤"

（王向荣、林箐，2002）

图1-10　纽约高线公园的丰富多彩的植物景观由荷兰

设计师奥多夫（Piet Oudolf）设计

滞留和回渗地下，减轻城市雨洪灾害，同时使地下水得到补充，即成为绿色基础设施。这一思想使得风景园林与市政工程学有了更广阔的交集和更多的合作领域（图1-8）。

1.3.4　风景园林学与艺术

在古代，造园与绘画、音乐一样是一种艺术活动，而造园兼具实用功能。历史上，园林受到同时代的艺术思想的影响，与其他艺术一起呈现出相近的艺术特征，因此，一些艺术风格的术语可以同时应用于同时代的园林、建筑、绘画和音乐等艺术门类。虽然工业革命之后，相比于传统造园学，现代风景园林学科已经有了更为广阔的内涵和外延，已经不仅仅关注美学效果，但今天的风景园林仍然与艺术有着密切的关系，它既是一门艺术，也是一门科学。艺术领域的思想变化不可避免地会影响到风景园林的实践。同时，相比于古典艺术，现代艺术的范畴和形式也有了很大的变化。很多艺术作品出现在户外空间中，人人可以欣赏、接近。这类公共艺术，与其所处的空间密不可分，是室外空间设计中的重要要素。而现代艺术中的大地艺术，以自然环境为载体，将艺术与大自然有机结合，在场地、材料、手法上与风景园林有很多的相似之处，也带给风景园林师很多的启发（图1-9）。

1.3.5　风景园林学与园艺学

植物是风景园林的主要材料，植物材料的特性怎样，如何使用，如何管理，能发挥什么样的生态功能，是风景园林师需要了解并掌握的知识和技能，而这些都是园艺学的研究领域（图1-10）。园艺学是人类为了利用植物而研究植物的分类、资源、栽培与繁育的技术和科学。研究对象可以是食用、药用、观赏或者具有其他价值的植物。园艺学的研究为风景园林的理论与方法提供了科学的支撑，而风景园林的实践又为园艺学提供了广阔的应用天地。园艺学也涉及花园和植物种植设计，这些都与风景园林产生交集。历史上，园艺与园林密不可分，掌握园艺学知识能够对植物进行栽培和养护管理的人称为"园丁"，这些人通常还具备园林规划设计的技能。西方很多著名历史园林的创造者都是园丁，如法国的凡尔赛就是由皇家园丁勒·诺特尔设计的。掌握一定的园艺学知识是风景园林师必要的基本技能，也是成为一个合格的风景园林师的必要条件。

1.3.6 风景园林学与生态学

生态学是研究生物与其环境之间的相互关系的科学。风景园林的工作对象是土地和土地上的自然和人工要素，关乎资源的保护和利用，目标是为了人类社会的发展和进步。在风景园林的实践中，如果人们违背了自然本身的规律，反过来人类自身就会受到惩罚。20世纪以后，全球人口的快速增长和人类活动干扰对环境与资源的压力越来越大，严重的污染和某些资源的短缺使人类自身的利益受到损害。人类迫切需要掌握生态学理论来调整人与自然、资源以及环境的关系，协调社会经济发展和生态环境的关系，促进人类社会可持续发展。生态学的研究领域非常广泛，其中森林、草原、湖泊等不同生境的生态学、群落生态学、生态系统生态学、城市生态学、景观生态学、恢复生态学等理论，都是风景园林研究和实践的基础，为风景园林实践如何遵循自然的基本规律提供了科学的指导。

1.3.7 风景园林学与地理学

地理学是研究地球表层自然要素与人文要素相互作用及其形成演化的科学。单从定义上看，研究的对象与风景园林学就有相当多的重叠，但地理学的研究范围比风景园林更为广阔。但风景园林学还涵盖对实体物质空间形态的塑造，这一方面在地理学中并不包含。地理学也研究景观（landscape），包括自然景观和文化景观的形成、特征、结构、格局和地域分异等，地理学的研究为我们深入了解风景园林研究或者实践的对象——土地及地上物提供了理论基础。

1.3.8 风景园林学与社会学

社会学 (sociology) 是研究人类社会、社会中的人以及人与社会相互关系的学科。社会学通过对人和人类社会的研究来探寻社会良性运行和协调发展的条件和机制。风景园林研究和实践的对象是人类生存的物质空间，常常基于功能、美学和生态等因素对空间的形态、尺度、数量和内容进行调整。当前，人们逐渐意识到物质空间的这些改变会影响到在其中生活的人们的情感、认知、行为和交往等，因此，它的调整也需要考虑人和社会的因素。同时，作为市政工程的风景园林也是一种社会利益的调整工具。因此，风景园林的实践活动除了遵循艺术、技术和生态的原则外，还应遵循一些建立在对人和社会的研究基础上，以维护人类社会的健康和发展为目标的原则和方法。在风景园林中引入社会学理论和方法有助于风景园林实践活动朝向促进社会进步的方向发展，这也成为近年来学科的一个新的发展方向。

小 结

风景园林是一门古老的艺术，它的历史比起今天广泛使用的学科名称的历史要长久得多。现代风景园林学针对工业化和现代化背景下，自然环境破坏、城市扩张、生产生活方式改变等问题，提出人类生存环境保护和建设的原则、方法和技术。它继承了历史上人类建造活动的经验，又吸取了更广阔范围的科学技术理论和实践经验，是今天的人居环境建设领域不可或缺的重要学科。

思考题

1. 什么是风景园林学？
2. 风景园林学与传统造园学是什么关系？

第2章

风景园林的历史

2.1 史前阶段

考古学和历史学的研究表明，人类（智人）出现于4万年以前。人类是生物进化的产物，但是随着人类的出现，这一进化过程发生了逆转。人类通过改变环境来适应自己的基因，而不再是改变自己的基因去适应环境。

旧石器时代的人类群居在山洞里或部分地群居在树上，过着食物采集的生活。由于树居生活很难留下遗迹，所以现在发现的这个时期的人类活动遗迹主要存在于山洞中，如石器、动物骨骼化石和用火遗迹。这个时期的人类，由于生活的需要积累了很多关于生存环境的知识，如哪些植物可以食用而哪些不能，但是他们采摘果实、狩猎或捕捞的生活方式对于环境的改变是非常小的，通常一个地区的食物匮乏了，他们会迁徙到另一

个食物丰富的地区。如果说这个时期的人类在环境中留下了某些永久的印记，那就是在一些岩石上面描绘的生产和生活内容的图画。法国南部和西班牙西北部的一些洞穴深处就保留了一些旧石器时代杰出的岩画，内容主要取材于野牛、熊、马、犀牛、猛犸象和野猪等大型动物。考古学家们认为，这些描绘在洞穴深处的动物形象是为了使自己得到控制猎物的魔力——早期的对超自然力量的崇拜。

正是对自然的崇拜促使远古的人们花费巨大的人力、物力建造一些不可思议的神秘场所。英国萨利斯伯利（Salisbury）附近的巨石阵（约公元前3000—前1500），由几十块巨石围成一个圆环，其中一些石块有6m高，这些石块的位置似乎与日月的轨迹有着特殊的联系，它被认为是早期部落或宗教组织举行仪式的中心或者是观察天文的地方（图2-1）。

距今10 000年到距今2000年期间，由于人口的压力，采集获取的食物已经不能够满足人类生存的需要，原始人不得不依靠种植植物或者驯化动物来补充食物的不足，由此，农业出现了。最早的农业出现在一些气候温暖、水源丰富、有大片平坦肥沃土地并且有种类繁多的可驯化动植物的地区，如尼罗河流域、两河流域、地中海东岸、中国黄河流域、墨西哥和秘鲁。农业的产生是人类对自然环境大规模改变的开始：河谷滩涂种上了可以食用的作物，一些森林也在被砍伐或者焚烧后成为了农田，由于土地在耕种若干年后常常因地力减退而被撂荒，于是又不断有新的土地被

图2-1　英国的巨石阵
（http://www.commons.wikimedia.org）

开垦出来作为替代。农业的发展养活了更多的人口，对食物的需求也不断地扩大，森林面积不断减少。为了照料农作物和牲畜，人们逐渐定居下来，成为了食物生产者。这个时候的人们学会了打磨工具并制作陶器，学会了利用当地材料建造比较坚固、宽敞的住房，部落社会初步形成。

中国西安半坡遗址的考古发掘揭示了新石器时代黄河流域仰韶文化的一个部落聚落的基本结构。遗址位于陕西西安浐灞两河所夹持的阶地上。远古时期，这里黄土丰厚、森林茂盛、河水丰沛，自然环境十分优越。聚落的中心是广场，居住区分南北两片围绕广场，其间分布着窖穴和牲畜圈栏，周围有壕沟环绕，墓葬区和陶窑场位于沟外。半坡遗址证实了早在6000年以前，人们已经能够利用有利的自然地理环境，通过合理布局和人工建设，建造供人类居住生活的空间（图2-2）。

图2-2　半坡遗址模型（陕西省博物馆）

人类文明最早产生在两河流域。从北方高地迁移到两河流域的人们，应对当地降雨不足的缺点，发明发展出了由运河、大坝、蓄水池、沟渠和引水管构成的发达的大型灌溉系统。农业和水利的发展改变了土地的景观，也促进了经济的繁荣和城市的产生。在非洲北部的尼罗河流域和亚洲东部的黄河流域，农业的发展促进了城市和国家的产生。人们从自然蛮荒之中开辟出丰产的农田，建造城镇、宫殿、寺庙、陵墓、建筑和园林，创造了适宜生活的家园，也创造了不同的文明，这些改造环境并构筑人工设施来创造生产生活空间的技术和艺术构成了风景园林的传统。

2.2　风景园林的传统

2.2.1　西亚和伊斯兰世界

底格里斯河和幼发拉底河沿岸的冲积平原被希腊人称为"美索不达米亚"。在公元前3500年左右，美索不达米亚南部的苏美尔诞生了人类最早的文明。由于这里的降水不足以维持旱作农业，人们通过长期的摸索，发展出了灌溉农业，使得远离河岸的荒芜土地变成了富饶的耕地。同时，为了修建和维护灌溉所需的水利系统，人们学会了大规模的分工合作，建立了复杂的社会组织形式，从而形成了城市。发达的农业和手工业带来了剩余产品，促进了商业和贸易的发展，城市成为大量财富的聚集地。

由于缺乏木材和石材，苏美尔人使用晒干的泥砖建造建筑，在此基础上发展出了琉璃砖装饰艺术和拱券技术，对中亚和西方的建筑都有很大的影响。在苏美尔城市中，神庙占据了中心的位置，它的建筑装饰有精美的雕刻，神庙内外种植着树木。国王修建了大型的陵墓。到了新亚述帝国时期，国王们利用积累的财富修建了宏伟的皇城和王宫。王宫由围绕着多个方形庭院的一系列房屋组成，大量使用浮雕装饰。亚述大帝亚述巴尼拔在首都尼尼微建立了图书馆，收集了各地刻有楔形文字的泥版。巴比伦国王尼布甲尼撒二世建造了宏伟、坚固的巴比伦城。城市呈方形，护城河围绕着坚固的城墙和城门，幼发拉底河从城中穿过，一条长长的行进大道连接着城内和城外的神庙。雄踞在大道入城口的是蓝色琉璃砖覆盖的伊什塔门，城门上装饰着黄色琉璃砖的牛、狮子和龙的形象。巴比伦城中还修建了著名的"空中花园"，用穹拱支撑起多层平台，中间填满土壤，种上各种植物，并用水泵向上提水灌溉。花园中有凉亭、台阶、树木、花卉、蔬菜及流水潺潺的水渠，可供人们散步、小憩和观赏风景（图2-3）。

与美索不达米亚不同，波斯地区多山而河流

图2-3　巴比伦"空中花园"复原想象图
（http://www.en.wikipedia.org）

图2-4　波斯波利斯城遗址
（http://www.commons.wikimedia.org）

稀少，因此建筑多用石头砌筑。水非常珍贵，灌溉和生活用水依靠水渠或者地下暗渠引入。十字形道路或水渠划分的四分花园（Chahar Bagh）象征着天堂，很早就成为波斯园林的传统。公元前539年，波斯战胜了巴比伦，将整个西亚和埃及都纳入了波斯帝国的版图。阿契美尼德王朝（前550—前330）时期，居鲁士大帝拥有围墙围合的宫殿，包括主体建筑和几何的花园，花园中有石质的水渠和凉亭。大流士一世在扎格罗斯山区的盆地中建造了一座礼仪首都——波斯波利斯（Persepolis），并在苏萨（Susa）建立了行政首都。波斯波利斯城内王宫雄踞于高出平原15m的石平台上，主要建筑物包括大会厅、觐见厅、宫殿、宝库、储藏室等，两段巨大的仪式用阶梯分别通向觐见大殿的北面和东面，阶梯上饰有大量浮雕，刻画了服饰各异的朝贡者列队前进的场面（图2-4）。苏萨曾经是公元前3000年埃兰王国的都城，大流士一世在这座历史悠久的古城中修筑了城墙和宫殿，并修筑了通往小亚细亚爱琴海的驿道。雄伟壮丽的宫殿坐落在巨大的人工台基上，面积约37 500m²，有110个房间、走廊和大殿，仅大流士一世的接见大厅，面积就有10000m²，大殿的屋顶，由6排高达20m的柱廊撑起，柱廊顶部装饰着牛头。宫殿的宫墙上镶嵌着精美的琉璃砖浅浮雕，内容大多为士兵和各种动物的形象。

公元前4世纪，波斯帝国被马其顿国王亚历山大所征服。马其顿铁骑征服的广阔疆域在其后几个世纪都深受希腊文化的影响。在此后的1000年里，美索不达米亚和伊朗高原成为了西方文明和东方文明交流和冲突的核心地段，直至七八世纪，美索不达米亚再次成为一个文明——伊斯兰文明的中心。

伊斯兰教于公元7世纪出现，很快成为使用阿拉伯语的西南亚沙漠游牧民族共同的信仰和联系纽带。在短短一个世纪里，阿拉伯人建立起了一个横跨欧亚大陆，以西亚为中心，包括北非、中亚和西班牙的强大帝国。阿拉伯人控制着从非洲、印度、中国到地中海世界的主要贸易路线，并因此积累了大量的财富。在阿拉伯城市中，清真寺成为城市的中心，城中还建有精心规划的商业区、大型图书馆、大学和医院。

公元1000年以后，阿拉伯帝国相继遭到突厥人和蒙古人的入侵，但是与帝国的衰落相反，伊斯兰的世界反而随着侵略者的皈依而不断扩展。突厥人和蒙古人的后裔在中亚和印度陆续建立了伊斯兰国家。

伊斯兰文明融合了犹太、希腊、罗马、波斯、美索不达米亚以及印度的文化传统，成为一种新兴的独具特色的文明。伊斯兰艺术追求完美的形式，禁止偶像崇拜，因此，几何图案广泛地应用于建筑、园林和装饰中。

伊斯兰建筑因地域不同而呈现出多样性，但大多具有一些可识别的典型特征，如建筑的拱券从半圆拱、马蹄拱到尖拱和叶状拱之间变化，建筑室内拱顶为钟乳形或者蜂巢形，建筑表面用复杂的阿拉伯文字或者几何纹样做装饰，或者用绘有这些纹样的釉面砖进行装饰（图2-5）。

清真寺是伊斯兰教徒们聚集举行宗教仪式的场所。自清真寺逐渐形成穹顶和宣礼塔的典型形式后，寺院对城市景观具有越来越重要的作用，如同欧洲中世纪城市中的哥特式教堂。通常寺院中心是柱廊环绕的庭院，有喷泉作为洗礼之用。有些庭院铺上了精美的大理石，作为宗教活动时的祈祷空间（图2-6）；而有些成为林荫覆盖的庭院，还有灌溉的水渠，如科尔多瓦清真寺。有时围绕着清真寺还建有一系列其他建筑而形成的建筑群，包括学校、经学院、寄宿处和公墓等。

从伍麦叶王朝起，哈里发们就在都城里和郊外建造大大小小的宫殿。阿巴斯王朝建造的萨迈拉城（836—892）建有30座宫殿，绵延40km，有巨大的花园，2个猎苑，12个马球场和4个赛马场。宫殿的地下有一个用于交通的隧道网络，还有用于降温的地下洞穴。位于西班牙格拉纳达的阿尔罕布拉宫（Alhambra Palace）和伊斯坦布尔的托普卡珀宫（Topkapi Sarayi）是至今保留较好的两座伊斯兰宫殿。阿尔罕布拉宫位于突起的岩石山岭上，俯瞰着城市，背后映衬着雄伟的内华达山脉，雄伟壮丽。宫殿以优美的庭院、精美的建筑和曲折的院落而著称（图2-7）。

起源于波斯的"天堂园"，发展成为最著名的伊斯兰园林形式。正如《古兰经》中描述的天堂有4条河流，分别流淌着水、奶、酒和蜜，花园里最重要的要素就是十字形的水渠。它出现在阿尔罕布拉宫殿的狮子院里，也出现在印度德里的泰姬玛哈尔陵（Taj Mahal）中，以及伊斯法罕的哈扎·杰里布（Hazar Jerib）花园中。由于水能在炎热干旱气候下带来凉爽舒适，伊斯兰园林非常注重水的运用，用狭长的水渠引导潺潺的泉水，用宁静的水池反射建筑和天光，用细细的喷泉增加空间的灵动。蒙古人后裔在印度建立的莫卧儿

王朝是一个热爱造园的王朝，在16世纪开始的200多年间，历代帝王们在不同的地方建造了许多美丽的园林，如位于克什米尔的夏季行宫和位于拉合尔的城堡，并开创性地将陵墓与天堂花园结合起来形成了独特的伊斯兰园林形式——陵园，

图2-5　伊斯兰建筑复杂的装饰

图2-6　开罗爱资哈尔清真寺庭院

图2-7　阿尔罕布拉宫

图2-8 泰姬玛哈尔陵

其代表就是胡马雍陵和泰姬玛哈尔陵（图2-8）。

开罗、撒马尔罕、伊斯坦布尔都是历史上著名的伊斯兰城市，市内寺院重重，高塔林立。撒马尔罕城市周边曾经有环绕的大型园林群，是国王和贵族们聚会娱乐的场所，同时也是军队的露营地。而伊斯法罕则是将城市的主要轴线规划成一系列的天堂花园，宫殿、清真寺与花园互相呼应，还有市场、浴室、商队客栈等建筑群（图2-9）。

西亚和伊斯兰文化的影响地区不仅包含了伊斯兰教传播的广阔范围，还因为独特的历史原因远远超出了后者。该文化以西亚为核心，影响范围东至

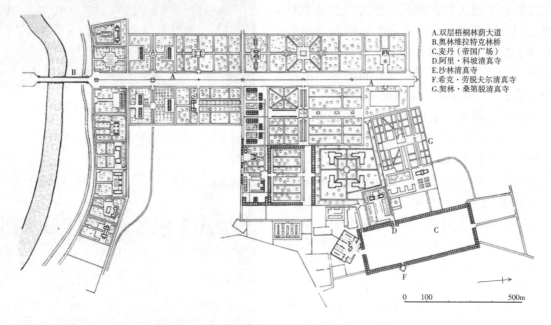

A.双层梧桐林荫大道
B.奥林维拉特克林桥
C.麦丹（帝国广场）
D.阿里·科坡清真寺
E.沙林清真寺
F.希克·劳脱夫尔清真寺
G.契林·桑第脱清真寺

图2-9 伊斯法罕城市平面图（杰里科，2015）

中亚直至中国的西部；西至伊比利亚半岛上的西班牙和葡萄牙；南至北非各国并越过撒哈拉沙漠到达南部非洲，南亚的印度和巴基斯坦。而且随着17世纪航海大发现后西班牙人和葡萄牙人在美洲大陆的殖民，这一文化中的许多因素都随之传播到新大陆，影响包括南美洲、中美洲和加勒比地区，乃至美国南部的北美洲地区。这些地区的城市、建筑和园林中有很多与伊斯兰文化的渊源之处。

2.2.2 西方

西方的文明可以追溯到古埃及。

古代埃及位于狭长的尼罗河谷地带，河流将整个流域连接成了一个整体。由于沙漠、大海这些天然屏障的保护，它很少遭受外族的侵犯。尼罗河河水丰沛，每年夏天泛滥的河水使河谷地带肥沃丰裕，孕育了发达的农业。约公元前3100年，上下埃及得到统一。独特的地理环境使埃及的文明非常稳固并延续了很长时间。

埃及人认为，法老是人神一体的统治者，他们的生命不会因其死亡而终结。因此，他们用各种药物对法老的尸体进行防腐，存放在巨大的陵墓中，同时还存有供其享用的食物和生活必需品。

图2-10 胡夫金字塔

图2-11 哈特谢普苏特女王神庙

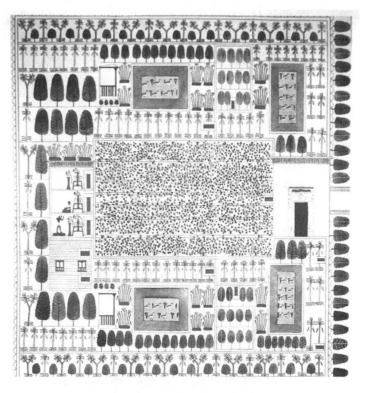

图2-12 埃及墓室壁画中描绘的园林
（伊丽莎白·巴洛·罗杰斯，2005）

古王国和中王国时代，陵墓建筑群包括了水边的码头、礼仪大道和作为主体的金字塔。第四王朝法老胡夫的金字塔是其中最大的一座，底部边长230m，高146m（图2-10）。新王国时期，法老的木乃伊被安放在帝王谷的墓室里，而法老的神庙建筑群组成更为丰富，也更多地与环境紧密结合。神庙的选址规划不仅考虑神话和传统，也关注与重要的自然景观特征如悬崖、山峦、建筑、泉水的联系，还会考虑与其他神庙之间的视线关系。其中最精彩的是哈特谢普苏特女王神庙（Queen Hatshepsut's Temple）。神庙选择在尼罗河谷的边缘地带，背倚西山的峭壁，三层台地庭院依据地形层层高起，由坡道连接，台地的边缘是优美的柱廊，可以俯瞰尼罗河谷美丽的风景，并和对岸的卡纳克神庙取得视线上的联系。从河边通往神庙的道路两侧曾经排列着树木和狮身人面像，庭院中有圣池，并种植着芳香植物。哈特谢普苏特女王神庙将建筑完全融合于环境中，并通过两者

的结合以及路线的设计衬托出神庙的壮丽辉煌（图2-11）。

除了神庙和陵墓的遗迹，保留在墓室中的壁画和"死亡之书"揭示了古代埃及还曾经建造过优美的园林。一幅墓室壁画残片描绘了一种典型的园林样式：中心是一个矩形水池，池里养鱼和鸭，种植着莲花，池边有莎草，四周种满了果树。帝王谷中一位贵族墓室中的园林壁画描绘了一座美丽的大型园林：园林周围有高墙环绕，墙外有运河流过，一座桥正对入口的门楼；园林中心是一片宽阔的葡萄藤架，其尽端是一座建筑；花园四周种植着高大的果树，内部均匀分布着4个矩形水池，池边种植着莲花，鸭子在水中嬉戏；水池边有凉亭，可以休憩赏景（图2-12）。

古代埃及的壁画和雕刻也描绘了丰富的动物和植物，如果树、花卉，各种美丽的禽鸟和动物。具有重要象征意义的植物和动物被栽植或饲养在神庙和宫殿的园林里。一些外来动植物也随着战

争的胜利，作为战利品带到埃及，一些园林专门用来培育或饲养它们。这些都是早期动物园和植物园的雏形。

公元前3000—前2500年间，地理位置独特的地中海岛屿依靠海上贸易而繁荣起来，在贸易的同时其吸取了埃及和美索不达米亚的文明成果，建立了属于自己的文明，中心位于克里特岛。克里特文明最著名的遗迹是米诺斯王宫。克里特人建造了大量的城镇，一些城市里有复杂的给水和排水系统。

公元前15世纪，来自伯罗奔尼撒半岛的迈锡尼人入侵了克里特岛，此后300年里，迈锡尼文明成为爱琴海地区最重要的文明。迈锡尼人掌握了高超的建筑技术，他们的城市依据险峻的地势建造，巨石的城墙和狮子门显示出稳固和雄伟，城内有皇宫、祭坛、珍宝室、储水池和墓地，附近的阿特柔斯宝库采用叠涩拱建造，直径达到14.5m，技术非常高超（图2-13）。

公元前800年左右，希腊各个城邦逐渐兴起。城邦通常建造在易于防卫的高地附近，高地上既可设立供奉诸神的庙宇，又可作为遭遇危险时的避难所，称为"卫城"。希腊诸神是希腊人共同敬仰的神祇，而每个城邦都有自己的保护神。与神有关的高山、悬崖、山洞、泉水或者树林都是神圣的，希腊人在这样的地方建造庙宇和祭坛，被称为圣地（sanctuary）。

希腊人敬神的仪式除了焚香和供奉祭品外，还包括游行、舞蹈、戏剧表演和体育竞技。因此，在圣地中还建有用于表演的剧场、用于体育比赛的竞技场、储存贡品的藏宝库和围墙。希腊的圣地自然环境优美，建筑群依据地形布置，虽然每一个建筑本身是完美的几何形，但是建筑之间并没有几何对位关系，而更多地是与周围的景观有着深刻的联系。希腊圣地的基本要素，后来逐渐发展成为西方城市中的核心公共建筑和公共空间。

雅典卫城建在陡峭的高地上，帕提农神庙是奉献给雅典的保护神雅典娜的，山坡上还建有露天剧场和角斗场（图2-14）。位于奥林匹亚（Olympia）的圣地有献给宙斯和他妻子赫拉的神庙，在这里举办的4年一次的运动会最为著名。德尔斐（Delphi）的围墙内有阿波罗神庙、圣坛、藏宝库、露天剧场，外围有露天体育场和献给雅典娜的圣地。

希腊化时期，亚历山大及其继任者将希腊文化和艺术传播到整个地中海沿岸、两河流域和印度河流域，在这些地方建立了诸多经过统一规划的希腊城市。每一个城市都设计了中心广场、神庙和市政建筑，大型的住宅拥有围合的花园。如亚历山大里亚，从一个小渔村发展成为了大规模的海港城市，街道宽阔整洁，卫生设施完善，建筑用石头砌筑，城市拥有花园和完善的公共设施，包括图书馆和博物馆。

公元前509年罗马共和国宣告成立，随后其势力不断扩张。到前30年左右，罗马取代了希腊，成为围绕地中海的大帝国。罗马人完整吸收了希腊的宗教、哲学、艺术、建筑和文学，而繁荣安定的社会使他们更懂得享受生活。罗马人在

图2-13　迈锡尼城狮子门

图2-14　雅典卫城

地中海沿岸建造了大量城市，希腊圣地中的神庙、露天剧场、角斗场、竞技场都从具有神圣风景的自然环境中转移到了世俗的城市之中，成为城市中重要的公共设施。随着贸易的发展，市场逐渐成为城市中重要的公共空间。罗马人修建坚固的道路和桥梁，使得各个行省与罗马之间建立了便捷的交通联系，所谓"条条大路通罗马"。罗马城市还拥有供水和排水设施，巨大的水渠将泉水从郊外引入城市，而城市地下布置了排水系统，以使城市能够承受不断增长的人口（图2-15）。

罗马人的住宅是回廊式的，回廊围绕着庭院，大型的住宅有好几进院落。庭院里有花池、水池、喷泉、绿植或者盆栽。在庞贝等古罗马城市遗址中，大量奢华的住宅和庭院揭示了古罗马的繁荣和富有（图2-16）。罗马人发展了起源于两河流域的拱券技术，并发明了混凝土，获得了更多样的建筑形式和更宽敞的室内空间。罗马皇帝们在帕拉蒂尼山建造了宫殿和园林，建筑与庭院之间穿叉渗透，庭院装饰着喷泉和花床，通过门廊和柱廊与房间联系起来。罗马的贵族们在城市郊区或者海滨修建别墅，享受美好的自然景色和优雅的生活。罗马皇帝哈德良也在蒂沃里修建了自己的别墅。哈德良别墅宛若一座山坡上的城镇，高低错落的台地上布置着完善的文化、体育和休闲设施，拥有数不清的庭院和花园（图2-17）。

公元395年，罗马帝国分裂为东罗马和西罗马。随着476年西罗马的灭亡，地方势力纷起，逐渐出现的一系列小国家成为今天西欧民族国家的前身。从这个时期开始到16世纪，欧洲没有出现强有力的统一政权，而教会取代了世俗政权成为社会生活的实际统治者。封建割据带来的频繁战争和教会的严厉统治造成了科技和生产力发展的停滞，因此这段时期被文艺复兴的人文主义者称为"黑暗时期"或者"中世纪"。

中世纪连绵不断的战争使得每个城镇成为一座防御堡垒。城镇多选址于水源丰沛、易守难攻的高地上，结合地势修建高大的城墙和角楼。城镇内部建筑紧凑，街巷狭窄。教堂常常占据城镇的中心位置，其巨大的体量和惊人的高度使得它

在城市结构中起到统治作用。教堂前面是不规则的广场，是城市公共活动的中心，也构成了城市中最重要的公共空间。道路以教堂和广场为中心辐射出去，形成蜘蛛网状的复杂路网。大大小小教堂的尖塔勾勒出了优美而有序的城市天际线。

图2-15　西班牙塞戈维亚古罗马大水渠

图2-16　庞贝的古罗马住宅和庭院遗址

图2-17　哈德良别墅复原模型

城市内很少有可以栽植树木的空间，只有在一些教堂内部有回廊式的庭院。中世纪的城镇是在非统一规划的基础上，依照宗教和世俗生活的原则自发形成的，但是它与环境有机结合，内部和谐统一，尺度亲切，空间变化莫测，具有极高的美学艺术价值（图2-18）。

在中世纪，园林的建造几乎停滞，因为它带有的享乐特征与基督教的禁欲主义背道而驰。只有在修道院内部，花园作为伊甸园的象征和修道生活自给自足的需要而存在。类似古希腊和古罗马的住宅庭院，修道院庭院也被回廊环绕，但是平面是正方形的。庭院非常简朴，十字形道路将庭院分为4个部分，每个部分对称地种植简单的植物，特别是在基督教中具有象征意义的玫瑰或者杜松，庭院的中心最初是一个具有实用功能的水井，后来在一些庭院中演化成水池，甚至喷泉。许多修道院地处偏僻的地区，为满足生活的需要，在修道院中栽植蔬菜、水果和草药成为普遍的现象。因此，蔬菜园、药草园和果园是当时修道院园林常见的内容（图2-19）。

中世纪战争频繁，位于乡村的封建领主们修建了防御性的城堡，不仅作为家庭的住所和地方武装的驻扎点，也作为危急时刻附近村民躲避灾祸的堡垒。城堡内有一些装饰性的花园，城堡外有蔬菜园、果园和猎园。

15世纪起，由于工商业的发展，市民阶级和资产阶级在社会生活中崛起，教会对文化的垄断和钳制被打破，人文主义在意大利蓬勃发展，带来科学和艺术的变革，这一场思想文化运动称为"文艺复兴"。人性的解放促进了人们对自然美的欣赏和对舒适生活的追求，在城镇附近可以俯瞰风景的山坡上，贵族和商人们修建了美丽的别墅，从建筑延伸出去依山就势修筑了层层的台地花园，花园装饰着喷泉、雕塑、栏杆、壁龛和修剪的植物，空间上既是围合的，又是外向的，朝向美丽的风景。著名的文艺复兴别墅有法尔尼斯府邸（Palazzo Farnese），埃斯特别墅（Villa d'Este），朗特别墅（Villa Lante）等（图2-20）。

文艺复兴时期，古代希腊和罗马的文化艺术重新得到推崇，学习古典文化成为风尚，古典主义的理性原则成为艺术的准则。建筑设计和城市设计追求基于几何和数学的完美形式和比例，圣彼得大教堂和广场的设计便体现了这一艺术原则

图2-18　西班牙托莱多（Toledo）是典型的中世纪城镇

图2-19　意大利帕多瓦圣安东尼奥教堂的回廊庭院

图2-20　朗特别墅花园

（图 2-21）。园林作为建筑的室外延伸，也是按照这些原则进行设计的，并与建筑连为整体。随着文艺复兴思想在欧洲的传播，其艺术理念和设计风格也为整个欧洲带来新的风尚。法国国王在昂布瓦兹（Amboise）和枫丹白露（Fontainebleau）修建了文艺复兴风格的宫殿花园，西班牙国王建造了规模宏大的埃斯科里亚尔（Escorial）。

文艺复兴时期提出了几何形状的理想城市，但除了个别的军事堡垒外，鲜有按照这种模式建造的城市。城市建设主要体现在对中世纪城市的改造上。教皇改造了罗马城，在城市中建设了一些有着明显对位关系的道路、广场和标志物，将高大的纪念性建筑物作为城市的地标。这些手法也逐渐成为巴洛克城市和园林艺术的特点。

17 世纪，法国的资本主义得到发展，路易十四执政期间，法国的绝对君主制度达到顶峰，成为欧洲实力最强的国家。路易十四修建了凡尔赛宫苑（Versailles），成为巴洛克艺术的代表。凡尔赛以恢弘的中轴线和放射状道路将宫殿、园林与周围的森林和原野联系起来，城市也沿着宫殿和园林的轴线发展建设，成为将园林、建筑、城市融为一体的宏伟规划（图 2-22）。欧洲各国的君主和贵族被凡尔赛所倾倒，纷纷在自己的领地建造法国式的花园，如英国的圣詹姆斯园（St. James's Park），俄国的彼得宫（Peterhof）花园，意大利的卡塞塔宫（Palazzo Reale di Caserta），荷兰的赫特鲁宫（Het Loo Palace）花园，德国的赫恩豪森（Herrenhausen），奥地利的美泉宫（Schönbrunn）等。法国的造园艺术传遍了整个欧洲，影响深远。这些园林中的林荫道轴线后来随着城市的发展逐渐演变为城市的轴线，而且这种轴线和放射形道路也成为城市规划的手法，对后世的城市建设具有重要的影响。

18 世纪，受到启蒙主义和浪漫主义运动以及绘画和文学艺术中热衷自然的倾向的影响，英国出现了自然风景园。英国风景园以起伏开阔的草地、自然曲折的湖岸、成片成丛自然生长的树木为特点，构成了一种新的园林，涌现了如肯特（William Kent）、布朗（Lancelot Brown）、莱普顿（Humphry Repton）等优秀的设计师，著名的园林有斯道园（Stowe）、布伦海姆（Blenheim）、切斯维克（Chiswick）、斯托海德（Stourhead）等（图 2-23）。早期的英国风景园，以自然景观为主，都是经过美化的庄园或者说风景式的牧场。后来一些设计师为追求景观的丰富性，在设计中增加

图2-21 圣彼得大教堂和广场

图2-22 凡尔赛城市、宫殿与园林（http://en.wikipedia.org）

图2-23 英国风景园布伦海姆

图2-24　沃尔利兹（Wörlitz）园林，德骚园林群的重要
组成部分

图2-25　慕尼黑英国园

图2-26　波士顿"翡翠项链"规划
（查尔斯·A·伯恩鲍姆、罗宾·卡尔森，2003）

一些异国情调的点景小建筑。

欧洲大陆的风景园从模仿英国园林开始，也产生了一系列优秀的园林，如法国的埃尔姆农维尔（Ermenonville），德国的慕斯考（Muskau），俄国的沙皇村（Tsarskoe Seloe）。德骚（Dessau）区域的园林群是德国风景园的重要作品，这些园林不仅提升了区域的景观，也具有社会、经济的价值（图2-24）。历史上的很多风景园不仅是区域景观规划的早期实施案例，而且在很大程度上为今天欧洲城市的绿地系统打下了基础。

18世纪，由于中产阶级的兴起，英国的部分皇家园林对公众开放。工业化带来的城市发展以及城市人口的迅速膨胀，城市环境也越来越恶化。作为改善城市卫生状况的重要措施，城市公园成为一项社会政策。1804年，德国慕尼黑建造了欧洲大陆第一个公园——英国园（Englischer Garten）（图2-25）。1847年，第一个用公共资金建造的公园在英格兰默西塞德郡的Birkenhead开放。受英国公园的启发，奥姆斯特德（Frederick Law Olmsted, 1822—1903）1858年在纽约市设计建造了360hm²的中央公园。此后，美国的城市公园取得了很大的发展。城市公园为城市保留了有价值的自然区域，为城市的发展奠定了良好的绿色空间格局。奥姆斯特德规划的波士顿系列公园为城市构建了开放空间系统——翡翠项链，后来埃利奥特（Charles Eliot）又将其扩展为波士顿大都市区域的景观保护和公共开放空间方案（图2-26）。

19世纪中叶，拿破仑三世任命塞纳省省长奥斯曼（Haussmann）主持巴黎的改造。在奥斯曼的领导下，巴黎新增城市道路，发展基础设施，增加公共设施，形成了一个从城市中心扩散出去的林荫大道系统，并改造了布劳涅森林和梵尚森林，新建了肖蒙山公园、蒙梭公园等40余处公园，大大扩展了巴黎市区的绿地空间，奠定了现代巴黎城市的结构和风格。同一时期，欧洲各主要城市都进行了规模较大的城市建设，通过城市改造使之与工业革命之后新的城市经济模式、交通方式和人口规模相适应。

针对工业革命之后欧洲城市出现的种种问题，

霍华德（E. Howard）在他的著作《明日，一条通向真正改革的和平道路》（*Tomorrow:A Peaceful Path to Real Reform*）中认为应该建设一种兼有城市和乡村优点的理想城市，他称为"田园城市"。霍华德设想的田园城市包括城市和乡村两个部分。城市用地以花园为中心，公共建筑围绕花园布置，依次向外是公园、商业、居住、学校、工业用地，城市边缘是铁路，城市四周为农业用地所围绕。霍华德认为，城市的规模必须加以限制，以使每户居民都能方便地接近乡村自然。在霍华德思想影响下，英国修建了两座田园城市莱彻沃斯（Letchworth）和韦林（Welwyn）（图2-27）。田园城市理论对现代城市规划思想起了重要的启蒙作用，对后来出现的一些城市规划理论，如"有机疏散"论、卫星城镇的理论有很大的影响。

美国1780年建国后，决定在波托马克河（Potomac）距河口附近建设新首都。新首都的规划最初由法国军事工程师朗方（P. C. l'Enfant）主持，后来几经周折，最终由麦克米伦委员会于20世纪初完成。华盛顿中心区采取了规则式的布局，结构布局与凡尔赛宫苑类似，两条相互垂直的轴线构成了基本骨架，沿着主轴线两侧建有一系列国家级的博物馆，而西面和南面则是自然式的开阔水面和绿地。整个中心区空间舒展而又富有变化，恢弘壮观，环境优美（图2-28）。

华盛顿中心区规划完成的时期，正值美国"城市美化运动"（City Beautiful Movement）方兴未艾。"城市美化运动"倡导以城市的美化与形象改进来解决当时美国城市空间与社会脏乱差的问题，在20世纪初对北美各主要城市改造和建设有不同程度的影响，而且也影响了同一时期其他国家一些城市的规划。如1912年澳大利亚首都堪培拉的规划，该方案合理利用了基地山峦和水面，借鉴了巴洛克式的三叉戟构图，形成了以首都山为中心的城市结构（图2-29）。

西方文明源于古代埃及，在人类生存环境的改造和建设方面有悠久的传统和非凡的成就。近现代以来，由于重视科学和理性，西方的文化和科学技术得到飞速发展，并率先进行了工业革命，

逐渐占据了全球领先的地位。伴随着历史上的移民、殖民以及现代工业文明的传播，西方文化的影响遍及五大洲，西方的城市、建筑及园林的建造艺术和技术也产生了深远影响。

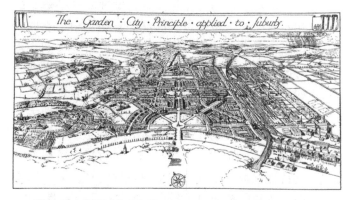

图2-27 花园城市示意图（https://commons.wikimedia.org）

图2-28 华盛顿中心区鸟瞰（https://commons.wikimedia.org）

图2-29 堪培拉中心区鸟瞰（https://en.wikipedia.org）

2.2.3 东亚

2.2.3.1 中国

中华文明源远流长，可追溯到四五千年前的新石器时代。中国风景园林的发展与中华文明相伴随，可分为6个时期：一为起源与发轫的先秦时期；二为统一与奠基的秦汉时期；三为交融与创新的魏晋南北朝时期；四为成熟与辉煌的隋唐时期；五为变革与涌现的宋元时期；六为博大与充实的明清时期（吴良镛，2014）。数千年的发展演变，从始至终，一气呵成；同时每个阶段又各具特点，风格鲜明。本节将依次论述这6个时期中国风景园林的时代背景、艺术特征和重要实例，主要涉及各时代的城乡建设、园林营造和风景经营的手法与智慧。

（1）先秦

先秦是对秦朝之前的统称，包括原始时期和夏商周三代。从生产工具看，包括旧石器时代、新石器时代、青铜时代和铁器时代。人类对土地的改造开始于农业活动。距今 14 000 ~ 10 000 年前，中国境内的农业开始起源；距今 8000 年左右，长江流域、黄河流域的种植农业已经成熟，北方的主要作物为粟，南方为水稻，同时也开始饲养家畜。先秦时期的环境营建智慧体现在 3 个方面：聚落城邑、园圃池台和山水崇拜。

就聚落城邑而言，人类居所从早期的岩洞演变为穴居和巢居，进而发展为分区规划的聚落；聚落进一步扩大，形成了城市，并出现了两种规划思想，即宗法礼制和因地制宜。中国境内已知最早的人类住所是天然的岩洞，如在北京周口店发现的山顶洞人遗迹。后来人们以人工居屋取代天然洞穴，实现了从山地丘陵向河湖平原的转移，拓展了生活环境的范围。北方地势高敞的地区以穴居为主，后来发展成木骨泥墙房屋；南方地势低洼的地区以巢居为主，后来发展成干阑式建筑。前者以西安半坡村遗址为代表，后者以浙江余姚河姆渡村为代表。这些单体房屋已有了初步的区划布局，形成氏族聚落，如陕西临潼姜寨的村落

遗址：居住区的住房共有 5 组，每组都有一座大房屋作为核心，其他小房屋环绕在其周围。

约 4500 年前，随着手工业与农业的分离，聚落开始形成初级的城市。到殷商时期，较大的城市开始具备一定的城市结构。春秋战国时期奴隶制向封建制转变，城市数目和人口数量增加。这时期的城市既是统治阶级的政治中心，也是商业、手工业集中的经济中心。早期的城市规划原则主要包括两种：宗法礼制与因地制宜。宗法礼制的思想见于《周礼·考工记》："匠人营国，方九里，旁三门，国中九经九纬，经涂九轨，左祖右社，前朝后市，市朝一夫。"说明周代王城具有一定的规划制度，城市道路宽度有分级，奠定了之后历代王朝都城建设的基本格局。因地制宜的思想见于《管子》："凡立国都，非于大山之下，必于广川之上；高毋近旱，而水用足；下毋近水，而沟防省"，认为城市形制应该随形就势、不拘一格，"因天材，就地利，故城郭不必中规矩，道路不必中准绳"。这种注重山形水势自然特征的思想，蕴含着朴素的生态智慧和营造美学，强调城市建设要呼应自然条件，体现了因地制宜的灵活性。

就园圃池台而言，先秦是古代园林的生成期，出现了囿、圃、台等早期园林的萌芽，并在后期发展为以高台为主要特色。囿起源于狩猎。原始人类依靠狩猎为生，除了射获大量猎物，还会捕到许多活的飞禽走兽，需要集中豢养，从而形成了有藩篱围护的"囿"，由"囿人"管理。圃起源于农耕。由金文字形看，下部是整齐分畦的场地，上部是出土的幼苗，外部也有围墙。圃为宫廷供应果蔬，并将一些食用、药用植物培育成观赏花卉，兼具经济效益和审美功能。台起源于山岳崇拜。远古先民将山岳视为敬天通天和神仙居住的场所进行祭祀崇奉。从周代开始就在国境四至选择四座高山定为"四岳"，继而发展为"五岳"，定期祭祀。后为便于登临，帝王在宫城附近修筑高台，模拟圣山。商纣王的沙丘苑台和周文王的灵台、灵沼、灵囿，主要是作为帝王身份的象征；春秋战国时期楚国的章华台和吴国的姑苏台，则更注重游赏和享乐。

囿、圃、台的集大成之作是周文王的灵台。公元前 11 世纪文王迁都丰京，在城郊建造了灵台、灵沼和灵囿（图 2-30）。三者鼎足而列，规模宏大，并已具备后世园林的山、水、建筑和动植物等各种要素：灵台兼具山和建筑的特征；灵沼为水池，满池都是跳跃的鱼儿；灵囿栽种各类植物，并有体态肥美的母鹿、羽毛光泽的白鸟。

就山水风景而言，先秦时期主要持宗教崇拜的态度，初步形成西方昆仑、东海蓬莱两大神话体系。昆仑山位于新疆，西接帕米尔高原，东至青海境内，层峰叠岭，势极高峻。据《山海经》记载，昆仑山有黄帝建造的"悬圃"，上下分为三层：下层是凉风山，登上可长生不老；中层是悬圃，登上能拥有神通；顶层是通天之所，登上即可成神。在汉代画像石中有不少昆仑山的形象，皆呈现竖向三层的形象。昆仑神话流传到东方后跟大海结合，形成了蓬莱神话。蓬莱神话将竖向三层的昆仑悬圃，转变为横向的三座神山；各山呈现为壶状，下部为方形，中部狭曲，顶部宽平。东海神山系统具备了山岳、海洋、岛屿等地貌形式，宫殿、台观等建筑形式，以及神圣的珠玕之树和白色的珍禽异兽，后世园林的几大要素——山、水、建筑、动植物都已出现，并形成了后世"一池三山"园林布局之滥觞。

另外，值得一提的是战国时期众多的农业灌溉水利工程，如黄河流域的郑国渠和长江流域的都江堰。都江堰位于成都，由秦国蜀郡太守李冰父子主持修筑，后人建造祠堂纪念两人的功绩，从而形成以都江堰为核心的李冰祠、二王庙、伏龙观等一系列水利景观。此外，先秦时期早春郊外的踏青、祭祀、求子、被禊、约会、唱歌、浮卵、浮枣、曲水流觞等一系列活动，逐渐演变为礼俗和游乐的节日，影响到后世的公共园林和相应的活动。

（2）秦汉

秦始皇统一六国，建立了中国历史上第一个中央集权的大帝国，许多成就都被其后的西汉和东汉所继承。秦汉奠定了此后数千年中国人居环境的大框架和基础。在城市层面，体现为以都城

图2-30 西周灵囿、灵台、灵沼想象图
（佟裕哲、刘晖，2013）

作为"天下之中"的规划理念和郡县制的地方制度；在园林层面，正式出现了皇家园林和私家园林；在山水层面，通过帝王巡狩、祭祀和宗教信仰，促进了自然名山的开发。

郡县制萌芽于春秋时期，秦统一后推广到全国，设立 36 郡，郡下设县，县下设乡、里、亭，初步确立了以朝廷所在城市为中心，以郡县城市为网络的封建大一统的城市体系。秦灭六国后将大量人口集中于首都咸阳。咸阳以渭水为轴线，南北伸展，汇集了战国宫殿之精华，先后共建 300 余座宫殿，形成一个以宫殿群为主的城市，政治统治机构建筑物占据城市的中心和主要空间。汉代继承了战国城市建设的风格和技术，城市中宫殿和官署所占比重较大。西汉长安城的宫殿较多，也是由散布范围广大的宫殿群构成，各宫之间没有严格按照中轴线布置。东汉洛阳的南、北二宫集中位于同一纵轴线上，安排在城北部。城区按闾里制修建，街道形成简单的棋盘式格局。汉代郡县城市的布局虽因地势而异，但大体上都是以官府衙署为中心建筑，然后按功能分为手工业区、市场、居住区。居住区也陆续采用闾里制。

秦代开创和确立了皇家园林宫苑结合的园林样式和气势恢弘的美学品格，使皇家园林成为天子皇权的象征，著名的园林如兰池宫、上林苑等。汉武帝时期的皇家园林继承了秦代宫苑壮丽的美学品格，并表现出一种囊括宇宙天地的充盈之美，

著名的园林如建章宫、上林苑等（图2-31）。皇家园林成为秦汉园林的代表，在形式上主要是依据一定的山水环境，兴建规模庞大的建筑群，除了可居可游之外，园林的布局和形式具有明确的象征意义，即"象天法地""一池三山"的建筑布局与山水营建，使园林成为物质和精神的结合体。汉武帝建造上林苑的同时，岭南的南越国也建造了南越国都城、公署和御苑。1995年及1997年，在广州旧城的中心位置先后发掘出秦汉南越国都城及宫苑遗址，为研究我国秦汉园林提供了珍贵的实物资料（图2-32）。

汉代开始出现私家园林，园主多为王公贵族或世家官僚，他们的园林以豪华、绮丽为目标，以皇家园林为榜样，追求"有若自然"的境界。重要的实例如梁孝王兔苑和袁广汉所筑私园等。

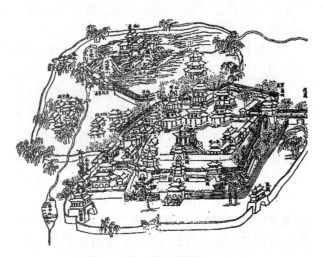

图2-31　建章宫图（周维权，2008）

图2-32　南越王宫苑复原图（黄思达、林源，2018）

此时私家园林还不是园林艺术的领跑者，其形式与内容基本上是一些实用的狩猎钓鱼等游乐活动。其写意和象征手法还处于粗朴的状态，对园林中自然要素的利用比较单一，通常是作为建筑的基址和背景环境，自然要素本身的美学价值尚未得到体现。

秦汉时期，巡狩制度和原始的山川崇拜仍然延续，始于先秦的帝王巡狩、名山封禅得以发展和推广。其中秦始皇东巡的影响力非常久远。西汉初年国势与秦始皇时期类似，为平定四方，汉高祖四处巡狩；文帝、景帝时，经过几十年的休养生息，国力增强，各种祭祀制度相继在巡狩中出现，巡狩的主要特征开始由"武功"转向"文治"，到武帝时期发展到高潮。后世帝王巡狩四方、祭祀名山的活动不断，一直延续到清朝。东汉末年道教形成，出于修炼和求仙的需要，早期道教也开始涉足山岳。如位于四川省成都市大邑县西北的鹤鸣山，东西北三面环山，东向成都平原，山势雄伟，苍松满布，双涧环抱，形如展翅欲飞的玄鹤。东汉顺帝时，沛国张陵入鹤鸣山修炼创道，创立五斗米道，后来发展成正一道。历经晋、唐、宋、元，到明初，鹤鸣山屡经修建，已有庙宇上百间，盛极一时。宗教活动为鹤鸣山发展为风景名山奠定了基础。

（3）魏晋南北朝

魏晋南北朝是中国大动荡、大分裂的时期，政治上大一统的格局被破坏，频繁的战争导致城市的发展受到严重影响，长安、洛阳等名城遭到毁灭性的破坏。总体上看，此时期北方城市开始走向衰落，经济文化中心逐渐南移；南方城市得到发展。园林方面奠定了皇家园林、私家园林、寺观园林三大类型并行的园林体系，进入承前启后和异彩纷呈的转折时期。"园林"一词正式出现，造园不再追求宏大的规模，手法趋向于写实与写意相结合，具有浓郁的自然气息，并体现出隐逸的思想。

魏晋南北朝城市建设的成就集中体现在不同朝代的都城中，最重要的是曹魏邺城、北魏洛阳和南朝建康，三者都与园林建设有着紧密的关系。

曹操始建的邺城，开创了都城严整规划、分区布局的先例，对以后的都市布局有很大影响。邺城平面为长方形，以一条横贯东西的大道把城内分为南北两部分。大道北部居中位于南北轴线上的是宫城和大朝主殿，其东为处理日常政务的常朝，再东为贵族居住的戚里；其西为禁苑——铜雀园，禁苑西侧依附城墙建造铜雀台、金虎台和水井台。北魏洛阳北倚邙山，南临洛水，自北向南沿缓坡而下。宫城位于京城北部，京城则处在外郭的中轴线上。宫城北部有华林园等皇家御苑，南部御道两侧布置官署、太庙、太社和永宁寺塔等，从而形成干道—衙署—宫城—御苑的南北城市中轴线。建康作为都城始于三国吴，此后历经东晋、宋、齐、梁、陈，称为"六朝古都"。建康城西临长江，北枕玄武湖，东依钟山，地势险要，素有"龙盘虎踞"之誉，是规则布局和自由布局相结合的典范。宫城位于京城北侧，周长8里（1里=500m）；宫北为大内御苑华林园，宫南为御街和官署，都位于南北中轴线上，布局严谨。同时建康城又因地制宜，灵活布置，如居民多集中在城南秦淮河两岸的广阔地区；中央御街笔直向南，以城南牛首山作为天然的阙；城市道路"纡余委曲，若不可测"，体现了地形对城市布局的影响。

魏晋南北朝的地方城市也有所发展，因战乱频繁呈现为两种特点：一是强调防御，保障居民的安全；二是注重城市与自然的融合。后者将防御、供水等现实需要与审美追求结合起来，充分利用自然，改造自然。传为郭璞营建的温州城，依山就势将5座山头用城墙连接起来，形成天然的防御；又开凿河流将城内的5处水潭联系起来，既解决城市的供水，又满足了风水、审美方面的心理需求。

魏晋南北朝的造园手法仍承袭两汉，崇尚华丽宏大，但随着山水审美的突破性变化，以及士人文化和造园艺术的发展，皇家园林开始汲取士人园林的精华，透露出士人园林的气息。如《洛阳伽蓝记》提到，北魏华林园以神仙境界来组织山水景观，园林植物仍以奇花异果为主，但"流觞池"的出现，则受到士人园林风格的影响。

魏晋时期的社会思想进入百家争鸣的状态，

自然景物作为欣赏对象进入日常生活中，成为园林审美的主体，从而创造出一种新园林风格——士人园林。士人们在朴野的山居中远离城市的喧嚣，一方面在物质上自给自足；另一方面在精神上自怡自乐（图2-33）。虽然与古代隐士的岩穴蓬居有别，但在心理上都是与自然为伍，以自然为怡情的对象。一些简朴、淡雅、充满野趣的小园林（图2-34），打破了当时占主导地位的皇家豪贵园林华丽宏大的风格，以自然景物作为审美主体，以放怀适情为精神寄托，后世在此基础上发展成为中国独树一帜的文人山水园。

魏晋南北朝时期还出现了寺观园林。佛教在东汉传入中国，南北朝时期尤为盛行，众多的佛教寺院成为城市内部的标志性建筑群。佛寺的大量兴造开始呈现出与环境紧密结合的趋势，形成了寺观园林。寺观园林主要包括三类，一是位于寺观内部的庭院绿化或小型庭园；二是毗邻寺观

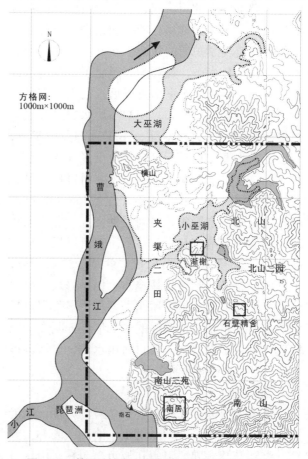

图2-33　谢灵运始宁山居布局示意图（王欣绘制）

图2-34 明·仇英《桃花源图》（局部）（美国波士顿艺术博物馆藏）

单独建置的园林；三是寺观园林化的外围环境，这都在一定程度上受到士人园林的影响。

魏晋南北朝对自然山水的态度也有了很大变化。一方面，山岳风景逐渐成为独立观赏的审美对象；另一方面，原始宗教的主导地位被新兴的佛教和道教取代，帝王封禅祭祀活动趋于低潮，促使人们形成新的山岳观。人们对自然美的直接鉴赏取代了过去的神秘、功利和伦理的态度，成为此后传统美学思想的核心。在寄情山水、崇尚隐逸的社会风尚下，魏晋士人形成了游览山水的浪漫风习。特别是晋室南渡以后，江南一带优美的山水风景吸引了士人，使游山玩水的风气更为炽盛。东晋文会之风益盛，不仅在御苑中举行，一般士人也要定期举行聚会，地点多选择山水佳胜之处。这类活动催生了一些公共游览地，最著名的是绍兴兰亭。永和九年（公元353年）以王羲之为首的兰亭雅集，得到后世文人、书法家和造园者的积极响应与有效传承。东晋以后，从南朝至今，常有文人、书家以"兰亭"之名相聚，举办文会雅集。雅集的基本内容仍是修禊、曲水流觞、饮酒赋诗、制序和作书等。兰亭雅集反映出的清新朴素、恬适淡远的生活情趣，既在一定程度上折射出东晋士人的自然山水观，也深刻影响到后世风景园林的创作。

（4）隋唐

隋唐是中国古代社会繁荣鼎盛的时期，政治稳定，经济发达，文学、书法、绘画、园林、建筑、雕塑交相辉映。隋唐在城市、园林、山水各个方面都取得了极高的成就，为后世树立了制度和艺术的典范，并进而产生了国际化的影响。山水画、山水诗文、山水园林3个艺术门类得到进一步的融合，画论、诗论交融渗透，"外师造化，中得心源"成为中国园林创作的原则之一，使中国风景园林的发展进入全盛时期。

隋代开凿了大运河，南起余杭，北达涿郡，西连大兴、洛阳两京，奠定了隋唐统一强盛的基础。同时，唐代以长安为中心，重视陆路建设。隋唐的城市建设在交通网络的联系下，迅速发展起来，其中最重要的是长安、洛阳两座都城和扬州等地方城市。

公元581年隋文帝建大兴城，唐代改名长安城。长安城功能分区明确，北部为皇宫、官府集中的皇城，内有太极宫，后又在东北角建大明宫，宫城北部是禁苑；其他区域设置居民和市场所在的里坊。长安城内有6道高坡，被视为乾卦的"六爻"，城市的布局深受这一地形观念影响：大明宫位于初九的龙首原上，太极宫位于九二之处，皇城位于九三之处，九五为尊贵之位，因此布置了玄都观和兴善寺，避免百姓居住，九四和上九地位稍次，但也大多是寺院。6道高坡之间的低地，用来安置居民或者开辟湖泊。城市水系体现了生活供水、宫苑供水和漕运河道的结合，共有4条水渠：一是东北角的龙首渠，供宫廷和禁苑用水；二是城南的永安渠和清明渠，向北纵贯长安城；三是东南角的曲江。从中可见山水环境对城市建设的影响。隋唐实行"长安—洛阳"两京制，隋炀帝登基后开始兴建洛阳城。洛阳城北倚邙山，南对龙门伊阙，气魄宏大；洛水自西向东贯穿全城，宫城和皇城位于西北高地上，占据最有利的位置，其他区域划分为103坊和3市。城内引入谷水、洛水和伊水，水源充沛，漕运远比长安通畅。扬州是隋唐仅次于长安、洛阳的第三大城市。隋在汉初广陵城的基础上扩建了江都宫城，唐代拓展为方形的子城和长方形的罗城两部分：子城在蜀冈上，为衙署区，夯土筑墙，四面开门，城内以十字街贯通；罗城在蜀冈下，为工商业居民区。

隋唐皇家园林包括大内御苑、行宫御苑和离宫御苑3种类别，不仅数量多，规模宏大，而且在总体布置和局部设计上都有比较突出的特点。大内御苑紧邻宫廷区的后面或一侧，呈宫、苑分置的格局；宫、苑之间往往彼此穿插、延伸，宫廷区有园林的成分，苑林区也有宫殿的建置。如东内大明宫呈前宫后苑的格局，但苑林区分布着不少宫殿、衙署，宫廷区的庭院内则种植大量松、柏。郊外的行宫、离宫，绝大多数都建置在山岳风景优美的地带，如"锦绣成堆"的骊山华清宫（图2-35）。这些离宫别苑都很重视基址的选择，一方面"相地合宜"，按照自然条件因地制宜；另一方面"构园得体"，宫苑建设与自然风景有机地结合。

隋唐文人的社会地位大为提升，文人情趣深深影响到园林设计。文人园林由单纯模仿自然环

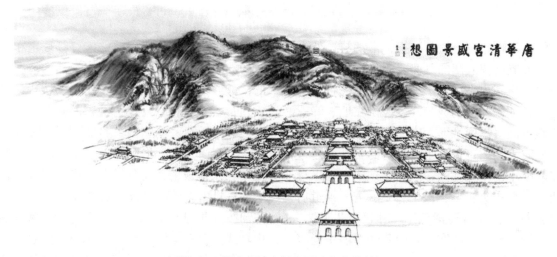

图2-35 骊山华清宫想象图（张蕊绘制）

境，发展到在较小的境域内提炼山水的精华，追求诗情画意。文人多有建造别业、草堂之举，盛唐以王维最重要，中唐以白居易最重要。王维的辋川别业位于距离长安数十里处的蓝田，这里山岭环抱，溪谷辐辏有若车轮，因而得名"辋川"，宛如一处引人入胜的世外桃源。白居易的履道坊宅园是其在洛阳杨凭旧园的基础上改造而成的，该处被认为是城内"风土水木"最胜之地。其中"屋室三之一，水五之一，竹九之一，而岛树桥道间之"，充分体现了当时文人的园林观——以泉石竹树养心，借诗酒琴书怡性。其身心在园林中得到完全的休憩，呈现出"天人合一"的理想境界（图2-36）。

隋唐时期佛教和道教的兴盛推动了名山风景区的发展，各地出现了大量佛教名山，最典型的是著名的四大名山——五台山、峨眉山、普陀山、九华山。同时许多风景优美的山岳往往宫观遍布，形成"洞天福地"的道教名山体系。唐代终南山便是一座融合多元文化的名山，不仅包括山水、别业、寺观等，还辐射相关水陆交通和以长安为中心的政治、经济和文化。

长安、洛阳周边的公共园林也非常丰富，如长安近郊风景秀丽的曲江，是一处兼具御苑和公共园林性质的游览地。唐玄宗开元年间重加疏凿，导引浐河上流水源南来汇入池中。曲江池和芙蓉池水系贯通为一体，芙蓉园是内苑，需要诏准才能入内，曲江池则是供百姓游览的公共地带。

图2-36　白居易履道坊宅园想象图（王铎，2005）

唐代的陵寝建设也值得一提，常常与自然山川结合，形成雄伟宏阔的气势。唐代帝陵大多位于关中盆地，其中高宗李治和女皇武则天合葬的乾陵是唐代依山为陵的典型。乾陵所在地三峰耸立，北峰最高，呈圆锥形；南二峰稍低，且东西对峙，形成天然的门户。主峰向南的支脉上建神道，在两座小山阜上建阙，从南侧远望，标以巨阙的两座山阜中夹主峰，极为壮观。进入神道后在山脊上行进，左右逐渐低下，神道步步升高，有渐入云天之感。乾陵在古代帝陵的发展中起着承前启后的作用。

（5）两宋

宋代是中国古代文化的黄金时代，城市经济的高速发展，市民文化的繁兴，科学技术的长足进步，共同激发了人居环境建设的变革。由宋代开启的新时代，在城市、园林和风景3个方面皆有突出的表现。就城市而言，都城和地方城市在继承前代的基础上，出现了由里坊制向街巷制的过渡。就园林而言，这时期的文人园林最为突出，皇家园林、寺观园林都受到文人园林的影响，中国古典园林的风格完全成熟。就风景而言，出现了公共游览地的兴建热潮，宋代的陵寝也具有不同于前代的独特环境处理。

唐代以前中国的政治中心一直处在"长安—洛阳"轴线上，中唐以来中国经济中心南移，都城仰赖东南的漕运，因此北宋将都城定在漕运便捷的汴京。南宋是在民族矛盾激烈的情况下建立的，最终为确保安全选择了南方的杭州，时称临安建都。汴京和临安作为两宋的政治中心，人口众多，其规模远远超出同时期欧洲中世纪的城市。

与隋唐长安、洛阳不同，北宋汴京并非通过规划一次建成的，而是随着城市发展逐渐扩展起来的，自内而外由宫城、里城和外城组成，蔡河、汴河、五丈河与金水河穿城而过。汴京有明晰的中轴线，由宫城的宣德门向南，经里城的朱雀门，直达外城的南熏门。里城建有艮岳，外城分布着琼林苑、金明池、宜春苑和玉津园，合称"东京四苑"。杭州古称钱塘，南宋定都于此称作临安，在五代和北宋旧城的基础上增筑内城和外城而成。内城即皇城，皇城之内为宫城，也构成内外三圈的城市格局。临安仍保持着御街—衙署区—大内的传统皇都格局，但在方向上则反其道而行，宫廷在南、御街在北，形成坐南朝北的格局，以示不忘北方的故国，时人称其为"倒骑龙"。

两宋时期的一些地方城市也得到了很大发展，如南宋的苏州城。绍定二年（1229年）刻的《平江图碑》，非常准确地表现了南宋时期苏州城的平面布置：外部围有城墙和城壕，城内中部偏南是府治和军队所在的子城，城北是街市和居民区。河流入城后分出许多支流，通向各处街巷，傍河

图2-37　北宋艮岳复原示意图（李楚扬，2011）

图2-38　宋人绘《独乐园全图》（台北故宫博物院藏）

两岸是市肆和住宅，展示出江南特色的街巷景致。

宋代文化艺术空前繁荣，园林建筑和小品形式更加丰富，观赏花木栽培技术进一步提高，赏石成为园林的重要元素，并出现了以叠石为业的技工，这些都为园林艺术的普及提供了技术保证。同时，宋人将诗画的思想融入园林创作中，将园林空间的"画境"升华到"意境"。在内省的哲学与文学思想影响下，文人园林具有简远、疏朗、雅致、天然的特点，成为当时的主流，并反向影响到皇家园林和寺观园林。

宋代皇家园林和私家园林以艮岳和独乐园为代表。从艮岳看，此时传统园林的堆山、掇石技术完全成熟，其高超的石山堆叠技艺成为后世园林的主要造景方式和传统园林进入写意山水园的重要标志（图2-37）。艮岳在形式上一改以往"一池三山"的山水间架，首创以造山为主，摹写人间真山水的新模式，景物真实自然。此外，追求神仙境界的非理性观念，在艮岳中已经被理性的现世审美所代替。独乐园是北宋私家园林的代表作，位

于西京洛阳，司马光建（图2-38）。独乐园占地约20亩（1亩=666.7m²），构有七景，每景对应一位前贤逸士，如董仲舒、陶渊明和白居易等。独乐园在洛阳诸园中以俭素著称，但由于司马光的盛名，成为洛阳人春日必游之所，园中井亭即守园人用游人的"茶汤钱"所建，从中可见宋代私园开放的习气。独乐园被视为朴素文人园林的代表。两宋是古代风景园林建设的兴盛时期，都城府县注重在城郊兴建风景游览地，既作为一种游乐之需，也是政通人和、治绩斐然的表现，著名的如欧阳修在滁州的醉翁亭，范仲淹为作记文的岳阳楼，以及位于杭州的西湖。杭州西湖经历了东晋和南朝的初步开垦，唐代白居易从治理水利开始，通过诗文提炼和升华了西湖之美，奠定了西湖的文化品格。北宋苏轼主持疏浚西湖，用挖出的葑草和淤泥筑起横贯湖面的长堤，上建6座石拱桥，即著名的"苏堤"。南宋定都临安后，西湖进入鼎盛时期，形成后湖、里湖和外湖的格局。西湖周回30里，三面环山，南面的吴山和北面的宝石山

隔湖环抱，孤山耸峙湖中，环湖及南北两山兴建了许多园林，既有皇家园林，也有贵戚、功臣的私园。南宋西湖游赏活动极为兴盛，形成了"西湖十景"：平湖秋月、苏堤春晓、断桥残雪、雷峰夕照、南屏晚钟、曲院风荷、花港观鱼、柳浪闻莺、三潭印月和双峰插云。

此外，宋代的陵寝也有不同于前代的特色，形成独特的风景。北宋共历9帝，其中7位葬在河南巩县嵩山北麓与洛河之间的丘陵地带，称为"七帝八陵"。宋陵受到当时"五音姓利"等风

图2-39 颐和园万寿山佛香阁（薛晓飞摄）

图2-40 避暑山庄烟雨楼及小金山（薛晓飞摄）

图2-41 拙政园之透景线（王欣摄）

水学说的影响，将陵墓置于地势最低处，面山背水，与历代帝陵居高临下、倚山面河、置陵墓于高阜的制度不同。北宋诸帝的陵区南对嵩山少室山，北据黄河天险，东边群山绵亘，西为伊洛平原，水深土厚，被视为"山高水来"的吉祥之地。8座帝陵的布局基本一致，兆域内除皇陵外，还有祔葬的皇后陵、宗室和重臣的陪葬墓以及"下宫"建筑。宋陵继承汉唐积土为陵的制度，陵台也呈覆斗形，但由于宋代皇帝是死后营陵，仅有7个月时间，因此规模远不及汉唐。

（6）元明清

元明清是封建社会后阶段，风景园林以及与其密切相关的绘画，在这一时期取得了突出的成就。绘画完成了从宋代写实风格向元代写意风格的转变，出现了黄公望、王蒙和倪瓒等著名画家；园林在明代完成了专业化的转变，出现了张南阳、张南垣和计成等造园大师，皇家园林和私家园林都有许多杰作。在城市方面，元明清三朝的都城北京，是首座严格按照《周礼·考工记》建造的城市；这时期乡村的建设也取得了突出成就。在风景方面，城市近郊的风景区、五岳、道教、佛教等名山都发展为游览圣地；同时，明十三陵、清东陵和清西陵，则体现了与山水环境的密切结合。

元明清的各级统治中心城市，多按古代礼制思想进行规划，城墙、宫殿、官署和寺观等皆遵循一定的等级制度，其中以都城北京最为典型。元代忽必烈在今北海一带建造了宫殿，新建的大都城有宫城、皇城和都城内外三重，以宫城为中心，形成明晰的南北轴线。明成祖迁都北京后，在元代大殿旧址堆筑景山，镇压王气，将宫城建在景山南侧，其南布置太庙、社稷坛和五府六部等官署。城内居民区沿用元代的街巷布置，形成干道和胡同两类体系。以上这些都在清代延续下来。

这时期的另一突出成就是乡村的发展。乡村受到地缘和血缘的影响，地缘决定了生存条件和周围环境；血缘决定了乡村的凝聚力和子孙后代的发展。如安徽歙县的棠樾村，由鲍氏家族始建于南宋。村庄背枕龙山，前以富亭山为屏，南临沃野，并有丰乐河自西向东穿流而过，符合"枕

山、环水、面屏"的风水原则。棠樾村有两方面的特点：一是水系的建立，将河水截流灌溉农田，并引水入村，沿村南环绕如带，与从东侧横路塘引入的水在聪步亭汇合，向南流至七星墩，满足了农业和日常之需；二是祭祀建筑众多，如鲍氏始祖墓、慈孝堂、敦本堂、世孝祠、女祠和七座牌坊，形成独具特色的村口景观。

元明清是中国古代园林的集大成阶段，南北文化的频繁交流，出现了一批地域不同、风格迥异的园林作品，现存园林大多产生于这一时期，相关的造园论著集中出现，园林也成为中西文化交流的重要内容。

北京是当时国家政权的中心，皇家园林多集中在此，造园活动以清初的康熙、雍正、乾隆三朝为最，建造了西苑（现北海公园及中南海）、御花园等大内御苑，西北郊的三山五园[万寿山清漪园（今颐和园，图2-39）、香山静宜园、玉泉山静明园、圆明园、畅春园]等离宫别苑，以及承德的避暑山庄（图2-40），构成了庞大的皇家园林体系。这些御苑都是宫苑结合，虽然规模宏大，但都能因地制宜，广泛借鉴天下的名园胜景，营建出不同的风格。

明清私家园林最兴盛的地区是江南。江南是全国的经济中心，自然条件优越，又是文人画家、官僚富商聚居之地，成为此时私家园林的集中地带。这些园林以宅园为主，即在城中或近郊因阜掇山，因洼疏池，栽种树木花草，建造与厅堂楼阁相掩映的"城市山林"，经营超尘脱世的"壶中天地"（图2-41至图2-43）。明清私家园林的营建数量、造园水平和理论研究都达到了空前的高度。一批身怀绝技的匠师崭露头角，如张南阳、张南垣和戈裕良等；同时也有专门的造园理论著作，

图2-42　网师园月到风来亭与看松读画轩（王欣摄）

图2-43　上海豫园望江亭及黄石大假山（王欣摄）

图2-44　虎丘云岩寺塔（王欣摄）

图2-45 扬州瘦西湖五龙亭（薛晓飞摄）

图2-46 泰山南天门
（住房与城乡建设部风景名胜区管理办公室，2013）

如计成的《园冶》、文震亨的《长物志》、李渔的《闲情偶寄》。明清园林表现为"以人工之美入天然，以清幽之趣药浓丽"的优雅风格，是充满诗情画意的文人山水园。

元明清有大量的风景名胜区，如苏州虎丘、扬州瘦西湖、镇江三山等近郊的风景游览区，泰山等五岳名山，五台山等佛教名山和武当山等道教名山。同时，明清的陵墓继承唐宋而又有所创新，因山为陵，陵区集中，各陵合用一条神道，并用轴线将陵体、建筑串联起来，形成与环境相融合的整体艺术。

虎丘位于苏州古城西北郊，高仅30余米，原名海涌山，战国时期吴王阖闾卒后葬于此，据说有白虎盘踞其上，因此得名虎丘。虎丘虽不大，但有充沛的泉水和奇险的悬崖深涧，又有丰富的文化遗存，成为吴中最著名的游览胜地。山间景致可分为前山、千人石和山顶3处。前山包括头山门、海涌桥、断梁殿、憨憨泉、试剑石、石桃、枕石、真娘墓和拥翠山庄等。千人石一带是虎丘的精华所在，包括千人石、剑池题刻、石经幢、莲花池、点头石和二仙亭等。山顶包括"五十三参"石阶、云岩寺大殿和云岩寺塔（图2-44）。瘦西湖位于今扬州市北郊，很早就成为郊游胜地（图2-45）。到清代乾隆年间，盐商趁皇帝南巡之际极力兴造，时有二十四景，大部分一园一景，也有一园多景或一景多园的。瘦西湖妙在水体，水面仅十多公顷却能体现出曲折幽邃、清雅秀丽的特色；同时借助桥、岛、堤、岸的划分，使狭长的湖面形成"来去无踪，弥漫无尽"的境界。

中国名山中五岳的历史最为悠久，古人总结五岳的特点，有"泰山如坐""恒山如行""嵩山如卧""华山如立""衡山如飞"之说。泰山是五岳之首，亦称岱山、岱宗、岱岳（图2-46）。泰山位于春秋时期齐鲁交界处，先秦诸侯国的祭祀活动、孔子等思想家的游历都与泰山关系密切，为泰山的早期成名奠定了基础。除了上古崇拜和历代帝王的封禅，佛教和道教也在泰山留下了遗迹。泰山为三十六小洞天的第二小洞天，山上遍布宫观百余所，至今尚有20余处。佛教在东晋进入泰山，高僧朗公创建朗公寺，以后陆续建了不少佛寺。总体看，泰山的道教盛于佛教，道观较多，分布在主干道两侧；佛寺较少，分散在边缘地带或深山幽谷。五台山位于山西省五台县东北，古称清凉山（图2-47）。此山以台怀镇为中心，重峦叠嶂中耸峙着东、西、南、北、中5座山峰，因山顶平坦宽阔，故称"五台"：中台翠岩峰，东台望海峰，西台挂月峰，南台锦绣峰，北台叶斗峰，是五台最高峰。特殊的地貌和气候，是五台山成为佛教名山的基础。武当山位于湖北省丹江口市西南，北通秦岭，南连巴山，横亘400km。为悬崖峭壁的断层崖地貌，山地两侧则多陷落盆地。山上雨量充沛，多云雾之景，植物繁茂，盛产药材；云遮雾罩之时，宛如神仙境界。明初，全真、正一两大教派仍为道教的主要代表，但已失其活跃之势。永乐年间，明成祖为巩固统治，声称"靖难"之时得到真武大帝协助，因此在武当山大兴土木，建造道宫，成为重要的道教圣地（图2-48）。

明代皇帝重视陵址选择。南京孝陵位于紫金山下，背依群峰，面对平原，泉壑幽深，林木葱郁，人文与自然景观浑然天成，是南京最大的帝王陵墓。这座陵寝既继承了早期"依山为陵"的制度，又通过改方坟为圆丘，开创了陵寝建筑"前方后圆"的新格局。北京十三陵选择在背山面水、诸山环抱、溪水夹绕的地区，是明朝13位皇帝及后妃的集中墓葬区。明十三陵既是统一的整体，各陵又自成一体，每座陵墓分别建在一座山前。其中长陵是十三陵中的祖陵，位于天寿山主峰南麓，为明成祖朱棣和皇后徐氏的合葬陵寝；其规模最大，营建时间最早，地面建筑也保存得最好（图2-49）。除思陵偏在西南一隅外，其余均呈扇形分列于长陵左右。

清代是由满族建立的王朝。满人兴起于东北，早期帝王和祖先陵墓建在辽宁境内，称为"清初三陵"或"盛京三陵"。1644年入关后共有10帝，除末代皇帝宣统外，其余9位皇帝的陵墓分别在河北遵化县和易县，称为"清东陵"和"清西陵"。清东陵位于遵化昌瑞山南麓，陵址总体为一环形盆地，北有燕山余脉昌瑞山为屏蔽，西

图2-47　五台山（宋举浦摄）（住房与城乡建设部风景名胜区管理办公室，2013）

图2-48　武当山
（住房与城乡建设部风景名胜区管理办公室，2013）

图2-49 明十三陵之长陵（牛跃新摄）（住房与城乡建设部风景名胜区管理办公室，2013）

有黄花山、杏花山，东有磨盘山作为拱卫，南有芒牛山、天台山、象山、金星山作为朝抱。中间48km² 坦荡如砥，有西大河、涞水河流贯穿其间，山水灵秀、风景绝佳。陵区以昌瑞山主峰下的顺治孝陵为中轴线，其余皇帝陵寝按辈分高低在孝陵两侧呈扇形东西向排列，主次分明、尊卑有序。皇后陵的神道都与本朝皇帝陵的神道相接，各皇帝陵的神道又与陵区中心轴线上的孝陵神道相接，从而形成一个庞大的枝状体系，其统绪嗣承关系十分明显，表达了生生息息、江山万代的愿望。

清西陵位于河北易县永宁山下。西陵选址不如东陵，但周围有永宁山、九龙山、大良山等群山环抱，正南有东西华盖山为门阙，中有元宝山为朝抱，腹地有南易水横穿如带，山川秀丽、景色清幽，加之自然环境保存完好，亦可称为风水吉壤。清西陵以雍正泰陵为主陵，与西侧嘉庆昌陵、后妃陵组成一区；再西为道光慕陵，独成一区；光绪崇陵孤悬在东北方的金龙峪。三区各有入口道路，独立成区，若接若离，形成一组带状陵墓群。

中国地大物博、历史悠久，创造了光辉灿烂的古代文化，拥有丰富的风景园林艺术遗产和文化传统，并产生了许多伟大的造园匠师。本节主要从城市乡村、园林庭院和风景名胜3个方面论述传统的风景园林艺术。城市乡村是中国古人聚居生活的场所；园林庭院分布在城市和乡村之中，是日常游玩休憩的场所；风景名胜多位于远离城乡的山林郊野，既供节日休闲，也往往是寺观、陵墓的分布地；三者构成了不同尺度的人居环境，包含了人类生活的各个方面，蕴含着中国古人对不同环境的处理方式，体现了中国古代的风景园林营建智慧。

2.2.3.2 日本

公元前300年以前，日本还处于采集和狩猎的时代。此时，源自大陆的弥生文化在列岛蔓延，传播了先进的稻作技术和金属器具，促进了日本文明的一次飞跃发展。公元250—600年，日本部分地区盛行修建一种大型坟墓，起初只为埋葬部落首领，后来也允许部落成员建造，但规模较小。这种坟墓通常前方后圆，周围环以壕沟，至今仍大量留存于各地，呈现出独特的景观。日本本土宗教神道教崇拜自然和祖先，在古代有一些祭祀场所，一些具有异常外形的树木、岩石被认为具有神圣的品质或预示着力量，这些区域通常用绳索或白色石子标记，象征着神圣和纯洁。

早在中国东汉时期，日本和中国的交往就开始了。大和时代（4~6世纪）日本派遣使者到中国学习。在史书中可以找到这一时期日本园林的记载，主要类型为皇家园林，通常是宫苑结合，内有洲岛，属大型池泉山水园，供皇家贵族游乐，园林中有舟游、曲水流觞宴等活动。这说明它们受到了中国秦汉皇家苑囿和魏晋南北朝时期园林的影响。

6世纪，佛教和道教从中国经朝鲜传入日本。从这一时期到9世纪，日本先后向中国隋朝、唐朝派遣了近20个使团，全面学习中国文化。中国的宗教、建筑和园林对当时日本园林的形式和内容产生了极大影响。根据文字记载和考古证据，当时的日本园林有大型湖泊,湖中散布着象征须弥山或蓬莱山的人造岛屿和人造山,水中有桥,水边砌石块作为堤岸,花园的主要功能是享乐和作为节日和庆典的场所。

奈良时期(710—794),日本文化得到极大发展。天皇模仿唐长安城建造了平城京,以朱雀大道为中轴线形成严谨的格网道路和里坊,宫殿位于都城北端,宫内有诸多园林,如东院庭园、南苑、西池宫等,此外还有位于城外的郊野离宫。考古发现证实了此时期的园林仍然偏好池岛模式,具有日本本土特色的洲浜做法已经成型。

平安时代(794—1185)的都城平安京位于三面环山的河谷盆地,参照唐长安城和洛阳城建造,宫殿、里坊、寺院、苑囿整齐有序地布置于城市中,宏伟壮丽。平安京即京都,在建成后千余年里一直作为日本的国都,虽然幕府政治时期国家的政治中心多次转移,但京都仍然维持了文化中心的地位。在之后的10个世纪中,城市内外陆续修筑了许多离宫别苑,郊野山麓也建造了众多寺刹,形成一座青山环抱、绿水相依、塔刹林立的优美都城(图2-50)。

平安时代的宫殿和贵族府邸受中国影响,形成了"寝殿造"的布局风格,即正屋居中,前有池沼,两侧有配屋,并以游廊将它们连接。池沼由一个或者多个水面构成,连以蜿蜒的溪流,上有桥梁。园林山水的布局还受到风水理论的影响。园林类型有皇家宫苑园林、贵族府邸园林、别墅园林和寺庙园林。皇家园林有较大的水面,宫廷中的人们可以在湖上泛舟、赏景、唱歌、吟诗作画,这种舟游的方式也是古代日本池泉式园林的主要游览方式。京都大觉寺原为嵯峨天皇的离宫的一部分,至今仍保留着一片大水面——大泽池,据传是仿洞庭湖而建。

平安时代末期,净土宗的追随者们创造了一种新的园林风格,象征着"西方极乐世界",其代表为宇治的平等院。平等院原是贵族的别墅,后被改造为寺院,并建造了凤凰堂。大殿座落在湖中大岛上,旁边还有一座代表着蓬莱仙境的小岛,通过桥与寺庙相连(图2-51)。世界上第一部造园

图2-50 平安京复原模型(引自https://baike.so.com)

图2-51 宇治的平等院

专著《作庭记》也出现在这个时期,据传作者为橘俊纲(1028—1094)。

镰仓时代(1185—1333)和室町时代(1336—1573),幕府势力渐强,将军成为国家的实际统治者。武士文化的发展促使了园林风格从华丽转向朴素和实用。中国宋朝的禅宗佛教传入日本,一同传入的还有茶文化。这个时期建造了许多著名的寺庙园林,包括鹿苑寺(即金阁寺,1397年)和慈照寺(即银阁寺,1482年)。鹿苑寺原为幕府将军足利义满的别墅,后改为寺院,其主体建筑舍利殿高3层,外包金箔,位于镜湖池边,池中点缀着岛屿。园林最初为舟游式,室町时代以水面为中心建成回游式庭院(图2-52)。

这一时期也产生了枯山水园林。枯山水园林

图2-52　金阁寺

图2-53　龙安寺方丈庭院

图2-54　醍醐寺三宝院

的设计灵感主要来自于禅宗哲学、中国山水画和武士精神，是再现了山脉、河流、岛屿、大海等的微缩景观。除了使用自然岩石和砂砾外，也使用植物材料，虽然风格朴素简洁，但景观细腻、寓意深刻，富有感染力。枯山水园林最早在寺院

中出现，后来影响到皇家园林和私家园林。早期的枯山水常和池泉式园林结合，后期才出现独立的园林。龙安寺方丈庭院是最具代表性的枯山水园林。这个只有9m×12m的园林，在耙过的砂砾地坪上精心布置了15块大小不一、走势不同的岩石，仿佛大海上遥遥相望的岛屿（图2-53）。大德寺大仙院庭院，以立式的石组和砂砾表现出高山流水的深邃意境，被视为日本枯山水园林的顶峰。枯山水园林主要用于从建筑内部和门廊向外观赏，创造冥想和禅修的环境。

随着造园艺术的成熟，日本出现了很多著名的园林设计师，如梦窗疏石（1275—1351）。他是一位被尊为国师的高僧，禅、诗、书、画、造园俱佳，设计了天龙寺、西芳寺、南禅寺等寺院的庭院，既有泉池式园林，又有枯山水式园林，也有两者的结合。其中西芳寺庭院是日本最早的枯山水园林范例。

室町时期，开敞、简朴、富有特色的书院造住宅逐渐兴盛，书院造庭院也渐渐替代了寝殿造园林。虽然池泉式园林仍是主流，但园林的游览已开始弃舟上岸，采用舟游和回游相结合方式，园林的面貌也发生了很大变化。

桃山时代（1573—1603），战乱频仍，封建领主的城堡内外建造了新的园林。京都醍醐寺始建于9世纪，曾因战火几近全毁。1598年丰臣秀吉将军修复了寺院中的三宝院，园林中有象征着蓬莱、龟和鹤的岛屿，还有山脚的瀑布，园中布置了700余块置石（图2-54）。

茶是随着佛教从中国传入日本的，随着茶道的发展，桃山时代产生了茶庭。茶庭强调简单、朴素和低调，融入自然环境，富有乡村气息。茶庭用围篱与外部世俗世界隔开，客人穿过低矮的园门，走过一条潮湿的汀步小径通向庭院深处的草庵茶屋，路边有用于照明的石灯笼，屋前有供客人净手的石制洗手钵。茶庭通过仪式性的路径渲染禅茶的意境，成为日本园林的重要类型。

江户时代（1603—1867），回游式园林进一步发展，各种园林风格的融合越来越普遍，产生了

图2-55　桂离宫

图2-56　小石川后乐园

许多具有代表性的作品。如皇家园林修学院离宫、仙洞御所庭园、桂离宫，私家园林小石川后乐园、六义园、金泽兼六园、冈山后乐园等，寺庙园林大德寺方丈庭园、南禅寺方丈寺庭园等。

桂离宫于1625年建成，是舟游与回游相结合的池泉园林。园林面积约5hm²，一池之中筑有五岛，湖边有洲浜、石组、土石木各类园桥，岸边点缀着亭榭，园中还有书院和茶庭，带有禅宗寺院风格的石庭和茶室的露地庭等，集各种园林风格之大成又融为一体，成为一代经典（图2-55）。

私家园林主要由各地的领主建造，带有鲜明的武家风格。京都的二条城始建于1601年，其中

的二之丸庭院是池泉回游式庭院，象征着蓬莱仙境，庭院内布置了大量置石，风格粗犷雄壮。位于东京的小石川后乐园由东渡的明朝遗臣朱舜水设计，为池泉回游式园林，有中日两国优美风景的缩影，如西湖之堤、小庐山等体现了中国风景（图2-56）。

江户时代长期的和平与商业繁荣产生了富有的商人，他们在位于城市的住宅、店铺的院落里建造了园林，虽然尺度很小，只能从门廊和室内欣赏，但是非常精致。茶庭在江户时代获得了很大的发展，出现了许多著名的茶庭作品。造园的兴盛促进了造园理论和实践的发展，成就了一批造园家，以小堀远州（1579—1647）为代表，还产生了丰富的造园理论文章和书籍，说明此时日本园林的发展到了一个成熟的阶段。

明治时期，天皇重掌朝政。日本开放国门，全面向西方学习，进行了一系列改革，称为明治维新。西方的建筑和园林对日本产生了很大的影响，洋风建筑、草坪、喷泉、花坛等要素大量出现在园林中。明治早期建造了一些大型的私家园林，后来小型庭园成为主流，数量多而分布广。造园风格上，传统的池泉园、枯山水、茶庭的融合日益成熟，并开始结合西方的建筑和草坪。

京都的无邻庵庭园由造园世家第七代植治小川治兵卫设计（1896年）。设计者引水入园，构筑湖沼、溪谷、曲水，并受西方自然风景园的影响，在园林中运用了缓坡草地，同时借景园外的东山，巧妙地将西洋风格和日本传统造园手法融为一体。

在西方公园思想的影响下，日本开放了许多古典园林作为公园，也改造或者新建了一批公园。一些公园采用了完全西化的风格，如日比谷公园，更多的公园采取了混合和折中的方式。一些风景名胜地也成为以自然风景为主的公园。受美国国家公园的启发，国立公园和国定公园的概念被提

出，园林的范畴进一步得到扩展。

总之，日本传统园林既受到中国文化的深刻影响，又走出了属于自己的道路，独树一帜、成就斐然，成为东方造园艺术的重要组成部分。古代日本全面学习汉文化的时期，将中国自然山水式园林引入日本，奠定了日本园林的基本形制。不过日本园林在发展过程中不断地加入日本的自然景观特点和日本文化的精髓，并结合佛教和茶道，形成了属于自己的园林风格和类型。从园林的所有者看，日本园林可以分为皇家园林、私家园林和寺社园林；从风格上，有池泉园、石庭（枯山水）和茶庭；从游览方式上，有舟游式、回游式和坐观式等类型。日本传统园林中常用的要素有建筑、湖池、岛屿、置石、溪流、瀑布、洲浜、桥梁、石灯笼、石洗手钵、汀步、砾石等，植物方面则喜用松树、枫树、樱花和苔藓等。园林富有象征性，如象征着须弥山、蓬莱山、富士山、龟和鹤的岛屿，象征着大海和河湖的砂地，象征着连接彼岸世界的桥梁，象征着佛教典故的置石，象征着各地自然和人文景观的微缩景物等，体现了丰富的内涵，包括道教神仙思想、佛教教义、禅宗佛教的修行和自律原则、宋元山水画的审美意趣、诗情画意和模拟风景名胜的艺术手法等。20世纪，日本传统园林尤其是枯山水园林，因其极度简洁、意义深邃而又感人至深的特点被西方现代主义者所推崇，影响了许多西方现代风景园林师。

图2-57　雁鸭池复原模型

2.2.3.3　朝鲜半岛

朝鲜半岛与中国山水相连，从旧石器时代起，人员的流动和文化的联系就一直存在。公元前109年，汉武帝东征朝鲜，设立四郡，统治朝鲜半岛的北部地区，带来了当时中原地区先进的文化。后来，随着汉魏晋在朝鲜半岛设置的郡县陆续被瓦解和吞并，朝鲜半岛出现了高句丽、百济和新罗三国鼎立的局面。3个国家出于统治的需要，积极引进中国文化。由于三国地理位置不同，与中国交流区域不同，因此文化也有所不同。

朝鲜半岛最早引入中原都城形制的是高句丽平壤城（5世纪），都城选址规划与周围山形水系关系密切，布局规整，并采用了里坊制度。城市主轴线北端的安鹤宫规模宏大，主要建筑群布置在中轴线上，宫内有两座山水式的园林和一个方池。其中一个园林中，有莲池和人工堆筑的土山，池中有3~4个岛屿，山上筑有亭子，还置有景石。

6世纪，百济从中国南朝梁朝输入了大量佛经、工匠和画师等，大大推动了佛教、中国艺术和技术在朝鲜半岛的传播，也建造了规整的都城、华丽的宫殿和精美的园林。据文献，百济的园林中有大水池，池中有岛，模拟仙山，池边有建筑，园中养珍禽异草。园林用于游赏，水池可泛舟，建筑可宴请宾客。

由于地理的原因，位于朝鲜半岛东南的新罗接受中国文化较晚，但却后来居上，在各个方面都取得了很大的成就。7世纪，新罗在唐朝的支持下统一了朝鲜半岛，全面学习唐朝的典章制度和文化。从这一时期的考古遗迹以及出土文物可以看出，城市、建筑、园林等与唐朝十分类似。都城庆州城仿照唐长安城进行了改造，城东南角修建了东宫临海殿及大型园林雁鸭池。雁鸭池是一个自然式的湖面，湖中有大中小三岛，岸边有人工筑山和假山石，临海殿建筑群位于湖西，用于接待宾客和宴请（图2-57）。新罗曾派遣大批僧侣到大唐甚至印度学习，大大促进了佛教的发展，寺庙建设极为兴盛。一些寺院开始远离城市，建于深山溪谷之中，具有代表性的是佛国寺，依山就水建造了寺院园林环境。新罗还建造了多样的园林，并留下了许多遗迹，庆州的鲍石亭遗迹是东亚现存最古老的曲水流觞遗址。

取代统一新罗的高丽王朝（918—1392）与宋朝的文化联系非常密切。北方游牧民族崛起后，高丽主要通过海路与南宋保持文化交流。高丽时期修建了许多宫殿和离宫。满月台宫殿虽受北宋宫制的影响，但在地形限制条件下，展现出随形就势的山地建筑群的独特性。宋朝的造园艺术对高丽产生了很大影响，叠石假山的造园技法和奇石欣赏的风气传入朝鲜半岛，高丽朝廷甚至从南宋引入珍禽异兽，豢养在园林中。高丽后期，虽然成为元朝的行省，但与大陆的文化交流并没有中断。在元朝为质的历代高丽王子回国后，都带回了许多文化成果，从典籍到栽培植物，不一而足。忠肃王曾从元朝带回了大量菊花、牡丹、山茶等的珍贵园艺品种，丰富了朝鲜半岛的庭园植物，也使赏花成为一项园林活动。

高丽时代的园林可分为宫殿园林、寺刹园林和私家园林等类型。据史籍记载，高丽王宫内有较大的水面，可以泛舟并举行水戏，园中饲养动物，还有台、榭、阁等建筑。历代君主中有不少热衷于造园，如义宗不仅在皇宫和都城内挖池堆山、建亭植花，还常于风景秀美之地筑堤储水，作亭构楼，种植奇花异木，经营园林并流连其中。高丽以佛教为国教，大兴寺刹。寺院多位于山林之中，寺刹布局不追求严格对称，而是依据实际地形，使建筑融于环境之中，并充分利用自然山水营造寺院环境。江原道清平山的文殊院遗迹犹存，南、中、北3苑分别以溪庭、石庭、山庭为特色，著名的影池用于观赏周围景物的倒影。高丽时代，士大夫阶层营造私家园林的风气兴起，有的规模宏大，有的小巧精致。

朝鲜王朝（1392—1910）时期，由于奉行严格的事大国策，朝鲜成为明清王朝最重要的藩属国，两国的文化交流也更为密切。朱熹理学传入朝鲜半岛，得到空前的发展。无论宫苑园林还是私家园林都更多地与自然环境结合，在山水中建楼亭供休息、观赏、娱乐也蔚然成风。朝鲜半岛的园林开始在中国体系基础上结合半岛地形、社会和生产力水平发展了自身的特点，逐渐走向本土化的道路。

朝鲜王朝的王宫景福宫内有大型方池，用于宴请宾客的庆会楼坐落于池中。其东侧有峨眉山，是由挖池之土堆筑而成。后苑有方形莲池，池中有圆岛，岛上有香远亭（图2-58）。而昌德宫的园林最能代表朝鲜王朝的造园艺术。昌德宫虽为离宫，但曾长期作为正宫使用。后苑始建于1406年，历经半个多世纪建成，在森林、溪谷、池塘、小山中散布着精巧的亭阁和院落，浑然天成，富有自然气息（图2-59）。

朝鲜王朝以新儒学为治国理念，新兴士大夫阶层亦以此为指导，因而修建书院之风大盛。许多书院选址山水佳地，与周围环境天人合一。而朱熹在《九曲棹歌》中描述的武夷山风景也成为许多士大夫园林模仿和再现的对象，九曲园林一时成为文人园林的代表，园景的命名也常从朱熹的诗句中提炼。私家园林既有城市宅园，也有郊野别业。城市宅园利用院落空间造景，其中男主人生活的舍廊斋是藏书讲学、待客会友的场所，院落也成为宅园景观的核心。郊野别业建于山水优美之处，满足主人

图2-58　景福宫香远亭

图2-59 昌德宫

隐遁山林、追求田园趣味的意愿，通常结合自然特征加以整理，点缀少量人工要素，达到融于自然山水的目的，如潭阳潇洒园。

朝鲜半岛的城市、建筑和园林均受到中国古代规划建造思想和技术的深刻影响。以北魏洛阳城、南朝建康城和唐长安城为代表的中原王朝都城选址和布局成为高句丽平壤城、百济泗沘城，新罗庆州城等城市建设的样本，宫室居北、中轴对称、格网街道和里坊制度等被这些城市所吸收。

从文化上看，儒、道、佛的思想均渗透在园林中，如神仙思想、天人合一的自然观、等级制度和伦理观念等均表现在园林的布局、形式和要素中。从朝鲜半岛早期的造园可以看出中国秦汉宫苑"一池三山"造园手法的影响。后来宋朝叠石技法传入，园林中用假山模拟自然界悬崖峭壁或传说中的神仙世界成为风尚。园林的建造注重借景、对景、框景的运用，体现诗情画意，景点景名皆有典故。

但朝鲜半岛的园林也有区别于中国园林的显著特点。除早期皇家宫苑采用了自然形式的池泉园，从三国至朝鲜时代，园林水池的形式以规整的方池为多。结合院墙砌筑阶梯花台也是朝鲜半岛独特的做法，有时也结合置石以及建筑采暖排烟的烟囱设置，成为独具特色的一类庭园。此外，人们席地而坐的习俗也产生了以静观为主的

赏景传统。有别于早期工程浩大的人工山水园，高丽时期及以后的园林更注重利用本国多山的自然条件，结合山水环境造园。

此外，朝鲜半岛也是中日文化交流的跳板和媒介。三国时代的百济不仅与东晋、南朝各国关系良好，也与日本列岛诸政权关系密切，交往频繁。4世纪下半叶，佛教从中国传到朝鲜半岛，随后又经百济传入日本。百济到日本的移民还带去了大陆地区的灌溉技术和土木工程技术。3~8世纪，来自朝鲜半岛的工匠在日本的活动和成就在许多日本文献中有记载，包括了建造水渠、陵墓、城市、建筑和园林。高丽王朝时代，南宋的文化又一次通过高丽影响到日本。

中国、日本和朝鲜半岛的文化，是一个相互关联的整体。由于中华文明成熟较早，不断向外传播，形成东亚地区具有相同文化源泉，但在传播和发展的过程中不断本土化而形成的不同形式。

2.3 现代风景园林的发展

2.3.1 社会背景

资产阶级革命之后，欧洲和美国形成了与封建社会完全不同的社会结构，资产阶级和工人阶级逐渐壮大。欧洲在1871年普法战争之后处于一个全面和平的时期，经济持续增长，技术不断突破，工业革命进入巅峰，进入一个繁荣稳定的阶段。在美洲，南北统一之后，美国在政治、经济上都取得了飞速发展，成为新兴的强国。工业革命改变了城市社会结构、人口规模、城市功能和人们的生活方式，原有的城市形态和结构，建筑和园林的形式与类型都完全不能满足时代的需求，因此，城市规划、建筑和园林设计都面临着转型和变革。经济、社会和科学的日新月异也极大地促进了文化艺术的发展，西方艺术在文艺复兴之后达到了一个新的繁荣阶段。视觉艺术的发展也

对现代建筑、风景园林和城市规划的进步起到了推动作用。这些都是现代主义运动产生的基础。

2.3.2 现代艺术的发展

19世纪，以莫奈（Claude Monet）为代表的印象派艺术抛弃了学院派灰暗、沉闷的色调，用更加鲜艳和强烈的色彩去记录光和大气。在艺术家们的极力创新和探索下，各种艺术流派纷繁呈现。到20世纪初，艺术创作的主流已经发生了巨大转变，完全改变了自古典时期以来的视觉艺术的基本内容和形式。

马蒂斯（Henri Matisse）开创的野兽派（The Wild Beasts），作品中有令人惊愕的颜色和扭曲的形态，追求更加主观和强烈的艺术表现。毕加索（Pablo Picasso）和布拉克（Georges Braque）在二维的画布中用多变的几何形体、空间中多个视点所见的叠加来表达三维甚至四维的效果，称为立体派（Cubism）（图2-60）。他们的绘画和观念对

艺术界有深刻而直接的影响。

20世纪初迅速繁荣的抽象艺术作为现代艺术的一个重要方面，表达了一种信念：抽象的形体和色彩也可以激起观赏者的反应。蒙德里安（Piet Mondrian，1872—1944）是荷兰风格派（De Stijl）的代表，风格派认为最好的艺术应该是基于几何形体的组合和构图，要建立一种理性的、富于秩序的绘画、建筑和设计风格（图2-61）。马列维奇（Kasimir Malevich，1878—1935）是俄国的至上主义（Suprematism）的创始者。至上主义用一些几何图形来创作绘画，否定绘画的主题、形象、内容和思想，甚至提出将绘画简化到接近于零的内容来表现，它对于半个世纪以后逐渐流行的极简主义艺术有很大的影响（图2-62）。俄国的塔特林（Vladimir Tatlin，1885—1953）等人创立了构成主义（Constructism），采用非传统的材料加以组合，创造出立体性构成的雕塑作品。

这些抽象艺术家中的一些杰出代表，如康定斯

图2-60 《格尔尼卡》（毕加索）（引自http://art.ifeng.com）

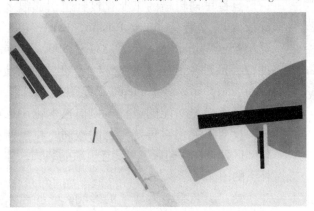

图2-62 马列维奇的绘画：至上主义构图
（引自https://www.sohu.com）

图2-61 蒙德里安的绘画：红黄蓝的构图
（引自https://gd.qq.com）

图2-63 米罗的绘画：星座——觉醒的黎明
（引自https://www.wikigallery.org）

图2-64 伦敦的"水晶宫"（引自https://commons.
wikimedia.org）

基（Wassily Kandinski）、克利（Paul klee，1879—1940）等人20世纪20年代到德国的包豪斯学校中任教，对包豪斯的教学体制的形成起到了重要作用。这一体制成为现代工艺美术、工业设计、建筑设计、风景园林设计教学的基础，对这些工业结合艺术的学科向现代主义（Modernism）方向的发展起到了重要作用。

20世纪30年代，超现实主义（Surrealism）艺术家让·阿普（Jean Arp，1887—1966）和米罗（Jean Miró，1893—1983）在作品中娴熟地运用有机形体，如卵形、肾形、飞镖形、阿米巴曲线等，创造了一种独特的艺术效果（图2-63）。这些形式启发了当时的设计师，提供了新的视觉语言，于是有机形态频繁地出现于纺织品、家具、窗帘，甚至于建筑和园林当中。

现代艺术对现代建筑、现代风景园林，以及装饰设计有着持续的影响，它给予20世纪艺术以新的视觉语言，这种视觉语言被广泛地应用在各种设计及实用美术上。

2.3.3 现代建筑与城市规划的发展

2.3.3.1 现代建筑

18世纪以后，工业革命提供了现代建筑必须的建造手段和新的建筑材料；同时，工业发展和城市化也提出了对新型建筑的需求。

1851年伦敦世界博览会上，由园林师及工程师派克斯顿（Joseph Paxton，1803—1865）设计的英国伦敦的"水晶宫"采用工业化标准构件，以简单的玻璃和铁架结构的新型建筑开辟了建筑形式的新纪元（图2-64）。

但是早期粗糙的工业化设计也引起很多人的反感，以拉斯金（John Ruskin，1819—1900）和莫里斯（William Morris，1834—1896）为首的一批社会活动家和艺术家发起了"工艺美术运动"（Arts and Crafts Movement），提倡简单、朴实无华，具有良好功能的设计，提倡艺术化手工业产品，反对工业化对传统工艺的威胁。莫里斯在伦敦郊区建造的"红屋"，没有烦琐的装饰，体现了朴实的田园风格。

受"工艺美术运动"的影响，一些艺术家和设计师希望通过装饰来改变因大工业生产造成的产品粗糙、刻板的面貌，常常以富有动感的自然曲线作为建筑、家具和日用品的装饰，称为"新艺术运动"（Art Nouveau）（图2-65）。这一运动在欧洲各国有不同的表现和称呼，在建筑界的代表人物有西班牙的高迪（Antoni Gaudi，1852—1926）和奥地利的奥尔布里希（Joseph Maria Olbrich，1867—1908）等。

1925年，里特维德（Gerrit Thomas Rietveld，1888—1964）设计了荷兰乌特勒支的施罗德住宅，运用简单的立方体、光洁的白、灰色混凝土板，红黄蓝及黑白的横竖线条和大片玻璃错落穿插，将风格派艺术特征完美地表现在建筑上（图2-66）。

1919年建筑师格罗皮乌斯（Walter Gropius，1883—1969）将魏玛艺术学校发展为艺术结合科技而以建筑为主的"包豪斯"（Bauhaus）学校，从美术结合工业探索新建筑精神。包豪斯在教学中强调自由创作和各门艺术之间的交流，特别是建筑要向当时的现代艺术学习，并将工艺同机器生产相结合。这些思想吸引了一些先锋的艺术家、设计师和建筑师来到包豪斯，包括布劳耶（Marcel Breuer，1902—1981）、康定斯基、克利、密斯·凡·德·罗（Ludwig Mies Van der Rohe，1886—1969）、拜耶（Herbert Bayer，1900—1987）等。1926年，包豪斯迁址到德骚，由格罗皮乌斯设计的校舍成为现代建筑的一个代表作品（图2-67）。1933年包豪斯被迫关闭，大多数教师移民国外，将包豪斯的思想传播到了全世界。格罗皮乌斯本人也于1937年到美国哈佛大学任教。包豪斯学校在现代建筑、工业设计和工艺美术史上具有极为重要的地位，其教育宗旨和教学法成为现代设计教育的基石。

1929年，巴塞罗那举办了世界博览会，密斯·凡·德·罗设计了德国馆。该建筑由几片大理石和玻璃墙体构成流动的空间，室内外空间相互穿插、融合，没有明显的分界。建筑风格简单纯洁、高贵雅致，其空间处理和建筑形式对后世产生了巨大的影响（图2-68）。

1923年，柯布西耶（Le Corbusier，1887—1965）出版了《走向新建筑》一书，激烈主张表现新时代的新建筑。1926年他就住宅的设计提出了新建

图2-65　新艺术运动风格的巴黎Porte Dauphine
地铁站入口

图2-66　乌特勒支的施罗德住宅

图2-67　包豪斯校舍

筑的 5 个特点：底层架空、屋顶花园、自由的平面、自由的立面、水平向长窗。他在 1929—1931 年设计的萨伏伊别墅（Villa Savoye）完美体现了他的建筑思想（图 2-69）。柯布西耶一生风格多变，20 世纪 50 年代完成的马赛公寓和朗香教堂都对现代建筑的发展影响深远。他的建筑实践远至巴西和印度，对当地现代运动的发展起到了推动作用。

美国建筑师莱特（Frank Lloyd Wright，1867—1959）在"草原式住宅"的基础上，提出了"有机建筑"的思想，认为建筑是特定环境的一个优美部分，房屋应该像植物一样，是"地面上一个基本的和谐的要素，从属于自然环境"。他设计的西塔里埃森（Taliesin West，1911）和流水别墅（Fallingwater House，1936）正是这一思想的

诠释（图 2-70）。移居美国的奥地利建筑师纽特拉（Richard Neutra，1892—1970），将气候、风景和生活的需求与国际风格结合起来，创造了加利福尼亚建筑和园林的独特风格。

芬兰建筑师阿尔托（Alvar Aalto，1898—1976）强调有机形态和功能主义原则，经常采用木材、砖等传统材料，利用自然地形与植物，使建筑与环境相得益彰。他于 1929 年设计了玛丽亚别墅和花园。建筑坐落在一片茂密的森林中，造型生动活泼，有曲线的雨棚和曲面的房间，大玻璃窗使室内外融为一体，庭院的中心是一个肾形的游泳池（图 2-71）。阿尔托作品中的有机形态以及对材料的运用，对美国风景园林师丘奇有很大的启发，这些特点后来也发展成为以丘奇为代表的美国"加州学派"的一些特征。

图2-68　巴塞罗那博览会德国馆

图2-69　萨伏伊别墅（王向荣、林箐，2002）

图2-70　流水别墅（引自https://en.wikimedia.org）

2.3.3.2 现代城市规划

1909年，英国第一次通过了城市规划法，城市规划开始纳入政府的职责。欧洲其他国家和美国也相继建立了相关法律。各种思想家理论家对城市的发展提出自己的理论和观点。

苏格兰生物学家盖迪斯（Ptrick Geddes，1854—1932）是近代人本主义城市规划思想的奠基人，他提出城市规划既要重视物质环境，也要重视文化传统和社会问题，城市规划要促进社会进步，并提出了区域规划理论。

建筑师柯布西埃在《明日的城市》和《光明城》中提出了空间集中的现代主义城市图景：几何格网的城市结构，城市中心是高层建筑和大面积的楼间绿地，外围还有大片公园，市中心通过铁路、高架道路和外围联系。柯布西埃的城市规划思想对第二次世界大战后的城市建设产生了广泛的影响，如印度的昌迪加尔和巴西的巴西利亚（图2-72）。

1933年国际现代建筑会议（CIAM）通过的雅典宪章将城市的诸多活动定义为居住、工作、游憩和交通四大功能，指出城市规划的主要工作就是平衡布置居住、工作、游憩的功能区域并建立一个联系三者的交通网络。功能主义的城市规划思想在很长一段时间内对城市规划有深远的影响。

美国建筑师莱特提出了空间分散的城市规划理论——"广亩城市"，后来成为欧美郊区化运动的源头。沙里宁（Eliel Saarinen，1873—1950）提出了有机疏散理论，对后来欧美各国大城市通过卫星城疏散城市功能和空间的做法起到了指导作用。

2.3.4 现代风景园林的探索与转变

19世纪，大众公园在各个国家得到建设，大多采用了自然式的风格。而规则式园林又再次受到重视，设计师用它来协调建筑与环境的关系。一些园林设计常常是两种风格的结合。随着艺术和建筑向简洁的方向发展，园林也逐步转向注重

图2-71 玛丽亚别墅和花园（王向荣、林箐，2002）

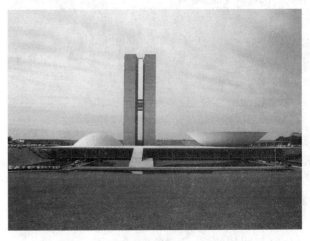

图2-72 位于巴西利亚核心的国会大厦
（引自https://en.wikimedia.org）

功能、以人为本的设计。

19世纪后半叶，"工艺美术运动"对当时的花园设计有很大的影响，以鲁滨逊（William Robinson，1839—1935），杰基尔（Gertrude Jekyll，1843—1932），路琴斯（Edwin Lutyens，1869—1944）为代表的设计师提倡从大自然中获取设计源泉。他们设计的花园简洁、浪漫、高雅，用小尺度的具有不同功能的空间构筑花园，并强调自然材料的运用，充满了乡间的浪漫情调（图2-73）。"工

图2-73　杰基尔与路琴斯合作设计的Hestercombe花园
（引自https://commons.wikimedia.org）

图2-74　巴塞罗那居尔公园

图2-75　达姆斯塔特艺术家之村

艺美术运动"风格的花园不仅是当时园林设计的时尚，并且影响到后来欧洲大陆的花园设计，影响持续至今。

"工艺美术运动"产生的原因之一就是排斥工业化大生产。然而工业化是社会发展的必然趋势，在"工艺美术运动"基础上发展而来的"新艺术运动"则以更积极的态度试图解决工业化进程中的艺术问题。"新艺术运动"本身风格并不统一，既有从自然界中提取各种曲线来进行设计的风格，也有以直线和简洁几何形为主、辅以有节制的雅致曲线作为装饰的风格。

西班牙建筑师高迪（Antoni Gaudi，1852—1926）在巴塞罗那郊区设计了居尔公园（Parque Güell），公园将建筑、雕塑和大自然环境融为一体，其风格融合了西班牙传统中的摩尔式和哥特式文化的特点（图2-74）。奥地利建筑师奥尔布里希（Joseph Maria Olbrich，1867—1908）在德国达姆斯塔特设计建造了一座"艺术家之村"，不仅设计了艺术村内重要的公共建筑和住宅建筑，还设计了公共环境和一些花园（图2-75）。"新艺术运动"中的园林以家庭花园为主，大多出自建筑师之手，以建筑的语言来设计，在细节上又注重装饰效果，园林风格多样，对后来的园林设计产生了广泛的影响。

1925年巴黎举办了"国际现代工艺美术展"，一些具有现代特征的园林出现在展览上。如建筑师古埃瑞克安（Gabriel Guevrekian，1900—1970）设计的"光与水的花园"（Garden of Water and Light），采用现代几何构图，吸收了现代艺术的空间和色彩理论，并运用了当时先进的光电技术（图2-76）。美国的风景园林师斯蒂里（Fletcher Steele，1885—1971）参观了1925年的展览，之后将当时欧洲的先锋设计介绍到了美国，在一定程度上推动了美国风景园林的现代主义进程。

包豪斯作为两次世界大战之间欧洲的一个设计中心，校长格罗皮乌斯也设计过一些住宅花园，设计简洁朴实，与建筑融为一体，充分考虑了使用功能及经济的要求，有平台、草地、果园、蔬菜园和游戏区。

英国建筑师唐纳德（Christopher Tunnard, 1910—1979）从理论上探讨了在现代环境下设计园林的方法。他设计的住宅花园"本特利树林"（Bentley Wood），以室内外紧密联系的花园露台、简洁的框景和现代艺术的引入，体现了他对现代园林设计的理解。

1899年，美国风景园林师协会成立，小奥姆斯特德（Frederick Law Olmsted, 1870—1957）在哈佛大学设立美国第一个风景园林专业，当时这个行业中占统治地位的是"巴黎美术学院派"（Beaux-Arts）的传统和奥姆斯特德的自然主义思想。20世纪初，欧洲现代运动蓬勃发展，斯蒂里对欧洲现代园林设计的介绍在美国引起很大反响。第二次世界大战期间，欧洲不少有影响的艺术家和设计师纷纷来到美国，美国取代欧洲成为世界艺术和建筑活动的中心。1937年，格罗皮乌斯到美国担任了哈佛设计研究生院院长，带来了包豪斯的教学体系和创新探索的办学精神。英国建筑师唐纳德也受邀到哈佛大学教学，向学生传递现代风景园林的思想。受此影响，3名哈佛风景园林专业的学生罗斯（James C. Rose, 1910—1991）、克雷（Dan Kiley, 1912—2003）和埃克博（Garrett Eckbo, 1910—2000）通过研究现代艺术和现代建筑的作品和理论，探讨它们在风景园林设计上运用的可能性，并在一系列文章中提出现代风景园林设计的新思想（图2-77）。在各种因素的共同作用下，哈佛大学风景园林专业开始转向现代主义。

在第二次世界大战结束之前，欧洲和美国的风景园林界已经基本确立了现代主义的发展方向，也已经初步完成了对新形式和新材料的试验，积累了现代设计的方法和经验。现代风景园林反对复古，强调用全新的思想、方法、技术和材料来面对工业化社会的要求。第二次世界大战以后，世界各国迎来了少有的长期和平发展的局面，经济欣欣向荣，社会快速发展，基础设施和城市建设需求旺盛，风景园林的实践范围不断扩展，理论研究不断深入，专业教育更为系统，从业人数不断增加，职业水准也获得了普遍的提高。

图2-76 光与水的花园（王向荣、林箐，2002）

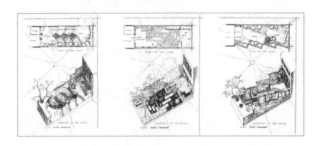

图2-77 埃克博的现代设计研究（王向荣、林箐，2002）

2.4 当代风景园林理论与实践

2.4.1 不同国家和地区的现代风景园林

2.4.1.1 英国

在20世纪英国的风景园林界，有两位重要的设计师西尔维娅·克劳（Sylvia Crowe, 1901—1997）和杰弗里·杰里科（Geoffery Jellicoe, 1900—1996）。他们终其一生一直进行风景园林的研究和实践，设计了很多作品，也留下了有影响的著作。克劳以花园设计为主，而杰里科的设计则跨越了私人和公共领域。

杰里科大学时对意大利园林的研究和测绘的经历深刻地影响了他的职业生涯。他的设计在追求创新的同时吸收了各种古典园林的语言，代表作品有肯尼迪纪念园（The Kennedy Memorial）和莎顿庄园（Sutton Place）（图2-78）。他的主要

图2-78 杰里科设计的莎顿庄园（王向荣、林箐，2002）

图2-79 本特利树林（王向荣、林箐，2002）

著作《意大利文艺复兴园林》（*Italian Gardens of the Renaissance*，1925）和《人类的景观》（*The Landscape of Man*，1975），体现了他对风景园林历史和文化的深刻理解。杰里科是英国风景园林师学会的创建者之一，也是国际风景园林师联合会（IFLA）的首任主席。

受欧洲现代主义运动的影响，建筑师唐纳德从理论和实践两方面对现代园林设计进行了研究

和尝试。他于1938年完成的《现代景观中的园林》（*Gardens in the Modern Landscape*）一书，提出了现代风景园林设计的3个方面，即功能的、移情的和艺术的。除了早期代表作品"本特利树林"之外（图2-79），他在移居美国之后还设计过一些现代园林，但后来逐渐转向城市规划领域。

英国一直有非常深厚的花园传统，第二次世界大战以前风景园林师主要的工作领域是私人花园设计。第二次世界大战后，战后恢复和退伍军人的安置促进了城市的建设，新的城镇、郊区和国家公园的相关立法使得风景园林的研究和实践拓展到了更广泛的领域。新一代风景园林师的视野更开阔，项目的尺度也更大，他们对英国城镇和郊区的规划产生了重要影响。风景园林师也参与到大型基础设施、景观规划和工业废弃环境的改造项目中，在这一过程中，也发展出了多学科合作的工作方法。原籍苏格兰的宾夕法尼亚大学教授麦克哈格（Ian McHarg，1920—2001）出版的《设计结合自然》（*Design With Nature*）一书加强了风景园林师对于自然和生态的重视，受其影响，在英国出现了一些生态的和仿自然的景观。同时期来自巴西的艺术家布雷·马克思的园林设计也在英国引起反响。

20世纪八九十年代，为保持和加强国土景观特征，英国发展出了完整的区域景观特征的评价体系。在可持续发展理念下，环境影响评估、城市雨洪管理、材料耐久性和可循环性等成为风景园林行业关注的焦点。从20世纪末到新世纪，伦敦、曼彻斯特、伯明翰、谢菲尔德等城市的旧工业区和港口成为城市更新计划的重心，伴随着重要公共空间的整治与新建，形成了以步行为主导的配套设施完善的环境，吸引人们回到城市中心，促进经济的复苏。

在公共空间的设计领域，英国本土的风景园林师在建筑环境和城市广场等项目上有不少精彩的设计，但20世纪90年代以来英国有影响的一些大型公园和绿地的项目大多是由国际性事务所设计。如法国设计师普罗沃（Allain Provost）设计了泰晤士河水闸公园（图2-80），比利时的魏斯（Jacques Wirtz）设计了金丝雀码头朱比利公园

(Canary Wharf Jubilee Park)，荷兰的 West 8 设计了
"伦敦眼"脚下的朱比利花园（Jubilee Gardens），
美国的哈格里夫斯设计了 2012 年伦敦奥林匹克公
园中心绿地，美国的古斯塔夫森设计了海德公园
戴安娜纪念喷泉（Diana Memorial）和诺丁汉的
老市场广场（Old Market Square）。近些年英国本
土的风景园林事务所 GROSS MAX 引起人们的关
注，他们最广为人知的作品是格拉斯哥的劳腾鲁
花园（Rottenrow Gardens）和伦敦塔桥附近的公园
（Potters Fields Park）。

2.4.1.2　美国

托马斯·丘奇（Thomas Church，1902—1978）
是 20 世纪美国现代风景园林设计的奠基人之一，
他曾经去欧洲学习和旅行，研究过地中海地区庭
院，也受到芬兰建筑师阿尔托（A. Aalto）的启发。
他运用"立体主义""超现实主义"的形式语言，
如锯齿线、钢琴线、肾形、阿米巴曲线，形成简
洁流动的平面，使用木板、砖、石和混凝土等材
料形成了一种富有人情味的新风格，以唐纳花园
（Donnel Garden，1948）为代表（图 2-81）。这种
带有露天木制平台、游泳池、不规则种植区域和
动态平面的小花园为人们创造了户外生活的新方
式，被称为"加州花园"（California Garden）。它
使美国花园设计摆脱了复兴和抄袭欧洲历史风格
的老路，而走向应对美国社会、文化和地理多样
性的新途径。第二次世界大战后，美国公共领域
的设计迅速增加，丘奇也参与了一些大尺度的设
计。丘奇在美国现代风景园林发展中的影响是非
常广泛的。

"哈佛革命"发起者之一丹·克雷（Dan Kiley，
1912—2003）也是美国最重要的现代风景园林
师。克雷曾经在二战结束后考察了欧洲的古典园
林，对 17 世纪法国勒·诺特尔设计的凡尔赛宫苑
和索园（Sceaux）印象深刻。在战后的实践中，克
雷的作品显示出用古典主义语言营造现代空间的
探索。1955 年的米勒花园（Miller Garden）是克雷
最重要的作品，也被公认为是现代主义的杰作
（图 2-82）。克雷将基地分为传统的三部分：庭院、

图2-80　泰晤士河水闸公园

图2-81　唐纳花园（王向荣、林箐，2002）

图2-82　米勒花园（王向荣、林箐，2002）

草地和树林，但在紧邻住宅的周围，运用林荫道、绿篱、树丛等古典语言，将建筑的空间扩展到周围的庭院，塑造了一系列连续流动的室外功能空间，在空间结构上与巴塞罗那德国馆有异曲同工之处。克雷的其他著名作品还有科罗拉多州空军学院花园，芝加哥艺术协会南花园，达拉斯的喷泉广场等。

20世纪五六十年代，美国经济进入了持续繁荣的时期，经济的发展和国家的建设带动了风景园林行业的迅速发展。郊区化导致了美国新镇运动的复兴，工业的迅速增长也使越来越多的大企业迁往郊区，住区和公司园区的规划成为风景园林设计的重要领域。郊区化也导致了城市中心的衰败，城市更新成为新的政策，市中心的复兴计划使许多市政和商业广场和街道获得新生。面对开放空间的缺乏，城市制定政策鼓励私人投资建设为公众使用的广场和花园。各种街道旁的、下沉的、屋顶的和位于室内的广场和花园在用地紧张的城市中建成，它们改善了环境，为职员和公众提供了消遣和休息的宝贵场所，其中一些因其微型的尺度而被称为"袖珍公园"（vest pocket park）。位于纽约53号街的帕雷公园（Paley Park，1965—1968），就是其中的代表（图2-83）。州际高速公路计划的逐步实施改变了传统的交通模式，许多工业设施和仓库搬离了城市的滨水地带，风景园林师开始致力于将破坏的水岸地带改变成为公园和其他开放空间。这个时期，设计的机会迅速增加，设计的领域更加广阔，从业人数也迅速增加，行业进入了前所未有的繁荣时期。

针对于风景园林行业发生的种种变化，劳伦斯·哈普林（Lawrence Halprin，1916—2009）从理论和实践两方面提出了自己的思考。哈普林的设计将人工化了的自然要素带入城市环境，不是再现自然，而是展现对自然的体验。他在20世纪60年代为波特兰市设计的爱悦广场（Lovejoy Plaza）和演讲堂前庭广场（Auditorium Forecourt Plaza）（图2-84），用混凝土块和人工水景模拟自然界中的岩石、悬崖和溪流瀑布。后来哈普林用类似的手法在西雅图设计了一个跨越市区高速公路的绿地（Freeway Park Seattle），使市中心被分割的两个部分重新联系了起来。他设计的华盛顿罗斯福总统纪念园（The FDR Memorial），在表达纪念性的同时，也为参观者提供了一个亲切而轻松的游赏和休息环境，提出了一种纪念碑设计的新思路。项目在设计上早于70年代以后许多摆脱传统模式的纪念碑设计——如林璎（Maya Lin，1959—　）设计的越战纪念碑。劳伦斯·哈普林是第二次世界大战后美国风景园林界最重要的理论家之一，出版了许多著作，如在《高速公路》（Freeways）一书中他研究了高速公路对城市景观的破坏，并提出可能的解决办法。他还关注人在环境中的感受，提出景观的参与性，并尝试社区公共参与的设计方法。

战后风景园林实践范围的迅速扩展，要求学科的核心知识领域不断扩大，对风景园林教育提

图2-83　帕雷公园

图2-84　演讲堂前庭广场

出了更高更全面的要求，而在实践中风景园林师也越来越多地承担起组织、合作和指导的角色。佐佐木英夫（Hideo Sasaki，1919—2000）正是在这样一个背景下成功地扮演了多种角色。他既是出色的教育家，建立了多学科综合的教育体系，也在实践中创立了 SWA 公司和 Sasaki Associates 公司。在他领导的项目实践中，风景园林师在与建筑师、规划师和其他专门人才的合作过程中扮演了重要的角色。

20 世纪 60 年代的环境运动让更多的美国人关注自然和环境，各种环境法规逐渐建立，环境保护的思想和生态的意识逐渐渗透到政府和普通民众的日常工作和生活中。宾夕法尼亚大学的教授伊安·麦克哈格（Ian McHarg，1920—2001）于 1969 年出版了《设计结合自然》（*Design With Nature*）一书，不仅在设计和规划行业中产生了巨大反响，而且也引起了公共媒体的广泛关注。这本书运用生态学原理研究大自然的特征，提出创造人类生存环境的新的思想基础和工作方法。此外，麦克哈格还进行了许多景观规划和环境影响评价的实践，运用"千层饼"的数据叠加分析方法，形成从环境数据的分析到场地规划和设计的工作过程。麦克哈格的贡献在于运用生态学建立了土地利用规划的模式，同时注重保护视觉特征。

1970 年，风景园林师理查德·哈克（Richard Haag，1923—2018）在西雅图煤气厂旧址上设计的公园（Gasworks Park）（图 2-85），采用污染土壤就地处理和封存、种植乡土抗污染植物、保留或改造利用工业厂房和设备等方式，不仅保持了场地的历史、美学和实用价值，而且有效地减少了建造成本，实现了资源的再利用，体现了生态主义思想对风景园林设计理念和审美的影响。

这一时期的社会状况也发生了变化。石油危机的出现和环境问题的日益加重改变了西方社会，对现代主义的反省带来了各种思潮的涌动。艺术领域的各种流派如波普艺术、极简艺术、装置艺术、大地艺术等的思想和手法给了风景园林师很大的启发，一些艺术家参与到环境设计中，如野口勇（Isamu Noguchi，1904—1988）；一些设计师关注风景园林与艺术的结合，如彼得·沃克（Peter Walker，1932—　）、玛莎·施瓦茨（Martha Schwartz，1950—　）和乔治·哈格里夫斯（George Hargreaves，1952—　）。

彼得·沃克欣赏极简主义艺术，并受到法国勒·诺特尔的古典园林的启发。他在设计中将极简主义、早期现代主义及 17 世纪园林这 3 种艺术思想的经验结合起来去解决景观的社会功能。彼得·沃克的设计在构图上强调几何和秩序，多用简单的几何母题以及不同几何系统之间的交叉和重叠。材料上除使用新的工业材料如钢、玻璃外，还挖掘传统材质的新魅力。彼得·沃克的主要作品有哈佛大学泰纳喷泉（Tanner Fountain）、德克萨斯州的索拉那（Solana）IBM 研究中心园区、加州橘郡市镇中心广场大厦环境、德国慕尼黑机场凯宾斯基酒店景观设计、纽约 9·11 国家纪念碑等（图 2-86），都体现了冷峻、简洁、高雅的特点。

图2-85　西雅图煤气厂公园

图2-86　9·11国家纪念碑

图2-87　亚克博·亚维茨广场（王向荣、林箐，2002）

图2-88　拜斯比公园（王向荣、林箐，2002）

图2-89　戴安娜王妃纪念喷泉

玛莎·施瓦茨从小学习艺术，她的作品表达了当代各种艺术思想和手法的综合，从波普到达达，从极简到后现代。她的作品不仅具有视觉冲击力，而且引发人们对行业的各种价值观进行反思。1979年玛莎·施瓦茨为自己在波士顿的家设计了面包圈花园（Bagel Garden），引起了激烈的争论。她的作品非常多元，主要作品有纽约亚克博·亚维茨（Jacob Javits）广场（图2-87），英国曼切斯特城交易所广场，都柏林大运河广场（Grand Canal Square）等。玛莎·施瓦茨早期的作品前卫大胆，其观念和手法都给人以启迪；后期的作品越来越多地与功能紧密结合，形式也更接近于大多数人的审美习惯。

乔治·哈格里夫斯受大地艺术家罗伯特·史密森（Robert Smithson）对自然进程的关注的启发，致力于探索介于艺术与生态之间的方法。1991年建成的拜斯比公园（Byxbee Park）约12hm^2，基址是一个垃圾填埋场，他运用大地艺术的手法，将其变成了一个特色鲜明的旧金山海湾边缘的公园（图2-88）。在瓜达鲁普河公园（Guadalupe River Park），路易斯维尔市（Louisville）滨河公园和葡萄牙里斯本市特茹河和特兰考河公园（Parquet do pejoe prancao）设计中，在顺应河流自身生态系统特点的基础上，他用艺术化的手段使河岸成为市民公共活动的空间。他的代表作品还有2012年伦敦奥林匹克公园中心绿地，休斯顿探索花园（Discovery Green）等。乔治·哈格里夫斯的设计结合了许多生态主义的原则，同时考虑文化的延续和艺术的形式。

另一位具有鲜明特点的设计师是凯瑟琳·古斯塔夫森（Kathryn Gustafson，1951—　）。她曾经是时装设计师，后来进入法国凡尔赛国立高等风景园林学院学习。在法国泰拉松的作品"幻想花园"（Les Jardins de l'Imaginaire）让她引起众多关注，而伦敦海德公园中的戴安娜王妃纪念喷泉（Diana Memorial Fountain）使她获得了极高的国际声誉（图2-89）。她的作品借鉴了欧洲传统园林的造园手法，也体现了对风景园林材料和空间的创造性的诠释。她设计的华盛顿国家肖像画廊中庭（Robert and Arlene Kogod Courtyard of National Portrait Gallery），宁静高雅、简洁流畅。而芝加哥千禧公园中的卢瑞花园（Lurie Garden），她用水和植物在都市中创造了一个安静的港湾和令人难忘的田园风景。

詹姆斯·科纳（James Corner）是景观都市主义理论的倡导者之一，他设计的纽约高线公园（High Line）将生态理念与独特的艺术形式完美结合，加上场地的特殊性，成为了当代著名的风景园林案例（图2-90）。美国近些年的优秀设计还有纽约泪珠公园（Teardrop Park），布鲁克林大桥公园（Brooklyn Bridge Park），设计师是迈克尔·范·沃肯伯格（Michael Van Valkenburgh，1951—　　）。

2.4.1.3　法国

第二次世界大战以后，法国经济迅速发展，劳动力的短缺促使外来移民大量引入，大城市迅速扩张，新城建设如火如荼，随之带来大量风景园林的实践机会。20世纪60年代以来，英国的设计观念，巴西的布雷马克思的园林，美国的生态和环境思想，斯堪的纳维亚和荷兰的城市绿地系统都影响了法国的风景园林行业。风景园林的主要实践领域从传统的私家花园转变为城市公共景观，1976年凡尔赛国立风景园林学院从园艺学院独立出来是这一转变的标志。随着风景园林行业的发展，风景园林师涉足的范围越来越广泛，包括城市景观、公园的设计与管理、工业和农业废弃地的更新、基础设施、私人花园的设计等，一些设计师向综合的方向发展，另一些人则向特定的领域发展专长。

雅克·西蒙（Jacques Simon）是20世纪六七十年代风景园林新思潮的主导人物之一。作为艺术家和风景园林师双重角色的西蒙于60年代创作了许多大地景观，展现出对自然和土地的敬意。他还参与了新兴城市和大型住宅区的规划设计，在设计中探索地形、植物、空间和人的感受之间的关系。他出版了很多著作，书中精彩的设计草图给人以极大的启发。他对风景的感受、认识，以及介入景观的方式，通过在凡尔赛风景园林学

院的教学影响了几代风景园林师，包括阿兰·普罗沃（Allain Provost），米歇尔·高哈汝（Michel Corajoud）等人。

阿兰·普罗沃用具有法国传统园林特征的现代语言进行设计，是巴黎雪铁龙公园（Parc André-Citroën）的主要设计者之一。公园建在原雪铁龙汽车厂基址上，方案是国际设计竞赛的两个一等奖方案的综合。公园于1992年建成，通过整齐有序的建筑和篱墙限定了中心的开敞空间和一系列小的主题花园，有丰富的高差和空间变化，和17世纪法国历史名园有异曲同工之处（图2-91）。普罗沃的其他作品还有狄德罗公园（Parc Diderot），伦敦泰晤士河水闸公园（Thames Barrier Park）等。

米歇尔·高哈汝试图在法国传统中找到一种建立在对土地的理解上的有力的景观介入方式，在20世纪七八十年代城市化迅速发展的背景下，

图2-90　高线公园

图2-91　巴黎雪铁龙公园

图2-92　苏塞公园

图2-93　拉·维莱特公园

图2-94　贝尔西公园

他完成了许多大尺度项目，将景观与天空、大地、原野融为一体，风格豪迈，有很强的艺术表现力，代表作是巴黎北郊的苏塞公园（Parc du Sausset）（图2-92）。除了在实践领域的成就，高哈汝在凡尔赛国立风景园林学院执教逾25年，培养了大量的学生，也把自己的思想传递给了年轻的追随者们，如雅克·古龙（Jacques Coulon），亚历山大·谢梅道夫（Alexandre Chemetoff）等人。

巴黎拉·维莱特公园（Parc de la Villette）是纪念法国大革命200周年巴黎九大工程之一，也是法国现代风景园林的重要作品。公园原址是巴黎中央菜场、屠宰场、家畜及杂货市场，环境十分复杂，运河把场地分成两部分。设计者伯纳德·屈米（Bernard Tschumi，1944—）通过质疑传统的秩序，将点、线、面三层要素分离、解构和叠加，形成新的景观系统，把园内外的复杂环境有机地统一起来，并且满足了各种功能的需要。拉·维莱特公园与城市之间无明显的界线，它属于城市，融于城市之中（图2-93）。

20世纪70年代至世纪末，是法国现代风景园林的黄金时代，设计师们怀着巨大的使命感，探索将法国优秀的园林传统与现代城市生活联系起来的新风格。在这一背景下出现的重要作品还有大西洋花园（Jardin Atlantique），贝尔西公园（Parc de Bercy）（图2-94）等，引起了全世界的关注。进入新世纪后，由于大规模城市化已经完成，法国经济也一直处在低速发展的时期，大型项目很少出现，工程预算通常也比较低。法国风景园林行业的关注点逐渐从传统的继承、艺术的探索和城市化相关主题转向自然、生态和功能。老一辈设计师的风格也在不断地调整，如高哈汝设计的里昂日合兰公园（Gerland Park）和波尔多加隆河岸（Des Quais de la Garonne）风格趋于平和轻松。

来自美国的凯瑟琳·古斯塔夫森（Kathryn Gustafson）早年在法国学习和实践，她在法国的一些早期作品如"幻想花园""人权广场"等不仅是法国的优秀风景园林作品，也为她职业生涯的成功奠定了基础。亨利·巴瓦（Henri Bava）在法国、德国和瑞士等地都有优秀的作品，瑞士日内瓦路易·让泰基金会（Louis Jeantet Foundation）庭院和德国巴德厄恩豪森的魔水公园（Aqua Magica）具有广泛的影响。女风景园林师凯瑟琳·摩斯巴赫（Catherine Mosbach）设计的波尔多新植物园（Jardin botanique de la Bastide）是进入21世纪以来法国最引人注目的风景园林作品之一。

2.4.1.4　德国

历史上的德国由大量的邦国组成，每个城邦都有自己的宫廷和花园，这些花园为今天的德国城市留下了数量可观的传统园林，奠定了良好的绿地基础。第二次世界大战后不久，联邦德国就通过举办"联邦园林展"（Bundes gartenschau）的方式，恢复、重建德国的城市与园林。大批城市公园通过园林展得到建造，它们与历史上留下来的花园一起，完善了各个城市的绿地系统。如斯图加特通过几次园林展建成了一条环绕市区东、北、西三面8km的U型绿带，大大改善了该市的城市结构（图2-95）。

德国也是现代主义设计的发源地之一。虽然纳粹统治者排斥现代主义并推行新古典主义和历史折中主义，但在战后，这些风格与纳粹一起被人们所抛弃，艺术思潮很快转入战前形成的现代主义。这一时期，北欧国家的风景园林设计对德国产生了很大影响。瑞典人马汀松（Gunnar Martinsson）曾在德国任教和实践20多年，将北欧设计的思想和方法带到了德国，并影响了大批年轻的设计师。直至今日，简洁、结构清晰和空间明确仍然是德国风景园林设计的普遍特征。

1972年慕尼黑奥运会的奥林匹克公园将城市北部一块荒地和高60m的瓦砾堆变成为了延绵起伏的丘陵风景，透明帐顶玻璃幕墙的体育建筑巧妙地镶嵌在地形之中，比赛时的背景就是外面如画的风景，完美体现了这届运动会的宗旨——"绿色的奥运会"。奥运结束后，这里成为市民喜爱的休闲活动场所。慕尼黑奥林匹克公园不仅在奥运历史上是独一无二的，在德国20世纪的风景园林发展中也占有重要地位（图2-96）。

20世纪后半叶，德国与其他发达国家一样，经济结构发生了巨大的变化，一些传统的制造业开始衰落，留下了大片工业废弃地。1980年以后，德国通过对工业废弃地的保护、改造和再利用，完成了一批对欧洲乃至世界都产生重大影响的工程。

国际建筑展埃姆舍公园（IBA Emscherpark）位于德国鲁尔区，面积达800km²，原为德国重要的工业基地。自20世纪60年代以来，矿业倒闭，建筑废弃，人口减少，经济、社会和环境问题日益严重。当地政府为促进地区的复兴启动了国际建筑展埃姆舍公园项目，主要内容包括河流的生态再生和被污染河水的净化；建造公园改善地区的生态环境；改造及新建住宅；建造各类科技、商务中心，增加就业；原有工业建筑的改建

图2-95　斯图加特U型绿带

图2-96　慕尼黑奥林匹克公园

和再利用等。埃姆舍公园把这片广大区域中的城市、工厂、商务园有机地联系起来，成为整个地区的绿肺和游憩地。这项巨大的工程赋予旧的工业基地以新的生机，解决了该地区由于产业衰落带来的就业、居住和经济发展等诸多方面的难题，意义深远，也为世界上其他旧工业区的改造树立了榜样。

在埃姆舍公园中有众多景观独特的公园，杜伊斯堡北部风景公园（Landschafts Park Duisburg Nord）就是其中之一。这里曾是有百年历史的钢铁厂，面积达 200hm²。在风景园林师彼得·拉茨（Peter Latz，1939—　　）的生态主义思想的指导下，工厂中的构筑物都予以保留，部分被赋予了新的使用功能；植被得以维护，荒草也任其自由生长；废弃材料物尽其用，雨水被收集使用；而新的休闲、观赏和运动功能被完美地组织进原有的工厂骨架中。杜伊斯堡北部风景公园最大限度地保留了原有工厂的历史信息，减少了对新材料的需求，减少了对能源的索取，成为后工业景观的典范（图2-97）。除此之外，格尔森基尔欣的北星公园（Nordstern park），波鸿市西园（West Park）等也是在工业遗址上建成的优秀公园作品，这一系列作品为德国风景园林赢得了国际声誉。

进入 21 世纪后，德国的 TOPOTEK 1 事务所在景观的艺术性上做了很多探索，他们设计的慕尼黑特雷西娅霍尔街区铁路盖顶公园（The Railway

图2-97　杜伊斯堡北部风景公园

图2-98　慕尼黑特雷西娅霍尔街区铁路盖顶公园

Cover Park in Theresienhöhe）建造在铁路的上方，用象征着山和海的地形和沙滩为孩子们创造了一个富有想象力的游戏环境（图2-98）。他们的艺术理念和艺术手法都具有冲击力。

总体而言，德国人严谨务实，重视理性、秩序与实效，国民具有普遍的生态意识，重视环境保护。德国的风景园林追求良好的使用功能、经济性和生态效益，重视园艺水准和建造工艺，致力于改善城市生态环境，保护国家历史，同时为大众提供理想的户外活动场所。

2.4.1.5　北欧

北欧一般指丹麦、瑞典、挪威、芬兰和冰岛五国。这些国家地处高纬度地区，多数地方与欧洲大陆隔海相望，具有地理和文化的上独立性。受暖流的影响，北欧气候相对温和，雨量充沛，森林面积广阔，湖泊众多。森林、草地、湖泊、岩石与柔缓变化的地表，构成非常平和的自然景观。

北欧国家历史上以学习模仿欧洲先进国家的园林文化为主。在 19 世纪末掀起的"民族浪漫主义"运动中，各国都不遗余力地在挖掘民族传统文化的基础上，努力创造适合世界潮流的新文化，这一运动对北欧的社会、经济和文化影响深远。社会政治层面，倡导社会改良、实现民主平等的中左派政党在北欧国家长期执政，形成了这些国家相似的社会环境——如社会阶层弱化，高福利政策，生活水平平均，社会平等和谐等。这样的社会背景为现代主义设计提供了适宜的土壤，现代主义很快成为设计和艺术领域的主流。但是北欧的设计师们并没有照搬包豪斯的高度理性的功能主义模式，而是在此基础上结合本国文化传统，发展出了融合自然、注重功能、富有人情味的现代主义，产生了世界性的影响。

在国际现代主义运动中，北欧国家的建筑和城市规划占有重要的地位。埃利尔·沙里宁（Eliel Saarinen，1873—1950）不仅创作了很多优秀的建筑，还提出了"有机疏散"(Organic Decentralization)理论，对现代城市规划有重要影响，他1918年为赫尔辛基所做的规划至今仍是城市发展的依据。瑞典建筑师古纳尔·阿斯普朗德（Gunnar Asplund，1885—1940）和希古德·莱维伦茨（Sigurd Lewenrenz，1885—1975）设计的斯德哥尔摩森林墓地，将天空、大地、森林、建筑和雕塑融为一体，表达了震撼人心的情感（图2-99）。芬兰建筑师阿尔瓦·阿尔托（Alvar Aalto，1898—1976）从芬兰的自然中获取灵感，将自然界中的有机曲线运用到建筑和产品设计中。他的建筑与环境融合，运用乡土材料，亲切舒适，如玛丽娅别墅（Villa Mairea）和花园。以阿尔托和丹麦建筑师约翰·伍重（Jørn Utzon）等为代表的北欧建筑师在设计中追求建筑与自然环境的融合，优美地表达出了建筑与景观的相互渗透和相互作用。

20世纪30~50年代，没有卷入战争的瑞典获得了较好的发展。斯德哥尔摩进行了大规模的城市公园建设，绿地通过自然的地形，以渗透的方式介入老城和新建城区中，形成有机的网状绿地系统，保护了有价值的自然景观，为市民提供享受阳光、空气和社会服务的公共开放空间。受瑞典城市公园运动影响，1936年，丹麦风景园林师和城市规划师合作起草了"大哥本哈根地区（Greater Copenhagen）"的绿地计划。该计划拟建一个综合的公园系统，与南北面的海岸公园等形成环路。1947年，著名的"指状规划"（Finger Plan）出炉，其思想是从哥本哈根老城沿几条放射性轴线建设轨道交通干线，在沿途建设新的城镇体系，几条轴线之间的地区，保留着楔形绿野。

这份规划的主要原则和设想为大哥本哈根地区的发展奠定了基础。20世纪50年代，城市化的加速使得大量人口涌入城市，斯德哥尔摩附近新建的魏林比（Vallingby）小镇预见性地避免了当代城市建设的许多弊端，如因交通问题和就业问题而出现的"睡城"等，成为欧洲现代卫星城规划建设的优秀案例。

在风景园林设计方面，北欧的设计师们将充满地域特色的农业和森林景观的要素加以艺术化和空间化，创造出了以植物形成简单空间组合的设计特征，如用简单的几何形绿篱和小树林，或者自然的林缘、林间空地和草地等设计语言，形成风景园林设计中的北欧风格。

20世纪60年代以后，伴随着城市扩张和基础设施的建设，风景园林师开始介入工业设施、水电站、采石场、高速公路和桥梁等的规划和建设中。70年代的生态主义思潮加强了风景园林师对自然生态的关注。20世纪末，工业的转型和交通方式的变化造成了城市中大片衰落的工业和港口区域，城市更新成为风景园林师的重要工作。如瑞典马尔默西港的开发，以Bo01住宅展为引擎，成功地将废弃的海港区转化为可持续发展的优美舒适的城市新区。

北欧著名的风景园林师有丹麦的C. Th·索伦森（Carl Theodor Sørensen，1893—1979）和S. I·安德松（Sven-Ingvar Andersson，1927—2007），瑞典的海么林（Sven A. Hermelin，1900—1984）、格莱姆（Erik Glemme，1905—1959）和马汀松（Gunnar Martinsson，

图2-99　斯德哥尔摩森林墓地

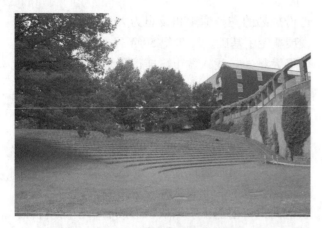

图2-100 奥尔胡斯大学校园

图2-101 Nordea银行新总部环境

图2-102 菲德烈堡新城市中心公共空间

1924—)等人。

C. Th·索伦森是北欧现代风景园林设计的奠基人之一。他的设计风格非常单纯，善于使用一些简单几何形为园林建立简洁的空间构架，同时

选择单纯的种植形式。他有广泛的研究领域，一生著书立说，培养的很多学生都成为丹麦风景园林行业的中坚力量。20世纪20年代索伦森设计了奥尔胡斯（Århus）大学校园环境，表现了草地、丘陵、树林、溪流和湖面的典型的丹麦自然景观（图2-100）。他在哥本哈根北部的Nærum设计的50个椭圆形的家庭园艺花园（Nærum Kolonihaver），用简单的形式创造了丰富的空间变化。著名的音乐花园（The Musical Garden）由草地上的绿墙围合的一系列几何形"花园房间"组成，带来类似音乐变奏的空间变化。索伦森的设计和理论对北欧国家有相当大的影响，并通过学生 S.I·安德松（Sven-Ingvar Andersson，1927— ）和马汀松（Gunnar Martinsson，1924— ）等人，影响到欧洲其他国家。

S.I·安德松的作品结合了丹麦的文化、艺术和环境特点，形式清晰简洁、接近自然，空间满足各种使用需要。S.I·安德松的代表作有哥本哈根 Sankt Hans Torv 广场，巴黎德方斯凯旋门环境设计，Nordea 银行新总部环境等（图2-101）。

海么林是瑞典现代风景园林的开拓者，他将风景园林师的工作从花园拓展到了更广泛和更综合的领域。格莱姆设计了斯德哥尔摩城市中大量的公园和绿地，是20世纪30～50年代"斯德哥尔摩学派"的重要设计师。马汀松长期在德国从事教学和设计，将北欧国家风景园林设计的思想和理论引入德国。

从20世纪末以来，丹麦的史蒂格·L·安德森（Stig Lennart Andersson，1957— ）逐渐成为北欧最具国际知名度的风景园林师。他的事务所 SLA 的作品既秉承了北欧设计亲切、细腻、关注自然等特征，又具有很强的艺术表现力，如瑞典马尔默 Bo01 住宅区的"锚"公园（Ankarparken），菲德烈堡（Frederiksberg）新城市中心的风格各异又紧密联系的5个公共空间（图2-102），由混凝土缓坡和不规则种植区交织的被称作城市沙丘（The City Dune）SEB 银行环境，都是极具北欧特色的城市景观。

丹麦著名建筑事务所 BIG 的建筑作品注重与

图2-103　挪威Trollstigen观景平台

环境的关系，实现建筑与景观的融合。BIG 事务所的大量实践包含了许多室外空间的设计，为风景园林师提供了启发和参考。

挪威具有原始壮美的自然风光，为了促进旅游，更好地接待游客，挪威国家旅游局开展了国家旅游路线的规划和设计，邀请了一些设计师为风景优美的景点设计游客服务中心、游览栈道、景观桥、观景平台等设施，这些设施不仅为游客更好地欣赏大自然创造了条件，而且衬托了壮阔的自然风光，自身也成为环境中的一道风景（图 2-103）。

北欧国家有相近的自然条件，类似的文化传统、政治环境和经济模式，历史上彼此联系密切，在这些国家产生了现代设计领域的一些共同特征，如为大众而设计的民主思想，从自然中获得灵感，对材质和工艺的关注，注重人情味与地域特色，以及朴实、美观和实用的设计哲学。由于国家的发展水平、地域景观特征、民族传统特色及受到的外来影响不同，北欧各国的风景园林设计也存在着多元化。北欧国家的现代风景园林在许多方面都是独树一帜的，如融于自然环境的墓园等，对其他国家产生了很大影响。

2.4.1.6　西班牙与葡萄牙

西班牙与葡萄牙同处于伊比利亚半岛上，曾经同属一个国家，直至 12 世纪葡萄牙独立。在几千年的历史中，伊比利亚半岛一直被各种外来势力所统治，从古罗马人、西哥特人、摩尔人、法国人等，形成了多元融合的文化传统。西班牙与葡萄牙有着相似的历史和文化，在近代，又都成为了海上强国，在世界各地建立了大量的殖民地，在获得财富的同时，也将这种多元的文化传播到了世界各地。

20 世纪上半叶，西班牙国内政治动荡，内外战争不断，内战导致了长达 30 多年的弗朗哥的独裁统治，直至 1975 年弗朗哥去世。弗朗哥统治初期，西班牙的经济和文化与外部世界几乎是隔绝的，社会极端保守；随着后期逐渐向民主过渡，社会价值观和社会风俗日渐自由化。

20 世纪初，西班牙的现代艺术是与欧洲其他国家同步的。大量西班牙优秀艺术家如毕加索、米罗等来到当时欧洲的艺术中心巴黎，形成了一支重要的艺术力量，也影响着西班牙国内艺术的发展。在弗朗哥政权被国际社会孤立的时期，西班牙的现代主义建筑未能得到发展，但无论在西班牙国内还是国外，西班牙现代艺术的血脉仍然延续着。直到 20 世纪 70 年代，随着社会的改革和经济的起飞，西班牙艺术很快融入了国际潮流，建筑也迅速发展，追上了世界各国的步伐。

西班牙拥有相当多的历史园林，尤其是安塔露西亚地区留存下来的精美的摩尔式园林，是世界伊斯兰艺术的珍宝。20 世纪初，天才建筑师安东尼奥·高迪（Antonio Gaudi，1852—1926）在巴塞罗那设计的居尔公园，是"新艺术运动"中产生的为数不多的公园作品，风格独特，影响深远。

虽然西班牙的建筑学教育在 20 世纪 80 年代得到了很大的发展，但现代风景园林的教育一直是一个空白，直到 21 世纪初才得以建立。因而当 20 世纪 70 年代西班牙进入快速发展的通道，城市建设中大量室外空间的设计工作多由建筑师和艺术家担当。这样的背景也形成了西班牙现代风景园林不拘一格、极富创意的特点，但同时植物和生态易被忽略。

1992 年对于西班牙来说是非常具有历史意义的一年。巴塞罗那举办了奥运会，塞维利亚举办了世界博览会，而首都马德里成为当年的欧洲文化首都。巴塞罗那借助奥运会的契机对城市进行了大范围的更新，修建了相应的体育文化设施和

图2-104 巴塞罗那对角线大街海滨公园

图2-105 胡安山谷垃圾填埋场

图2-106 巴塞罗那植物园

开放空间系统，并将城市与原来废弃的滨海地带联系了起来。在一系列新建的城市空间中，北站公园（Parque de la Estació del Nord）运用大地艺术的手法将一个原有车站铁轨区变成了一个既具有地域特色和历史内涵，又提供各种功能的公园。

EMBT是西班牙享有国际声誉的建筑及城市规划事务所，他们设计了一系列引人注目的城市开放空间，如巴塞罗那对角线大街海滨公园（Parc de Diagonal Mar）（图2-104），色彩公园（Parc dels Colors）等，用独特的设计逻辑创造了有机的、复杂的和前所未有的室外空间形态，带来极大的视觉冲击。

Batlle I Roig Arquitectes 事务所设计了大量公共开放空间，类型从建筑化的城市环境到绿色基础设施。他们的作品有巴塞罗那郊区的拉玛瑞纳公园（Parque de La Marina）和胡安山谷垃圾填埋场（Vall d'en Joan landfill）景观修复，后者荣获了一系列国际奖项（图2-105）。

巴塞罗那植物园（Botanical Garden of Barcelona）是一个颠覆了人们以往设计概念的作品，设计师将一个人工的三角形网络强加给了一个自然的山体，用人工的设施强化了场地的山地特征，获得了一种独特的艺术效果（图2-106）。

由于大部分国土气候干旱，西班牙缺乏园艺的传统，历史园林中的植物以常绿乔灌木为主，现代公园中也鲜有草本地被和花卉。这种气候条件的限制从客观上也造成了在室外空间的创造方面，建筑化的要素比植物更受到重视。西班牙独特的历史和气候、多样的文化，以及现代建筑和现代艺术的高水准产生了西班牙现代风景园林的鲜明风格，其创造性和艺术表现力受到全世界的关注。

葡萄牙毗邻西班牙，文化上有一定的相似性，但是气候要湿润得多，更适合植物的生长。复杂的历史形成了葡萄牙园林遗产的多样性和多元糅杂的风格。20世纪，葡萄牙经历了长达42年的右翼独裁统治。在统治之初的30年代，为国家发展的需要，这一政权接受并支持了现代主义建筑的发展。40年代起，葡萄牙建筑界开始探讨建筑本土性和民族性的问题，试图将现代主义和地方传统结合起来，这一思想也影响了整个设计领域。1974年独裁统治结束后，葡萄牙与外部世界有更多的交流，也越来越多地受到欧洲和美国的影响。

卡布拉尔（F. C. Cabral，1908—1992）是葡萄牙现代风景园林的奠基人。他20世纪30年代在德国学习，后回国进行教学和实践，60年代曾担任国际风景园林师协会（IFLA）的主席。他的实践范围非常广泛，从私人庭院、公园到农场建设、水利灌溉以及景观规划。1939年，在参与里斯本国家体育场设计的过程中，他提出要建造一座与景观融合的体育场的创新思想。他不仅进行了大量的研究和实践，而且通过理论与实践相结合的风景园林教育培养了新一代风景园林人才。这些学生成为葡萄牙现代风景园林的中坚力量，设计了大量优秀作品，其中包括古尔本金安基金会花园（Garden of Calouste Gulbenkian Foundation），将建筑与环境和谐融洽地联系在一起，展现了成熟的现代设计手法。

当代比较有影响的葡萄牙风景园林事务所有 Global Arquitectura Paisagista 和 TOPIARIS 等。前者的作品萨利纳斯游泳池（Salinas Swimming Pools），将公共步行系统、公共花园、海滨泳池等设施与停车库、餐厅、酒吧等建筑巧妙地结合在一片陡峭的海滨悬崖上，极大地改善了当地的景观和社会环境。

2.4.1.7 荷兰

荷兰国土狭小，为了获得更多可以耕种和生活的土地，荷兰人几百年来一直围海造田。荷兰有1/4国土低于海平面，另有1/4土地海拔不到1m，因此特别容易受到水患的威胁。为了生存，荷兰人修建堤坝、运河、水闸、风车等排水设施，整个国家都是建立在经过人工改造的土地之上。与水的抗争造就了荷兰人的创新精神和设计传统。荷兰也是现代艺术和现代建筑的发源地之一，在第二次世界大战之前就孕育了风格派艺术和建筑。第二次世界大战中荷兰遭受了很大的破坏，在战

后重建过程中，现代主义因其实用和效率得到迅速推广。

荷兰的风景园林建立在荷兰的国土景观之上。在荷兰平坦开阔的土地上，农田、堤坝、运河、水渠、林荫道构成了整齐的团块和线状的景观，这种人工化的自然对荷兰的风景园林设计有着深刻的影响。荷兰的风景园林设计非常具有创造性，也偏爱使用直线或折线的水体、道路，以及艺术化的桥梁等要素，折射出荷兰乡村及城镇的景观特点。荷兰风景园林师阿德里安·高伊策（Adriaan Geuze）领导的 West 8 事务所在20世纪90年代设计了一系列极具特色的项目，如鹿特丹剧院广场（Schouwburgplein）（图2-107）、VSB 公司庭院等。随着事务所的日趋国际化，West 8 近年来在世界各地建成了众多大型项目，如马德里曼萨纳雷斯河岸景观更新（Madrid Rio），多伦多中央滨水区（Toronto Central Waterfront），迈阿密海滩声景公园（Miami Beach Soundscape Park）等，影响广泛。

从20世纪40年代开始，荷兰风景园林师逐渐参与到乡村工程、土地改善和水管理的项目中。目前，乡村景观规划已经是荷兰风景园林行业的重要领域，它通过土地整理提高土地使用效率，保护乡村地区的自然环境，提高乡村景观的视觉品质，促进乡村地区经济、社会和环境的协调发展。

图2-107 鹿特丹剧院广场（王向荣、林箐，2003）

2.4.1.8 拉丁美洲

拉丁美洲是指美国以南的美洲地区，这里是世界古代文明的重要发源地之一。16世纪，来自西班牙和葡萄牙的殖民者占领了这块土地，其中，除了巴西被葡萄牙占领外，拉丁美洲的大部分土地被西班牙占有。19世纪初，拉丁美洲爆发了独立运动，结束了殖民统治，建立起一系列民族独立国家。拉丁美洲的文化表现为印第安文化与西班牙或葡萄牙文化的结合，许多地区还加入了黑人奴隶的非洲文化。而西班牙和葡萄牙的文化本身就非常多元，因此，拉丁美洲的文化表现为感性的、外向的、具有浪漫品质的多元文化。

20世纪初，来自欧洲的现代艺术和建筑传入拉丁美洲。巴西的建筑师兼规划师卢西奥·科斯塔（Lucio Costa）、建筑师奥斯卡·尼迈耶（Oscas Niemeyer）和风景园林师罗伯托·布雷·马克斯（Roberto Burle Marx, 1909—1994）等人，在建筑、规划和风景园林领域开展了一系列开拓性的探索。柯布西耶曾到巴西设计建筑，对巴西现代建筑发展的影响非常大。但是奥斯卡·尼迈耶、罗伯托·布雷·马克斯等人又添加了表现主义和超现实主义的因素，包括曲线的和有机的形态，并结合运用反映拉丁美洲传统的丰富色彩，创造了具有巴西特色的现代主义风格。

布雷·马克斯年轻时曾经去德国学习和游历，接触了欧洲的现代艺术，而后进入里约热内卢国立美术学校学习艺术。在这所包豪斯式的学校中，布雷·马克斯与老师科斯塔及建筑系的学生尼迈耶等人建立了良好的关系，开始了长期的合作。布雷·马克斯同时对植物怀有深厚的兴趣，热衷于收集植物，并进行了庭院设计的尝试。因为老师科斯塔的欣赏，布雷·马克斯有机会设计了一些公园和花园，包括为柯布西耶的作品教育卫生部大楼（the Ministry of Education and Health）设计屋顶花园和底层庭园。在一些大尺度花园的设计中，他把不同植物拼成了流动图案的花床，艺术的植物栽植形式与自然很好地融合在一起，如奥德特·芒太罗（Odette Monteiro）花园，希提欧（the Sitio），副总统官邸庭园（Residence Vice President of the Republic）（图2-108）。1970年，布雷·马克斯设计了里约热内卢柯帕卡帕那海滨大道（Aterro de Copacapana），把具有葡萄牙传统风格的铺装与现代抽象艺术完美地结合起来。在巴西新首都巴西利亚的建设中，布雷·马克斯设计了包括外交部、法院、国防部以及许多公共建筑的环境和庭院设计。20世纪60年代，布雷·马克斯访问了美国和欧洲，并举办了设计展览，引起了很大反响。

布雷·马克斯是位优秀的抽象画家，他的风格受立体主义、表现主义、超现实主义等的影响。他将现代艺术运用到风景园林设计中，用流动的、有机的、自由的形式设计园林。他发现了热带植物的价值并将其运用于园林中，创造了具有地方特色的植物景观。布雷·马克斯是20世纪杰出的造园家，他的设计语言被广为传播，在全世界都有重要的影响。

墨西哥建筑师路易斯·巴拉甘（Luis Barragán, 1902—1988）曾获普林茨凯建筑奖，他的作品以社区和住宅为主，经常完成从规划到建筑和环境的一体化设计。巴拉甘的设计受西班牙伊斯兰园林艺术、摩洛哥的色彩和现代主义建筑的影响，

图2-108　副总统官邸庭园（王向荣、林箐，2003）

他反对现代主义中的纯粹功能主义，认为建筑不仅是肉体也是精神的居所。巴拉甘的园林以色彩明亮的墙体与水、植物和天空形成强烈反差，创造宁静而富有诗意的心灵庇护所。

在墨西哥城南埃尔佩德雷加尔（El Pedregal），巴拉甘规划了一个保留原有火山岩地形地貌和植被等自然景观的社区，并在其中设计了多个花园和一些装饰的小品。20 世纪 50 ~ 60 年代，巴拉甘规划开发了一个以骑马和马术为主题的居住区拉斯阿博雷达斯（Las Arboledas），并在桉树林中设计了由蓝色、黄色和白色的墙体以及长水槽构成的饮马槽广场（Plaza del Bebedero los Caballos）。圣·克里斯多巴尔（San Cristobal）住宅是巴拉甘的代表作，他在庭院中设计了玫瑰红和土红的墙体以及方形大水池。红墙上的水口向下喷落瀑布，水声打破了由简单几何体组成的庭院的宁静，在炎热的阳光下带来些许清凉（图 2-109）。

巴拉甘的作品，将现代主义与墨西哥传统相结合，开拓了地域性的现代主义。在他设计的一系列园林中，使用非常简单的要素创造了神秘和孤独的空间。他简练而富有诗意的设计语言，在各国的建筑师和风景设计师中独树一帜，影响和启发了许多现代风景园林师。

墨西哥建筑师里卡多·莱戈雷塔·比利切斯（Ricardo Legorreta Vilchis）是巴拉甘的追随者，他在美国洛杉矶设计了具有鲜明墨西哥色彩的珀欣广场（Perching Square），体现了这个城市的历史特点，也创造了充满活力的城市空间。

2.4.2　设计思潮与实践倾向

2.4.2.1　大地艺术

20 世纪 60~70 年代，西方一些艺术家走出画廊和城市，来到遥远的牧场和荒漠，创造一种巨大的超人尺度的雕塑——大地艺术（Land Art 或 Earthworks）。罗伯特·史密森（Robert Smithson，1938—1973）的"螺旋形防波堤"（Spiral Jetty）是一个在犹他州大盐湖上的长 458m、直径 50m 的螺旋形石堤，仿佛古代的艺术图腾。德·玛利亚（Walter De

图2-109　圣·克里斯多巴尔住宅（王向荣、林箐，2003）

Maria，1935—　　）在新墨西哥州一个荒无人烟而多雷电的山谷中，以 400 根不锈钢杆构成了名为"闪电的原野"的大地艺术作品，赞颂了自然令人敬畏的力量。克里斯多·耶拉瑟夫（Christo Jaracheff，1935—　　）在长达 40 年的时间里，一直致力于把一些建筑和自然物包裹起来，改变大地的景观，如跨越科罗拉多峡谷、高 80~130m、长 417m 的"峡谷瀑布"和位于加利福尼亚州的长达 48km 的白布长墙"流动的围篱"，作品气势恢弘。

大地艺术最本质的特征是将自然作为作品的重要要素，形成与自然共生的结构，多运用简单和原始的形式。大地艺术与同一时期发展起来的环境保护和生态主义的思想有某些内在的联系。许多大地艺术作品都蕴涵着一些生态主义的思想，一些作品是非持久的，伴随着自然力的作用呈现动态的过程，表现出转瞬即逝或不断变化的特点。

大地艺术的观念和手法对当代风景园林设计产生了深远的影响，一些艺术家涉足室外公共空间的创造，而不少风景园林师在设计时也运用大地艺术的手法，或者与艺术家进行合作，这些都促进了两种艺术的融合和发展。美国风景园林师乔治·哈格里夫斯（George Hargreaves）经常在生态过程分析的基础上采用大地艺术的手段形成生态与艺术的综合体。林樱（Maya Lin）设计的华盛顿的越战阵亡将士纪念碑（Vietnam Veterans Memorial），是大地艺术与现代公共景观设计结合的优秀作品（图2-110）。大地艺术也带来了艺术化地形的观念，使得风景园林中的地形设计突破了模拟自然或者排水和土方工程的目标。英国著名的建筑评论家查尔斯·詹克斯（Charles Jencks）的位于苏格兰西南部Dumfriesshire的私家花园是一个极富浪漫色彩的作品，这个花园有着深奥玄妙的设计思想和富有戏剧性效果的优美艺术地形。大地艺术对环境的干预很小，但却能有效地提升景观的质量，因此它也成为了各种棕地更新、恢复和再利用的有效手段之一，如美国帕罗奥多（Palo Alto）的拜斯比公园，西班牙巴塞罗那郊区的胡安山谷垃圾填埋场。

图2-110　越战阵亡将士纪念碑

2.4.2.2　生态主义

20世纪60年代，蕾切尔·卡森的《寂静的春天》在世界范围内唤起了人们的环境意识，也将环境保护问题提到了各国政府面前。石油危机、环境污染等一系列全球性问题，也促使人们对待自然环境的态度发生了很大转变。随着一系列保护环境运动的兴起，环境保护的思想和生态的意识逐渐渗透到政府和普通民众的日常工作和生活中。

作为与自然息息相关的行业，历史上风景园林的理论和实践就包含很多对自然的尊重和朴素的生态观念，但多是基于一种经验。第二次世界大战后，风景园林的工作领域和范围急剧扩展，成为帮助人类合理地进行土地和其他自然资源的利用以及为人类创造户外活动空间的行业。风景园林不再仅是艺术性布置的植物和地形，而且是与整个地球生态系统紧密联系。

1969年，美国宾夕法尼亚大学教授麦克哈格（Ian McHarg，1920—2001）出版了《设计结合自然》（*Design With Nature*）一书，在规划设计行业中产生了很大反响。麦克哈格运用生态学建立了土地利用规划的模式，将风景园林实践提高到一个科学的高度。

不仅在规划领域，生态思想也改变了风景园林设计的思路和方法。如在设计中遵循生态的原则，反映生物的区域性；顺应基址的自然条件，合理利用土壤、植被和其他自然资源；依靠可再生能源，充分利用日光、自然通风和降水；选用当地的材料和乡土植物；注重材料的循环使用，减少能源消耗，减少维护成本；注重生态系统的保护、生物多样性的保护与建立；发挥自然自身的能动性，建立和发展良性循环的生态系统；体现自然元素和自然过程，减少人工的痕迹等。

在这些思想的指导下，出现了一些新类型的设计，如棕地更新、人工湿地、近自然化设计等。著名的棕地改造案例有美国的西雅图煤气厂公园和德国的杜伊斯堡北部风景公园，都是以生态主义原则为指导，通过对工业废弃环境的更新和对废弃材料的再利用将原有的棕地改造成为一种良性发展的动态生态系统和市民休闲活动的场所，不仅在环境上产生了积极的效益，而且对城市生活起到了重要作用。

对于当代风景园林而言，生态主义已经成为一个普遍的原则。

2.4.2.3 后现代主义

20世纪60年代，由于工业化、现代化带来的种种消极影响日益明显，西方文化领域出现了动荡和转机，人们对现代文明感到失望和厌倦，后现代主义思潮在反思中产生。

在多种因素的作用下，建筑界有一些人开始鼓吹现代主义（Modernism）已经死亡，后现代主义（Postmodernism）时代已经到来。美国建筑师文丘里（Robert Venturi）发表了《建筑的矛盾性与复杂性》和《向拉斯维加斯学习》，批判了在美国占主流地位的国际式建筑。英国的建筑理论家詹克斯（Charles Jencks，1939— ）出版了《后现代主义建筑语言》，总结了后现代主义的6种类型或特征：历史主义、直接的复古主义、新地方风格、因地制宜、建筑与城市背景相和谐、隐喻和玄学与后现代空间。同时，20世纪50年代出现的代表着流行文化和通俗文化的波普艺术到60年代蔓延到设计领域，在后现代时期，讽刺、隐喻、诙谐、折中主义、历史主义都是常用的设计手法。

在这一背景下，20世纪70~80年代，后现代主义成为设计领域的潮流。文丘里在华盛顿自由广场的设计中，用铺装图案隐喻了城市的历史格局（图2-111）。查尔斯·摩尔（Charles Moore，1925—1993）设计的新奥尔良市意大利广场（Plaza D' Italia，1974），用抽象的地形和建筑片段，以及通俗的色彩塑造了一个世俗化的公共空间。美国风景园林师施瓦茨的一些作品将西方古典园林的要素以现代的手法加以抽象和变形，反映了后现代主义注重历史文脉和地方特色的特点。她的作品也受到波普艺术的影响，运用日常用品和普通材料，选择绚丽强烈的色彩，具有通俗的观赏性。巴黎的雪铁龙公园（Parc Andrē -Citroën，1992）把法国传统园林中的一些要素用现代的设计手法重新组合展现，体现了典型的后现代主义的设计思想。

2.4.2.4 解构主义

1967年前后，法国哲学家雅克·德里达（Jacques Derrida，1930— ）最早提出解构主义（Deconstruction）。进入80年代，解构主义成为西方建筑界的热门话题。解构主义大胆向古典主义、现代主义和后现代主义提出质疑，认为应当将一切既定的设计规律加以颠倒，如反对建筑设计中的统一与和谐，反对形式、功能、结构、经济彼此之间的有机联系……"解构主义"的裂解、悬浮、消失、分裂、拆散、移位、斜轴、拼接等手法，产生一种特殊的视觉和空间感受。

巴黎拉·维莱特公园（Parc de la Villette）是解构主义设计的典型实例，它用点、线、面三层基本要素把园内外的复杂环境有机地统一起来，并且满足了各种功能的需要。美国建筑师丹尼尔·里勃斯金德（Daniel Libeskind，1946— ）设计的柏林犹太人博物馆，环境与建筑一脉相承，以线性要素的倾斜、穿插与冲突，给人耳目一新的空间感受（图2-112）。

图2-111 华盛顿自由广场

图2-112 柏林犹太人博物馆环境

解构主义是建筑发展过程中有益的哲学思考和理论探索，虽然依据这一理论的建成作品并不多，但是它所发展的造型语言丰富了设计的表现力。

2.4.2.5 极简主义

1960 年代初，美国出现了极简主义艺术（Minimal Art）。极简主义（Minimalism）通过把造型艺术剥离到只剩下基本元素而达到"纯粹抽象"。极简主义作品主要是绘画和雕塑，主要特征有：客观化，摒弃任何具体的内容和联想；使用工业材料，在审美趣味上具有工业文明的时代感；用现代技术加工制造；颜色简化；运用简单的几何形体，在构成中强调重复、系列化或按数学关系排列。

美国风景园林师彼得·沃克深受极简主义艺术的影响，作品经常运用单纯的几何形体构成景观要素或单元并不断重复，使用工业材料，如不锈钢、铝板、玻璃等，以及纳入严谨的几何秩序之中的自然材料。沃克设计的哈佛大学泰纳喷泉（Tanner Fountain），用 159 块石头排成了一个直径 18m 的圆形的石阵，雾状喷泉形成漂浮在石间的雾霭，透着史前的神秘感，极富极简主义特征（图 2-113）。

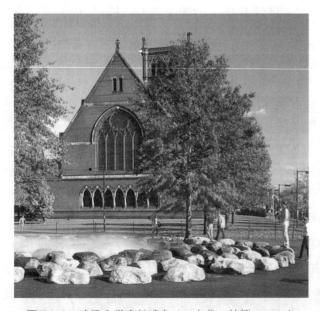

图2-113　哈佛大学泰纳喷泉（王向荣、林箐，2003）

2.4.2.6 数字化设计

20 世纪 90 年代以来，计算机技术越来越多地运用到风景园林行业中，为风景园林师们提供了高效的绘图工具，创造了虚拟模型和虚拟空间，提供了更加客观科学的分析工具和评价方法，对规划设计工作起到了很好的辅助作用。由于数字技术的飞速发展，工具的进步也带来了设计方法的革命。数字方法从作为辅助设计成果实现的工具，开始转变为一种设计思维模式，由此带来了一系列新的设计观念、方法及结果。同时，由于数字化建造的日益普及，逐渐模糊了设计与施工建造之间的界限，给设计师带来许多与施工过程直接接触的机会，同时也给了他们构建自己作品的灵感。这些带来了风景园林行业发展的新的可能。

在数字化和信息化的时代要求下，风景园林与数字技术日益融合，将会产生许多新的研究和实践领域，大大扩展风景园林的外延。但是，正如任何领域内机器不可能代替人类一样，数字化技术最终只是增强风景园林师的能力，而不是风景园林师被数字化技术所取代。

2.4.3　规划思想与理论研究

2.4.3.1　绿道

绿道（greenway）是指沿着河滨、溪谷、山脊线等自然走廊，或者废弃铁路、沟渠和风景道路等人工走廊建立的线性开敞空间，包括可供行人和骑车者进入的景观线路。1890 年建成的由奥姆斯特德设计的波士顿公园系统被认为是绿道的起源，后来埃利奥特（Charles Eliot）扩展了这个规划，将绿色网络延伸到了整个波士顿大都市区。然而绿道的真正定义是在 20 世纪 90 年代。目前，美国、德国、荷兰和新加坡等国家的绿道规划和建设比较完善，中国的广东省、浙江省，成都市等地区绿道也基本形成了网络。

绿道可以将公园、自然保护地、名胜区、历史古迹与城市高密度建成区连接起来，具有改善城市与区域生态环境、保护文化遗产、提供游憩空间和优美风景、引导低碳出行等功能。绿道连接城市与郊区，具有连通性和功能复合的特点。它可以为植物生长和动物繁衍、栖息和迁徙提供空间；可以为人们提供体验自然、欣赏自然的机会以及户外休闲娱乐和交往的空间；可以发掘和保护历史文化遗产，为人们更好地了解地区历史创造条件；可以改善城市环境，更新城市，提升周边土地的价格；可以促进旅游，为沿途地区带来更多的经济收益。

绿道不仅仅指此类线性开放空间的个体，也指这些线性空间所形成的网络系统。绿道与其他一些学术名词如生态网络、开放空间系统、栖息地网络、野生动物廊道等，有着相似的功能和空间上的许多重叠。

2.4.3.2　低影响开发

20世纪下半叶，随着城镇化的不断发展，城市生态问题不断凸显，水资源匮乏、干岛效益和城市内涝等问题成为影响城市水生态安全的重要因素。究其原因，是城市化过程对自然界的水文循环造成了根本性的改变。针对这些问题，各个国家开展了可持续城市雨水管理系统的研究和应用，以期缓解或修复开发所造成的水文扰动，最大限度地降低土地开发对城市水文条件和生态环境的影响。

起步较早的德国于20世纪80年代就建立了完善的雨洪利用的行业标准和管理条例。90年代，美国一些城市提出了一种模拟自然排水方式为核心的雨水管理、控制和利用技术综合体系，即低影响开发（low impact development，LID）技术。该技术原理是通过分散的、均匀分布的、小规模的基础设施对雨水径流进行源头控制，并经过渗透、过滤、存储、蒸发及径流截取等设计技术，实现对暴雨径流及污染的控制。LID强调在保护必要的场地水文循环功能的前提下进行发展，以综合技术模拟开发前场地中雨水蓄留、渗透、径流总量和速度等水文调蓄功能。随着内容的不断扩展，LID逐渐从技术策略发展为系统性的城市

可持续发展的宏观策略，在城市自然保护区和水源保护区的确定、城市绿地空间规划、市政基础设施建设、水系统及雨洪预警系统构建，基础设施和公共空间的规划方面起到了指导作用。

这一可持续的城市规划建设思想已成为许多国家的共识，但在实践中不同国家采用了不同的名称，如澳大利亚的WSUD水敏感性城市设计，中国的海绵城市建设等。2014年，我国住建部颁布了《海绵城市建设技术指南——低影响开发雨水系统构建》，并开展了海绵城市的建设试点。海绵城市是指城市能够像海绵一样，在适应环境变化和应对自然灾害等方面具有良好的"弹性"，下雨时吸水、蓄水、渗水、净水，需要时将蓄存的水"释放"并加以利用。海绵城市建设遵循生态优先等原则，将自然途径与人工措施相结合，在确保城市排水防涝安全的前提下，最大限度地实现雨水在城市区域的积存、渗透和净化，促进雨水资源的利用和生态环境保护。海绵城市建设需要统筹自然降水、地表水和地下水的系统性，协调给水、排水等水循环利用个环节，并考虑其复杂性和长期性。

2.4.3.3　生态基础设施和绿色基础设施

1984年，联合国教科文组织（UNESCO）通过的"人与生物圈计划（Man and the Biosphere Programme）"中首次提到了生态基础设施（Ecological Infrastructure）。出于生物保护的目的，生态基础设施的本质是保障城市可持续发展的自然系统，也是城市和居民可以持续不断获得生态服务，如水源、空气、食物、庇护、游憩、教育以及审美等服务的基础，是对城市的一种持久支持力，在洲际、国家和区域尺度上，有助于维护国土及城乡生态安全格局。

20世纪90年代中叶，美国开始了对绿色基础设施（Green Infrastructure，GI）的研究与实践。虽然至今对绿色基础设施都没有一个统一的定义，但从各方对绿色基础设施的认知和实践操作中可以看出，绿色基础设施是国家的自然生命支持系统，也是社区赖以持续发展的基础，其尺度涵盖了从国家到社区各个层面，包括了自然、半自然

以及人工的各种生境、保护区、荒野等绿色空间，将散布于城市中心、城郊及乡村边远地区的绿色空间连成一个系统，起到保护生态、提高城市和居民生活质量的作用。

生态基础设施和绿色基础设施在不断地发展中进行着内容的扩充，概念也愈加趋同：重视保护自然系统、自然绿色空间的连通性、完整性和网络性，强调二者在城市生态和城市功能中的重要性，形成支持城市存在和发展的自然系统，发挥显著的生态功能和价值，成为城市重要的"软"基础设施。但随着城市的快速扩张和发展，完整的自然系统因道路交通设施和建筑等人工化的"硬"基础设施的割裂和侵占，在城市内部及周边已难觅踪迹，强调基于自然的生态基础设施和绿色基础设施在现实中的实施愈发艰难。

在景观都市主义思潮的影响下，继承生态基础设施和绿色基础设施的基本原则和设计思想的景观基础设施（Landscape Infrastructure），不再局限于"自然"和"绿色"所限定的空间环境中，将视野扩展到了城市中其他有潜力形成自然生态、社会功能、基础设施功能相交错的"灰色"空间。作为城市基础设施的景观基础设施，变消极被动为积极主动，以自然过程和多功能要求为主导，将生态引入城市空间，运用景观的设计手法，对城市的基础设施进行有效地改造。

生态基础设施、绿色基础设施和景观基础设施自提出之后，一直对城市基础设施的改善和城市环境与自然环境建设的发展有着极大的作用和影响，为生态取向的城市发展构建提供了可操作的方式。

2.4.3.4 景观都市主义和生态都市主义

传统的城市规划设计的理论方式在很大程度上是由建筑主导的，城市空间和形态形成的主要依据就是建筑的实体和功能。这种方式忽视了城市内的自然进程，使城市与自然生态环境之间的矛盾日益尖锐，也导致风景园林和建筑及城市间的相互排斥的关系，引发了城市中一系列的社会、环境、经济等问题。

随着环境意识和生态思想的发展，传统的城市发展方向受到了质疑。"景观都市主义（Landscape Urbanism）"由时任哈佛大学设计研究生院风景园林系主任的查尔斯·瓦尔德海姆（Charles Waldheim）提出，他提出以"景观取代建筑成为城市建设的基本要素"。詹姆斯·科纳（James Corner）也随即提出了"城市即景观"的构想。建筑师雷姆·库哈斯（Rem Koolhaas）认同这些观点，并认为"构成城市最主要肌理的是植被和基础设施""城市就是景观"。随着1997年4月景观都市主义大会的召开，景观都市主义逐渐成为景观和城市规划领域的一种新思想而广泛传播。

景观都市主义将建筑和基础设施都看成是景观的延续，认为景观在自然的环境系统和工程性的基础设施系统之间可以进行合并、融合与变换，强调对作为城市表面的城市基础设施进行规划设计，并延伸至更广阔的表面，形成一个各种系统、元素在多元交互网络中运动的生态关系。但在实践中，景观都市主义较难从理想化的设计图解转向可操作的工程实践，而且在发展过程中缺乏对生态学的足够关注，与景观生态学的联系流于表面和肤浅。

对景观都市主义的反思促使一直支持并倡导景观都市主义的哈佛大学设计研究生院（GSD）院长莫森·莫斯塔法维（Mohsen Mostafavi）于2008年又提出"生态都市主义"（Ecological Urbanism）的概念。该思想将"生态"和"城市"两个看似矛盾、对立的观念组合在一起，将城市看作一个生态系统，试图从政治、社会、经济、文化以及规划设计和技术等各个方面，创造一个专属城市时代的、和谐、高效、绿色的人类栖居环境。

景观都市主义和生态都市主义都是建立在对现代城市的批判和对生态城市的探索之上，主要是理论层面的探讨，并未形成成熟完整的体系，也不是全新的设计模式。但它们对城市发展中自然生态系统的强调，不仅在风景园林行业，也在建筑和城市规划领域产生了很大影响，对未来城市发展提出了有益的思考。

小　结

　　西亚及伊斯兰文化、西方文化和东亚文化是世界上具有悠久历史并传承至今的 3 个主要文化传统。在这 3 种传统中，人类改造环境、建设家园的方式各有千秋，在农业、水利、建筑、城市和园林等方面留下了丰富的遗产。从古代到现代，这些传统随着文化的传播影响到非常广阔的地理范围，并与地域文化相结合，形成了 3 个传统内部既相似而又有区别的思想、艺术和技术。

　　近代以来，工业革命带来了经济和社会的巨大变革，也为人类生存环境带来了一系列前所未有的问题和挑战。为适应这些变化，伴随着艺术、建筑和城市规划领域的创新和变革，风景园林行业也不断地产生新思想、新方法，研究和实践的范围不断扩展。今天，风景园林的领域前所未有的宽广，价值体系也越来越多元：人们关注不同的问题，提出不同的观点；对于同一个问题，不同的学者也有不同的判断，不同的文化传统也会带来迥异的思维方式。由此在世界范围内产生了层出不穷的理论和思潮，也出现了风格多样、让人应接不暇的实践作品。

　　风景园林有着悠久而丰富的历史，经过现代社会的洗礼，它在自然环境保护和人居环境发展方面已经显示了其不可替代的价值。随着社会的进步，它还在不断地发展壮大，未来将在协调人类与环境的关系上发挥更大的作用。

思考题

1. 风景园林的传统主要有哪几个源流？

2. 风景园林几个主要的传统各自的影响范围包括哪些地区？

3. 20 世纪的哪些艺术流派曾经影响了风景园林的审美和设计语言？

4. 从风景园林的发展历史来看，你对未来的学科发展有什么样的预测？

推荐阅读书目

1. 外国造园艺术. 陈志华. 河南科学技术出版社，2001.

2. 世界园林史. Tom Turner 著，林箐等译. 中国林业出版社，2011.

3. 西方现代景观设计的理论与实践. 王向荣，林箐. 中国建筑工业出版社，2006.

4. 中国人居史. 吴良镛. 中国建筑工业出版社，2014.

5. 中国古典园林史（第三版）. 周维权. 清华大学出版社，2008.

第 3 章
风景园林规划设计的程序和内容

风景园林规划设计是安排土地的使用方式和确定室外空间形态及功能的科学和艺术，是一个理性的过程。因此，规划设计工作并非随意的和不确定的，它有自身基本的原则和方法，按照一定的原则和步骤进行工作可以保证成果的科学性、系统性，并提高工作效率。

不论是私家花园、公园、居住区、大学校园、还是旅游度假区等，风景园林规划设计的途径在本质上都是一致的。在实践中，规划的目的是最优地安排与场地及其自然环境和人工特征相关的各种规划元素，也就是说解决土地如何利用的问题；而设计解决的是室外空间形态和具体功能的问题。规划与设计是风景园林实践活动的两个紧密联系的阶段。在大尺度的项目中，这两个阶段的差别比较明显，但在中型尺度项目中，规划与设计往往是融合在一起的——规划中有设计，设计中有规划。小尺度的项目，不需要经过规划阶段，可以直接进行设计。

风景园林规划设计的基本程序主要包括：规划设计的准备和调研阶段，分析和研究阶段，规划阶段，设计阶段，现场配合与回访阶段。

3.1 准备和调研

为了保证规划设计工作能够有的放矢，前期的准备和调研工作是必不可少的，这部分的工作成果是下一步规划设计工作能够顺利开展的必要条件和依据。工作的具体内容包括了解委托方的要求和意向；收集整理规划设计必需的相关资料

以及地块的现场踏勘和调查。

3.1.1 了解项目背景

接受规划设计项目任务时，要充分研究任务书的内容，并与委托方进行深入交流。风景园林师不但要了解整个项目的位置、范围、性质、规模、服务人群，还要了解委托方对项目的意向，明确规划设计具体的功能要求和内容。

3.1.2 收集整理资料

与委托方以及相关管理部门密切配合，收集与项目相关的所有资料，包括纸质文件与电子文件。这些资料一般分为以下几方面内容，但不同的项目，根据其性质、阶段、场地条件等，需要的资料会有所不同。

3.1.2.1 相关规范和标准

相关的国家和地方的规范、标准、条例是风景园林规划设计以及建设工作的依据和保证，设计者必须认真学习和掌握，并在符合规范标准的前提下提出合理、可行的方案。如目前我国与风景园林规划设计相关的法规主要有《城市绿地分类标准》《公园设计规范》《居住区环境景观设计导则》《城市道路绿化规划与设计规范》《风景名胜区管理暂行条例》等。

3.1.2.2 场地基础资料

（1）综合资料

包括城市总体规划以及公共设施、基础设施

等专项规划；所在地区的控制性详细规划；规划设计任务书；规划设计范围内已批准的规划设计和建筑设计成果；地方政府及有关部门制定的规划条例、技术规定和相关文件；规划对象的特殊要求，如工业企业的流程要求等。

（2）自然条件资料

包括所在地区日照时长、气温、湿度、降水量、风向、风力等气象资料；地块内的地形、地势；河湖水系水位、流量、流速以及地下水的分布、埋深等水文地质情况；岩石、土壤成分、结构、承重等工程地质状况；地质灾害的影响范围；植被的种类、分布范围以及相关的古树资源状况。

（3）历史文化资料

包括地块内文物保护单位的名称、保护范围、建设控制地带、保护要求；历史建（构）筑物的名称、年代、建筑高度、建筑质量等；非物质文化遗产的名称、类型、年代、传承场所用地范围等；古树名木的年代、保护级别、位置。

（4）道路交通资料

包括地块内及周边道路的平面和竖向设计，停车场出入口的位置、宽度，人行过街设施的形式、位置、用地控制范围；地下道路、地下人行道等的标高、净高、控制界线、出入口位置。

（5）工程设施资料

地块内现有建筑、构筑物的平、立面标高等情况；现有电线、电缆线、通信线、给排水管道、煤气管道、灌溉系统的各种管网设施走向、位置长度以及各种技术参数、水压及闸门井的位置等。

（6）环境资料

规划地块周围是否有污染源，如有毒有害的厂矿企业、传染病医院等情况。有无空气、水、噪声等污染。

（7）周围景观

地块周边山形水系、植被等自然景观格局，或者周边城市街区肌理尺度，建筑的形式、体量和色彩等。

3.1.2.3 图纸资料

除了上述资料以外，规划设计还可能需要以下图纸资料：

（1）城市规划图纸

各阶段城市规划图纸。如城市总体规划图、城市绿地系统规划图、分区规划图、地段详细规划图等。

（2）地形图

地形图一般包含规划设计基地及周边区域的地形、标高及现状物（山体、水系、道路、建筑、植物等）的位置。

（3）建筑资料图

场地内需要保留或改造的主要建筑物的图纸、未建但已经完成设计的建筑的图纸。

（4）现状植物分布图

现状植物尤其是树木的位置和种类。

（5）地下管线图

包括给水、雨水、污水、化粪池、电信、电力、煤气、热力等管线位置及井位图。

3.1.3 基地调查

对基地进行实地踏查是规划设计开始阶段的必要环节。了解基地和地上物的现状是规划设计的前提，是规划设计方案能够适应这片土地、并创造更好的生态环境、更佳的景致风貌和更完善的功能的根本。基地调查的内容主要包括：基地内部地形、道路、植被、水体、建筑等现状条件；基地周边环境条件、外部道路、公共设施、相邻建筑或构筑物、植物、水体、可借景因素等的位置、方向、风格、空间特征等。

通过了解现场状况、风貌特征，核对、补充所收集的图纸资料，确定现有的地形、水体、树木、建筑等位置和情况是否与原有图纸吻合，纠正基地原始地形图可能存在的错误。如果基地面积较大、情况较复杂，有必要进行多次踏查工作。

现场踏查之前要有相应的详细图纸，明确方位，根据图纸的位置拍摄环境照片，并记录现场特征，有些素材可以直接标注在基地原始地形图上，为下一步工作提供参考。

3.2 分析和研究

对前一阶段收集的文献、图纸和数据进行整

理和汇总，深入了解场地的历史、现状、自然条件、周边环境等具体情况，通过分析研究，明确场地的潜力和现状存在的问题，依据未来的发展目标，思考可能采取的发展方向。

3.2.1　场地分析

场地分析应该考虑场地内及周边所有的自然、人文、社会和美学的因素，以便明确场地特征、可能性与限制条件。对场地的分析不仅仅局限于场地本身，而应包括更大范围的土地（图3-1）。

3.2.1.1　自然因素分析

场地分析要考虑的自然因素包括但不限于以下几项。

（1）光照

阳光是地球上能量的来源。植物需要阳光才能进行光合作用，为地球创造氧气，并维持自身的生长繁衍；阳光也为包括人类在内的动物带来温暖和健康。人类的生产和生活环境需要良好的光照条件，因此，在规划和设计中，某个地区一天和一年中的太阳高度角和辐射强度的变化，不同区域日照条件的优劣，都是需要认真考虑和应对的场地条件。对光照条件的分析将帮助设计师根据太阳的运动调整社区、场地和建筑布局，保

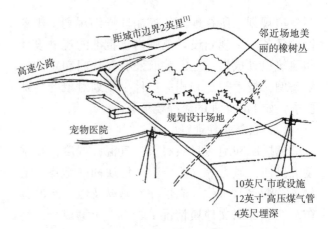

图3-1　对场地的分析不仅仅局限于场地本身
（引自约翰·O·西蒙兹，2009）

证在合适的时间接受合适的光照。

如纽约泪珠公园，位于曼哈顿岛高密度城市街区内，面积狭小，被几栋高层公寓建筑包围，大部分处在建筑的阴影里。设计师详细分析了基地的日照情况，对于不同的日照条件作了不同的设计处理：基地北半部享有最长日照时间，因此设置了两块草坪，并特意稍向南倾斜以利于接受阳光；基地南区有很大比例的阴影区，通过设置高墙、小丘和建筑来屏蔽冷风，并设计了植被茂盛、尺度亲切的多种游戏区（图3-2）。

图3-2　纽约泪珠公园光照条件较好的草坪区和位于阴影区但受到庇护的游戏区

---

[1] 1英里=1.6093km；1英尺=0.3048m；1英寸=2.54cm。

图3-3 北海静心斋的假山创造了良好的小气候

图3-4 幻想花园，适应于山地地形的设计

（2）季风

中国的大部分国土位于季风气候区，夏季盛行来自海洋的东南风，暖热多雨；冬季盛行来自内陆的西北风，寒冷干燥。在这样的气候特点下，规划设计布局要避免将主要建筑和场地暴露在冬季主导风的通道上，而对于夏季主导风，要有意识地将自然气流引入，达到通风降温的效果。在自然条件有限的情况下，还可以通过人工改造地形、种植植物和建造人工构筑物的方式阻挡冬季风，抵御寒冷，保护土壤，创造良好的小气候。设计师可以通过合理的场地选择、规划布局和建筑朝向创造与气候相适应的室内外空间。

如北京北海公园内的静心斋，建于清乾隆年间，是一座园中之园。园林位于北海北岸，为了创造城市山林的感觉，在园林西北角建造了高大的人工假山，不仅丰富了园林空间，也有效地阻挡了冬季凛冽的西北风，使园林获得了良好的小气候条件（图3-3）。

（3）地形

地球的地质构造运动、河流的侵蚀作用和泥沙的沉积塑造了地球表面的形态。自然地形是大自然所赋予的，是土地与自然环境长期磨合的结果，是一种最适合当地自然条件的地表形态。适应自然地形其实就是与自然环境相协调。当然，人类持续几千年的生产生活已经改变了很多地区原有的自然地形，这种地形有可能像东亚的水稻梯田那样表现为优美的文化景观，也有可能呈现

出对地表的破坏。无论怎样，规划设计都不能无视地表原有的形态。适应于原有地形的规划和设计，可以减少对环境的干扰，减少工程费用，防止土壤流失，减少对地表植物的破坏，并可以充分利用现有地形排水，与现有自然景观充分融合。

法国泰拉松的幻想花园，位于陡峭的山坡上，设计师凯瑟琳·古斯塔夫森将设计要素和空间形态巧妙地融合于原有地形和植被中，并与周围的城镇风景相联系，形成了独特的景观特征（图3-4）。

（4）植被

植物代表了生命，为人们提供新鲜的空气，并减少空气中的灰尘和污染，具有良好的生态效益。植物还具有多种调节小气候的功能，如挡风、遮阳、吸收热量等。它们通过蒸腾作用冷却空气，降低环境温度；遮蔽地表，减少水分蒸发，保护土壤，减少侵蚀；乔木在夏季提供树荫而落叶树在冬季让阳光穿透。植物还是许多动物的食物，良好的植被是各种动物的自然食物资源和栖息地。茂盛和优美的植被群落还是优质的景观资源。因此，规划设计需要尊重现状植被，尽可能保护场地的植物资源，保护生态环境。

如杭州江洋畈生态公园，基址曾是西湖疏浚用于堆积淤泥的泥库。由于淤泥中的水分被逐渐排走，泥中的种子陆续萌发，在小气候良好且不受人为干扰的条件下，经过10年的自然演替，这里逐渐形成了茂盛的次生湿生林，也成为很多昆

图3-5　杭州江洋畈生态公园

图3-6　贵州凯里的苗族村寨依山而建，留出土壤肥沃的
河谷地用于耕作，这一土地利用方式同样适用于
风景园林规划设计

岩石和土壤又是一种相对的关系，地表裸露岩石较多的地区，一般土层较薄。如在山顶和山脊通常有裸露的岩石，土壤较为瘠薄；而山脚和山谷通常土壤深厚肥沃。

不同的土壤有不同的特性，肥力也不同。如砂质土壤透气性好，但保水性弱，养分含量低；黏质土壤，保水保肥性强，养分含量丰富，但透气透水性差；壤质土壤通气透水性好，养分丰富，适合各种植物生长。在中国，长江以南主要为酸性土壤，北方土壤偏碱性，而滨海地区的土壤可能盐碱化严重。不同的土壤条件适合不同的植物群落，植被的恢复应以土壤条件为依据。有些土壤条件差的地区，如果不经过土壤改良，很难恢复茂盛的植被。规划应将土壤条件作为总体布局的重要依据，土壤肥厚的地区适合植物的生长，适宜建设绿地，土壤贫瘠的地区适合于开发建造建筑（图3-6）。

（6）水文

水是生命之源，地球上所有生物的生存都离不开水。水岸和湿地是鸟类和很多动物的自然食物资源和栖息地，具有重要的生态作用。水是基地中重要的景观要素，可以创造富有吸引力的景致。河流和水体还具有游憩的价值，可以提供户外活动的场所，如游泳、划船、钓鱼等。

小溪、河流、池塘、湖泊、湿地、水库等水体的水位、水量、流速等会随着季节更替发生变化，了解这种变化的规律或者变化的历史数据，能够帮助我们正确判断如何合理利用水体并建立人工构筑物与水的恰当关系；分析判断哪些水岸容易遭受侵蚀、哪些水岸容易产生淤积，会有助于我们正确规划滨水建筑和场地并采取合理的驳岸处理方式；分析寻找水污染的源头，或者水断流的原因，将为水资源的保护提供思路（图3-7）。

山谷、沟壑、洼地等地势相对较低的地方，是潜在的地表水流经和汇集的区域，是天然的排水走廊，在雨季可能是凶猛的洪水通道。通过对这些地区的识别和分析，有助于我们建立利用地形，以洼地、山谷和天然溪流进行排水的系统。采用这样的自然排水系统不仅是最经济有效的，

虫、两栖类、鸟类、小型哺乳类动物的乐园。江洋畈生态公园将基址上自然形成的植被视为生态公园最有价值的资产，通过保留、疏伐原有密林，引入蜜源、粉源、食源植物和宿根地被植物等措施，改善了林下通风和光照条件，增加了物种多样性，丰富了群落的景观，吸引了更多种类的小动物，也为人们了解自然认识自然提供了一座露天博物馆（图3-5）。

（5）岩石与土壤

岩石是地壳的骨架，通过风化作用，形成了土壤，附着在岩石上。土壤是陆地植物生存的基质，为植物提供矿物、养分和水。由于各种地壳运动，位于土壤之下的岩石有时候会显露出来，因此地球表面呈现土地和裸岩交替出现的景象。裸露地表的岩石也是优美的景观资源，是基地中难得的天然景致。

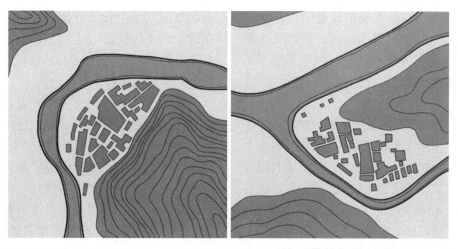

图3-7 出于水文安全的考虑，山区传统村落常常选址于河流的凸岸或者主流支流交汇处

而且可以避免人工开发区域所面临的洪水威胁。

除了地表水，基地的地下还分布有地下水。一些埋深较浅的地下水能够有效地补充地表水，但是也容易对建筑的建设带来困难。一些地质情况复杂地区的地下暗河可能带来更多的不确定因素，因此在规划设计过程中应当谨慎地予以对待。

3.2.1.2 人文因素分析

场地分析中要考虑的人文因素包括但不限于以下几种。

（1）建筑

建筑是人类为自身构筑的庇护所。由于建筑的功能不同，建造的年代不同、文化传统不同，不同基地上的建筑的类型和风格会有所不同，代表了不同的建造文化。风景园林师需要仔细踏查并评价基地上原有的建筑，对其质量、风貌、层数进行统计和分析，对其价值进行评价，并针对基地未来的发展目标，采取有针对性的策略。对于风貌较好并有突出历史和文化价值的建筑，应当予以保留并修复，将其作为遗产和地方文化的见证。对于有一定价值的建筑，也应该尽可能予以保留，可以考虑经过一定的改造融入新的功能。即使是形式和功能不能适应未来基地规划目标的建筑，也可以通过建筑内外的改造进行再利用。建筑的建造需要大量的资金，结合现有建筑改造成为新的设施，不仅能有效地降低工程的费用，降低资源和能源的损耗，对环境更加友好，也能够留存基地的历史印记，形成有特色的建筑形式（图3-8）。

（2）人工设施

基地上的人工设施包括道路、桥梁、挡土墙、

图3-8 杭州茅家埠原有民居改造的茶室

围墙、铺装广场等,这些设施的建造同样花费了高昂的建造成本和大量的建筑材料。风景园林师需要对这些设施进行考察和评价,探讨其是否具有保留、改造和再利用的可能性和必要性。

(3)驳岸

软质驳岸,通常采用的是松木桩、竹排、柳条筐和卵石等材料相互连接固定而成。这些材料加上岸边生长的水生植物和乔木的根系,与土壤共同构成了能够抵御水流冲刷的稳定结构。这种驳岸也是很多两栖类、甲壳类、鱼类等水生动物的栖息地。硬质驳岸,通常用石材或者混凝土砌筑,与建筑和人工构筑物一样,工程量较大且建造费用较高。改变原有的驳岸,会改变原有的稳定状态,造成河岸的侵蚀和生态环境的破坏,也需要花费高昂的资金。基地的规划,应当考虑现有水岸的位置和走向,在可能的情况下利用和改造岸线,创造新的水景。

(4)文化景观

文化景观是人类活动的印记叠加在地表自然形态上形成的景观,反映的是特定文化体系的特征和一个地区的地理特征。例如,人类的生产生活改变了区域的地表形态,创造了村庄、农田、运河、灌溉系统等景观,这样的景观就是最常见的一类文化景观。在大面积的基址上,这类文化景观是普遍存在的,但往往是最容易被忽略的。如果规划建设彻底清除了基地上原有的文化景观,土地上独特的人地关系特征也会就此消失,该地

图3-9 杭州湖西地区的景观整治保留并加强了原有的
茶园文化景观

区的景观历史就被彻底割裂。因此,保护和尊重基地上的文化景观,对于地区保存区域景观特征,具有重要的意义(图3-9)。

(5)历史传统

每个地区每一种文化都有自己的传统,包括了文字、宗教、习俗、建筑、艺术、饮食、服饰等。历史传统影响着人们的生活方式、审美倾向、价值判断等方方面面,继而影响人们对空间的使用和喜好。风景园林规划设计,需要关注不同地区历史传统对于项目可能带来的影响,制定恰当的发展目标和策略,满足当地文化的特定需求。

3.2.1.3 美学因素分析

(1)景观特征

每一块土地都有属于自己的特征,无论是自然因素还是人文因素,它们都有可能成为未来建成项目中具有美学价值的景观要素。风景园林师要善于发现并珍视基地的特征,如起伏的自然地形,天然的溪流和河岸,姿态优美的大树,古老的建筑,历史的遗迹,丰饶的农业景观等,并在规划设计的过程中尊重并强调这些因素,这样不仅能够使规划设计更为合理,创造出独特的、属于这片土地的景观,还能够为项目提供历史的、文化的和生态的教育机会,增加项目的文化内涵。

同时,每一片土地都不是孤立的,都是更大范围地理环境的一部分,它的景观特征与区域景观特征紧密联系。每一块土地的景观,只有与其周边的景观特征和谐,才具有较好的美学价值。风景园林实践的领域非常广阔,从城市到乡村再到自然风景区,每一个地区都有完全不同的景观特征,不同的场地应当与所属地域的景观特征联系起来。因此,对场地景观特征的分析和把握,应扩展到周边区域或者所属地区的范围。应当尽力保护自然景观及维持景观的完整性,任何地块都不能与其邻近的土地和水域割裂开来考虑,所有土地和水域都是相互联系、相互作用的(图3-10)。

保留和融合基地上最好的自然和人工要素,消除和改变不和谐的要素,经过科学规划和合理开发,风景园林师能够创造比原有景观更出色的

图3-10 荷兰乡村的bosdijk公园，基于乡村
景观特征的简约设计

设计形式和人工景观。

（2）视线

视线是某个特定位置和景致之间的视觉联系。这些景致有远有近，有外有内，有优有劣。那些优美的景致，如远处优美起伏的山峦，浪涛汹涌的大海，波光粼粼的湖面，蜿蜒回转的河流，绵延起伏的田野和散布的村庄，雄踞于山脊的长城和烽火台，掩映在山间的庙宇和塔刹，城市中鳞次栉比的高楼，或者基地上历史悠久的建筑，姿态优美的高大树丛，巨大而奇特的岩石……都能够带来视觉的美感，让人感到心情愉悦，可以成为视线规划的对象。风景园林师必须通过敏锐的观察，发现这些绝佳的景致和观察它们的最佳位置，在规划设计中有意留出重要的观赏点和开阔无遮挡的视觉走廊。同时，还可以根据景致的分布来规划不断变化的空间序列，将视线作为加强空间体验的重要因素，创造属于基地的独特风景（图3-11）。

当然，基地上也可能存在着消极的景观，如被破坏的山体、高架的公路网、丑陋的工厂等。通过合理的规划设计，也可以屏蔽视线，减弱这类景观的影响。正如明代造园家计成在《园冶》中所提出的："……得景则无拘远近……俗则屏之，嘉则收之"，景观可以通过视线的规划和组织得以保护、弱化或者加强。

3.2.1.4 社会因素分析

（1）上位规划

在我国，城市总体规划和详细规划是具有法律效力的文件，一经批准具有强制执行力。城市相关规划中对城市土地利用方式（如用地性质和容积率等）做出的相关规定，是任何涉及该地块开发的规划和设计必须遵守的原则。用地性质是城市规划中对某具体用地所规定的用途，如居住、商业、公共服务设施、交通、工业等类别。容积率是指一个地块内地上总建筑面积与用地面积的比率，显示的是土地的开发强度。任何创意设想都必须满足上位规划中的这些规定，不得随意改变性质和比率。

（2）法律及规范

在我国，涉及国土空间规划的现行主要法规有《中华人民共和国城乡规划法》《中华人民共和国土地管理法》《中华人民共和国环境保护法》《中华人民共和国文物保护法》《中华人民共和国森林法》《中华人民共和国草原法》《中华人民共和国水法》等法律，以及涉及相关法规配套的管理或实施条例、规范技术标准等，如《风景名胜区条例》《历史文化名城名镇名村保护条例》《基本农田保护条例》《湿地保护管理规定》《中华人民共和国自然保护区条例》《城市绿地分类标准》《公园设计规范》《居住区环境景观设计导则》《城市道路绿化规划与设计规范》等。这些法律法规都具有法律效力，在风景园林规划设计实践中必

图3-11 挪威Stegastein观景台，拥有壮美的峡湾风景

须遵守，否则，再优秀的设计都无法通过有关部门的审核和批准。

（3）使用者的需求

在项目启动之初，委托方一般会提出明确的目标和需求，这是规划设计遵循的基本条件。但委托方并不能代表未来使用者的全部真实的需求，风景园林师还需要依靠自己的调研观察和专业知识，判断使用者有可能的需求。

在风景园林实践中，不同性质的项目有不同的功能需求，表3-1揭示了部分项目类型可能的需求。

表3-1　不同项目类型的需求

项目类型	需　求
家庭花园	愉悦、休息、锻炼、游戏、园艺活动、室外烧烤、室外进餐、室外阅读、获取食物
居住区花园	愉悦、休息、交往、散步、锻炼、游戏、慢行交通、改善社区环境
城市广场	人流集散、交通、集会、休息、观赏、感受城市活力
商业步行街	人流集散、购物、休息、休闲、室外咖啡茶点、感受城市活力
城市公园	愉悦、休息、锻炼、游戏、观赏、野餐、集会、改善城市环境
植物园	物种收集、科学研究、科普教育、休闲游赏
儿童公园	游戏、运动、认知、培养亲子关系
湿地公园	生境保护和再造、生物多样性保护、公众教育
风景区	自然资源保护、游览、公众教育

图3-12　人们对健身的需求促使北京奥林匹克公园设置了环形跑道

不同的需求会导致不同的规划设计方式，不同的功能分区和设施类别，以及项目不同的走向（图3-12）。

（4）经济因素

风景园林建设是社会经济活动的一部分。一方面，它本身需要一定数量的投资才能实现；另一方面，风景园林的建设可以促进土地的升值，带来难以估量的综合经济效益。作为一种经济活动，风景园林建设需要在规划设计阶段就估算其投入和产出，量力而行。

由于需要大量的资金投入，因此需要视地区的经济实力、发展潜力、项目的性质确定合理的规划设计方向和建设强度，使资金投入与效益产出比率处在比较合理的范围。此外，在一些有可能对地区发展起到较大推动作用的项目中，可以考虑利用土地的升值来平衡投资，适当加大建设投入。

3.2.2　研究和探讨

3.2.2.1　案例研究

在深入了解场地特征和项目目标之后，需要

通过查阅文献、研究国内外类似项目的对策和方法，进行对照和比较。"他山之石，可以攻玉"，通过国内外相关案例的研究，总结他人解决问题的思路、应对困难的措施、获得成功的经验以及存在的不足之处，为项目的规划设计提供参考。

3.2.2.2　比较研究

在规划设计团队内部进行开放性的讨论，或者邀请外部专家共同对项目进行深入交流，探讨规划设计的不同方向和多种可能性，思考不同思路和方法的优势与劣势，经过分析比较，最终确定规划设计的原则和方向。

3.3　风景园林规划

规划是对基地长期的、全局性的目标作出战略性和方向性的定位，为未来建设提供指导原则。大中型的风景园林项目或者综合性项目，需要经过规划阶段。

3.3.1　概念性规划

在大中型项目中，在规划之前往往先进行概念性规划。概念性规划依据前面阶段获取的基础资料和研究成果，对项目提出具有前瞻性的发展政策和设想，内容上比一般规划更为简洁，强调不拘泥于现实条件的制约，充分发挥想象力和创造性思维。概念性规划注重整体和结构的谋划，在细节内容和具体操作层面具有灵活性，可以根据环境变化灵活调整。在项目初始阶段进行概念性规划，可以有效地帮助大中型项目厘清规划设计思路，增强项目定位的准确性和合理性。

3.3.2　总体规划

风景园林总体规划是以城乡总体规划或者土地利用规划为依据，对以绿色空间为主的城市、乡村或者自然区域进行的总体布局的规划。需要根据前期过程整理出有效、准确和详实的信息和数据，提出该区域土地利用或者自然保护的详细方案，确定建筑物、设施、道路、场地、绿色空间的空间布局

和平面定位，以及相应的功能和尺度，并制定分期实现的步骤。规划方案应注重空间布局的合理性，与上位规划兼容，符合相关法规和技术标准，充分考虑实际情况，并提出指导设计的原则。规划内容包括道路交通规划、竖向规划、植物景观规划、建筑及服务设施规划、市政管网规划、生态保护规划、工程量和投资估算等。

3.3.3　详细规划

详细规划分为控制性详细规划和修建性详细规划。控制性详细规划需要确定规划范围内不同性质用地的界线和建设要求、地块的控制性指标、道路红线、控制点坐标和标高，工程管线的走向、管径和市政设施用地等。修建性详细规划需要对建筑、道路、绿地、水体和设施等进行空间布局，布置总平面图，确定建筑用地、道路用地的坐标和高程，建筑的控制性指标，提出交通组织方案，提出主要建筑的平、立、剖面图，完成市政管线规划、竖向规划、工程量和造价估算和建设分期规划等。详细规划不是风景园林规划阶段必须进行的内容，在实践中也不经常进行这一步工作。

3.3.4　专项规划

风景园林专项规划类型很多，包括区域绿色空间规划、区域绿道规划、城市绿色基础设施规划、城市绿地系统规划等。每种规划的目标和策略并不完全一致，但有很多共通的地方，如都是为了在区域和城市发展中保留具有重要生态价值、景观价值和游憩价值的地区，同时将它们作为一个系统来统筹考虑，因而规划会在一个较大尺度中去安排这些用地的位置、面积、性质，形成一定的布局形式。这些规划对于维护良好的生态系统，创造美好的人居环境具有重要的意义。

3.4　风景园林设计

目前我国风景园林设计一般分为方案设计、初步设计及施工图设计3个阶段。这3个阶段是顺序相接的，一般只有确定了前一步设计阶段的

内容，才能进行下一步的工作。每个设计阶段的设计文件均包括设计说明、设计图纸、技术经济指标等内容。

3.4.1 方案设计

方案设计是依据规划定位和委托方的设计要求，明确提出项目的性质、风格、功能、内容和形式。此阶段要确定场地内的道路、绿地、场地、建筑、设施等的空间布局和形态，内外交通流线，竖向设计，植物景观设计，建筑设计，综合管网布置等，还要提供设计中各主要用地类型的面积指标，并据此提出投资估算。

3.4.2 扩初设计

扩初设计是指在方案设计基础上的进一步设计，但设计深度还未达到施工图的要求，通常小型工程省略此阶段直接进入施工图。扩初设计应该有更详细、更深入的总平面图，包含坐标控制点与尺寸；总体竖向设计平面图，包含坡度与高程；总体绿化设计平面图，包含植物品种与规格；建筑设计图，包括平、立、剖面以及材质色彩；铺装和其他硬质景观的样式、材料、尺寸和构造做法等；并可依据设计成果提出工程概算。

3.4.3 施工图设计

施工图设计是最后设计阶段，也是最为烦琐和重要的阶段。此阶段在扩初设计的基础上进一

步细化设计内容以满足现场施工的需要。具体的内容包括详细标注出设计场地中所有设计内容的平面位置尺寸、竖向数据、结构构造、工程做法等；标明植物的具体种类、详细规格、数量和位置；标明综合管线的路由、管径及设备选型的具体数据；还包括根据细化的设计内容结合相关的预算定额标准完成的工程预算。

3.5 现场配合与设计回访

施工图纸交付以后，项目在施工过程中还会出现很多不确定的因素。基地是复杂的，设计师即便在设计前收集了充分的资料并进行了细致的现场踏勘，也不可能了解基地的所有信息，而且现场的情况也是随时间而不断变化的，因此，在施工过程中出现设计不适应于基地而需要调整的情况是非常普遍的。在项目建设中，设计师的现场配合工作是相当重要的一个环节，它会直接影响到项目的最终建成效果。设计师在项目施工过程中，应当经常踏勘建设中的工地，协商、处理和解决施工现场出现的各种问题。

项目竣工之后，设计师也有必要回访现场，了解使用情况，考察项目在经济、社会和环境等方面的效益，收集信息，对规划设计进行反思和总结，为项目整改提供依据，并为未来的实践积累经验。

小 结

风景园林规划设计是一个复杂的过程，其目标是寻找满足未来功能和发展目标的与基地最佳契合的布局和形式。设计师需要理解项目的特点，通过实地观察，了解场地上的地形、土壤、气流、水文和植被等自然因子，以及已有的人工因素，在尊重场地特征的情况下，合理地安排各种功能和设施，为它们创造出恰当的空间形式，并通过材料的选择、结构和构造的设计使得它们能够被成功地建造出来。优秀的规划和设计是项目成功的基本保证（图 3-13）。

风景园林规划设计涉及非常广泛的学科领域，要求风景园林师具有全面的专业素养，如在地貌学、地质学、水文学、生物学以及生态学上的专业训练，以及在城乡规划、建筑、市政等相关领域的知识和技能，还有对人与土地关系的深刻理解。在大型项目中，规划设计通常需要多学科、多专业的人员密切合作，这一团队常常包含规划师、建筑师、工程师、风景园林师以及科学家等。风景园林师作为其中重要的成员，深入参与从项目初始一直到建造完成的各个过程。

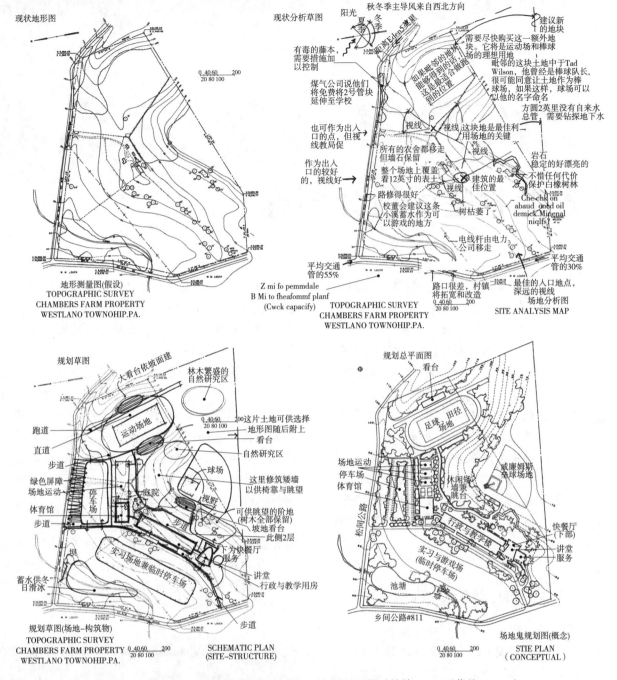

图3-13　美国某中学的规划，从场地分析到规划总平面（约翰·O·西蒙兹，2009）

思考题

1. 风景园林规划设计的主要目标和任务是什么？

2. 风景园林实践中，调研基地时需要关注哪些内容？

3. 从风景园林实践内容来看，风景园林师需要掌握哪些核心领域的知识和技能？

推荐阅读书目

景观设计学——场地规划与设计手册（原著第四版）.[美]约翰·O·西蒙兹著，朱强等译.中国建筑工业出版社，2009.

第 4 章
风景园林空间设计原理

风景园林规划设计是对自然过程的改造和利用，是人们为实现一定目标通过建设和管理来改善和塑造环境的过程。地形、水、土壤、植被、气候等都是风景园林规划设计的重要组成和影响要素，同时也要考虑到人的因素，因此涉及文化、社会、政治、经济等多方面的内容。当前，风景园林规划设计涵盖范围广泛，规划主要涉及大尺度的区域和城市景观规划等内容，与自然、人文等地理生态因素关系密切；而设计主要指中小尺度的，与人居环境直接相关的如花园、公园和城市开放空间等环境设计，与空间营造关系密切，本章主要讨论风景园林中的空间塑造问题。

4.1 风景园林中的空间

风景园林空间指的是由植物、地形、构筑等景观要素所占领或围合的三维领域，是人们为了自身目的而围合和选择的某个区域（凯瑟琳·迪伊，2003）。一般通过占领和围合，空间得以形成，但物质化的空间实体并不完整，还需要人的参与。本节将从空间意识、空间形成和空间体验 3 个方面诠释风景园林空间设计。

4.1.1 空间的意识

生物的基本需求是呼吸、猎食与繁衍。然而对于人类在内的大部分物种而言，还有栖息的要求，即在世界的某个地方占据一个空间场地。鸟类依靠声音宣布领地，它们的鸣叫标记出其领地的范围；狼利用气味标示边界；人类也不例外，自古便一直为界定、捍卫和扩张领地而斗争（查尔斯·莫尔，2000）。

当人类停止了迁徙，选择了土地肥沃、安全适宜的地方，定居下来，在蛮荒未知的自然中用石墙或者篱笆之类圈出了属于自己的领地，开始营建家园，这种原始的围合表明了风景园林学的诞生，这可能是人类主动进行的第一次空间创造，包括了土地的评估、场地营建，包含了后来风景园林学科的几乎全部内容。

远古人类的空间意识借助于原始宗教的支持，逐渐演变成一股巨大的力量，创造了许多至今仍令人叹为观止的仪式性景观，它们反映了远古时期人类对秩序的本能渴望，也表明了他们具有了基本的几何观念和测量技能（图4-1）。

图4-1 威尔特郡的斯通赫格石阵（杰弗瑞·杰里柯、苏珊·杰里柯，2006）

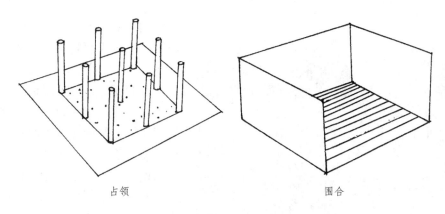

占领　　　　　　　　　　　　　　　　围合

图4-2　空间构成的两种基本方式：占领与围合

4.1.2　空间的形成

4.1.2.1　占领空间

一般而言，形成园林空间有两种方式：占领与围合（图4-2）。

占领空间通常通过设立标志物表明其所有权。标志物可以是雕塑、大树、巨石、寺庙、山丘等，从史前巨石到近现代的各式纪念碑，占领空间的冲动一直流淌在人类的心中，标志物控制了场地，形成了空间的参照系（图4-3）。标志物给予场地一个视觉中心，有时这种视觉中心会长久的在人们心中留下烙印，使人们形成对场地的认同感。正如矗立在卫城山坡上造型完美对称的帕特农神庙对周边风景起到了控制性的作用，并被雅典居民视为圣地。

除了形成中心外，标志物也可以通过强调边界来占领空间。中国的万里长城给人们带来的震撼正来源于这种强大的空间占领力量。皖南古村落有时会在距离村落一两里（1里=500m）的山脉转折、两山夹持或者水流蜿蜒之处，通常利用自然山体或者人工堆叠土坡关锁水口，山体种植水口林，并建楼（魁星楼）、阁（文昌阁）、亭（水口亭）、堂（凝瑞堂）、塔（文峰、文昌塔）、庙、桥等，形成极富乡土色彩的水口，成为进入村落领地的标志，也形成了村民心理上的村落边界。据说旧时不同村落械斗，把外村村民赶出水口之外，视为结束（图4-4）。

4.1.2.2　围合空间

围合也许是最为普遍的园林空间的形成方式，一般由基面、顶面和垂面构成。

（1）基面

园林中基面的情况通常由特定的场地特征来决定，每一块场地都有着独特的品质。基面可以有效地暗示空间，一个水平面放置于反差很大的背景中，就限定了一个简单的空间领域。如，草地中的地毯就限定出了一家人野餐的范围。

图4-3　布列塔尼的卡劳尼克石阵（杰弗瑞·杰里柯、苏珊·杰里柯，2006）

图4-4 西递村的水口(段进、龚恺等,2006)

在园林中,基面有的平坦、有的陡峭;有的可能是裸露的土地,也可能覆盖着草坪、地被等植物,还可能是其他各种材料的铺装(图4-5)。裸露和覆盖植物的地表不会绝对平整,其坡度具有一定的范围,还会受到雨水的影响;而硬质铺装则受坡度限制较少,材料选择也异常丰富,可以是天然石头、卵石、砖等砌块,也可以是各种石质的板材、木材、还可以是沥青、混凝土、沙砾等。不同的材料具有不同的色彩、质感、肌理特点,中国古典园林中的由卵石铺砌而成的花街铺地都是独特的具有地方特色的园林基面。

通过基面抬起和下沉使得空间感进一步加强。在抬高与下沉的空间和周围环境之间,视觉的连续性取决于高程变化的尺度。抬高的基面,强化了其在环境中的形象,通常可以渲染庄严和神圣的氛围,如天坛。而下沉的基面,则可以用周围的体量来阻隔地表的风与噪声,如河南地下窑洞中的庭院。

一般而言,风景园林中基面的尺度远大于垂面,因此也受到设计师的重视。与建筑物相比较,基面在风景园林中的地位和作用相对要重要得多。园林中的基面从大多数情况来说就是土地,从肥沃到贫瘠,它有着各种各样的色泽和不同的自然特性,如承载力、透水性、酸碱性等,同时也保留了不同历史阶段自然或人类生活的痕迹。因此,风景园林设计也被称为土地上的设计。

(2)顶面

建筑物的顶面往往采用人工构筑的方式加以塑造,但对于相当多的园林而言,顶面主要就是天空。当然,这个顶面的表情是多变的,因时因地不同。内蒙古呼伦贝尔草原大片的积云快速翻滚、低矮多变的天空与高旷、一尘不染的青藏高原的天空迥然不同。同一地方的天空也会有变化,中午天高云淡,日落晚霞似锦,夜晚星空闪烁。多样的天空表情给园林带来丰富的顶面,塑造出具有自然感染力的、变化的环境感受。

同时,还有一些更为熟悉的顶层结构。不同大小和类型的树木单株或者群落化组合形成了不同形状、高度和透光性的顶面。高大的乔木如同巨大的遮阳伞,提供充分的遮阴,果园中的树阵形成了规则的天蓬,自然的树丛形成更为有机的高低错落的天蓬,斑驳的光影使其层次更为丰富(图4-6)。

除了树木,木材、砖瓦、钢材、玻璃等建筑材料构筑的顶面和用帆布等做的轻型或临时的顶

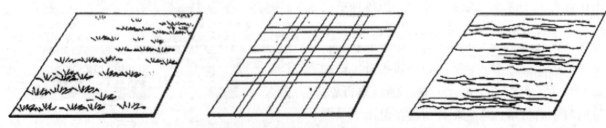

图4-5 各种不同的园林基面:草地、铺装、水面

面也是很普遍的，如凉亭、廊架等，它们可以遮阴、可以挡雨，并使一块场地形成更明确的空间限定。例如，帐篷可以在草地上形成一个纳凉的休息场所，凉亭或棚架在满足使用功能的同时也提供了空间领域的界定。这些构筑有时还会结合攀缘植物的种植，塑造更为丰富、更有层次的园林顶面（图4-7）。

总之，园林顶面是以天空为主体的、多样化的、多层次的、可变化的、可供人们展开幻想，并能够与自然直接对话的美妙界面。

（3）围合面

在人们的视野中，垂直面比基面、顶面出现的概率更多，因此更有助于限定一个离散的空间容积，为其中的人们提供围合感和私密性。园林中的垂直面通常表现为墙体、种植和地形。

墙体往往是人们对一个地方印象最深的要素，人的视线高度和视野范围决定了墙体的重要性。

图4-6　树冠形成的顶面

（Process Architecture, Dan Kily）

园林中的墙体可以是实体的围墙，也可以是虚体的柱廊、拱廊等，往往会提供某种空间的边界或者深度感，指示出某种特定的方向感，或者作为空间的阻隔（图4-8）。

图4-7　廊架构成的顶面（ASLA官网）

作为垂直面出现的种植则通常有两种形式：修剪的绿篱和自然的树丛。绿篱更接近于有生命的墙体，由于不同树种的树形密实度不同，因此具有不同的透光性和质感。修剪过的绿篱可以形成规则的曲线，甚至可以像墙体一样开窗开门。自然的树丛通常依靠林缘线形成空间的垂面，因此这是更易变化的垂面，不仅在高度上，同时也表现在平面上（图4-9）。

由土壤塑造的地形本身就可以充当墙体的作用，地形坡度的突然变化与其他材料塑造的墙体一样，能够起到直接阻挡景观的作用。与同样高度的墙体比较，地形由于放坡，需要大得多的场地。另外，地形通常与基面连接在一起，难以截然区分，这也使得空间更为自然流动。作为围合空间的垂面，地形对于空间的围合程度取决于地形的高度和坡度，以及地形与人的相对位置和尺度。不同地形能够塑造出多样化的空间围合效果。

园林中垂直面的不同组合可以产生多样化的空间形态，主要可以分为平行、L型、U型、口型，空间的围合程度不断加强。一组平行的垂直面，限定了它们之间的一个范围，给予空间一种强烈的方向感。风景园林中的各种要素，都可以视为限定空间范围的平行面，它们可以是两个相邻建筑的外墙和立面，也可以是柱廊、两排树木或绿篱，或者是自然风景中的诸如峡谷之类的天然地形。成组的平行垂直面，可以演变成多种多样的空间造型，通过空间造型的开放端，或者通过平面本身的孔洞，空间范围之间可以互相发生关系（图4-10）。

图4-8　墙体是划分空间的有效方式（引自ASLA官网、inla网站、tuku.cn）

图4-9　修剪规则的绿篱作为垂面划分空间（王向荣、林箐、蒙小英，2007）

　　L型的垂直面在转角处划定一个空间范围，空间被转角的造型强烈地限定和围合，同时也将它与周围的不良条件相隔离。L型面可以独立于空间之中，由于它的端头是开敞的，因此是一种灵活的空间限定方式，多个L型可以形成一个富于变化的空间（图4-11）。

　　U型垂直面的空间感更为明确，U型端部空间封闭，外侧则空间通透。U型空间可以在其空间控制范围内，对一个重要的或者有意义的要素形成明确的焦点，可以用来限定一个城市空间，并开始一条向外延伸的轴线，这也是巴洛克时期常用的设计手法。例如，米开朗基罗设计的罗马市政广场，改造原有议会宫和艺术馆，新建宫殿形成明确的U型空间，采用椭圆和二维星形铺装，中心设置古罗马皇帝雕塑，通过踏步甬道进

一步将轴线外伸，"成果就是产生一个空间，这个空间除了自身的美外，还作为罗马象征性的心脏"（埃德蒙·培根，2003）。U型垂直面可以在尺度上大幅变化，从绿篱形成的小壁龛到由建筑围合的城市广场，一直到由山体环抱形成的自然田地（图4-12）。

　　口型垂直面是4个垂直面完整地围起一个空间，这是风景园林中空间感最强烈的一种构筑方式。陶渊明赞美的《桃花源记》中记载的世外桃源大致就是一个口型空间，正因为其领域性强，才成为居民们逃避乱世的天堂。中国传统相地术中也比较偏爱这种围合明确的空间，村落、墓地和城市的选址多带有这种倾向。和U型空间类似，明确限定的口型空间在各种尺度的风景中都能找到，从大自然山脉限定的数十上百平方

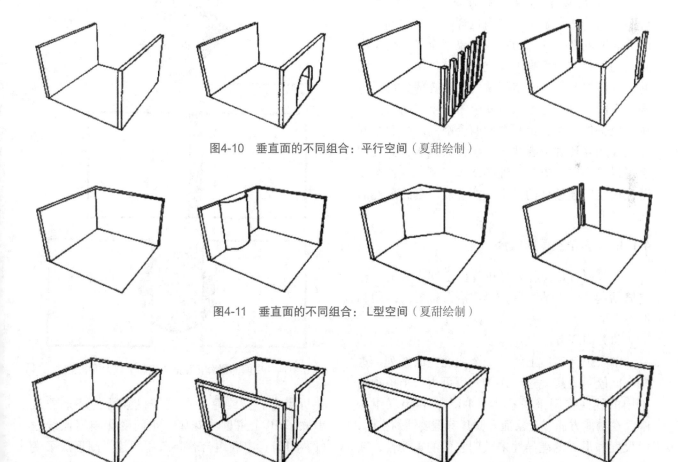

图4-10　垂直面的不同组合：平行空间（夏甜绘制）

图4-11　垂直面的不同组合：L型空间（夏甜绘制）

图4-12　垂直面的不同组合：U型空间（夏甜绘制）

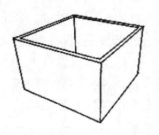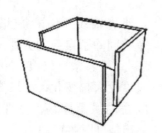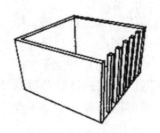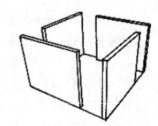

图4-13　垂直面的不同组合：口型空间（夏甜绘制）

千米的盆地到建筑物之中的小小庭院，无所不包
（图 4-13）。

4.1.3　空间的组合和类型

4.1.3.1　两个空间的组合

通过基面、围合面和顶面的组合，可以看
到实体是如何限定单一空间的。就两个空间而
言，通常可以有嵌套、穿插和相邻 3 种方式
（图 4-14）。嵌套是指大空间包含一个小空间；有
时为表明两者不同的功能或者象征意义，会将小
空间的形状和角度异于大空间。穿插指一个空间
的部分区域与另一个空间重叠，重叠部分可以为
两个空间共有，也可以与其中的一个空间合并或
者自成一体，以连接原先的两个空间。相邻指两
个空间相互比邻或者共享一条公共边界，其分割
面可以是强调双方独立性的绿篱、墙体，也可以
是强调空间连续性的乔木、柱子或者是暗示性的
一组台阶。

4.1.3.2　多个空间的组合

一般而言，园林总是由许多空间组成的，简
要概括起来，一般可以分成串联、辐射、组团和
网格类型。

（1）串联组合

串联组合实质上就是一个线性空间系列。这
些空间既可直接地逐个连接，也可由一个单独的
不同的线式空间来联系（图 4-15）。在串联组合
中，在功能方面或者象征方面具有重要性的空间，
以尺度和形式的差异性来表明它们的重要性，或
者通过所处的位置加以强调；置于串联组合的端
点、偏移于线式组合，或者处于扇形线式组合的

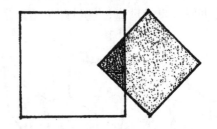
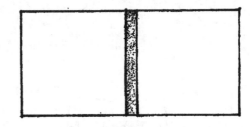
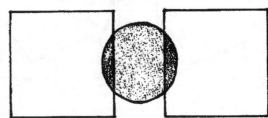

图4-14　空间的嵌套、穿插和相邻（程人锦，2005）

转折点上。拉维莱特公园中以独特的环形曲线
串联了 10 个主题小花园，空间变化丰富而统一
（图 4-16）。串联组合若是首尾相连，则形成了变
体——循环组合。这种组合在大部分的公园中都
能看到。

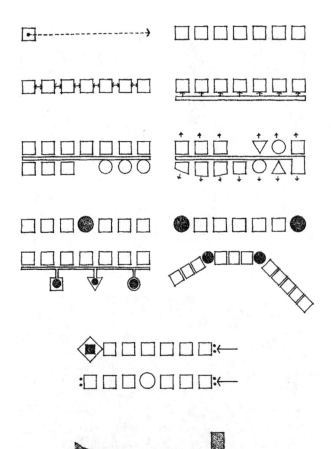

图4-15 路径的线性组合（程大锦，2005）

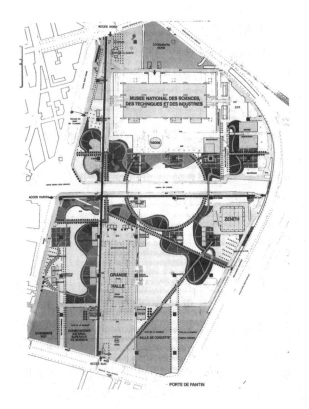

图4-16 拉维莱特的环形曲线主路（Baljon,1992）

（2）辐射组合

辐射组合是若干线式集中于核心，以放射的方式向外伸展，它把集中式和线式合二为一，形成独特构图。它的核心，可以是一个象征性的组合中心，或者是功能性的组合中心。它的位置，可以设计成在视觉上占主导地位的形式，辐射出的翼部，具有与线式类似的属性，赋于一种辐射的外向形式。这些翼部延伸出去，并使自身与基址上的特定面貌发生关系（图4-17）。勒·诺特尔在设计尺度巨大的法国古典花园时，通常使用这种辐射组合将较为重要的建筑和标志物联系起来。随着古典主义法则的巩固和传播，辐射形式又进一步影响当时的城市设计。如华盛顿、堪培拉的城市规划便能看到典型的辐射组合（图4-18）。

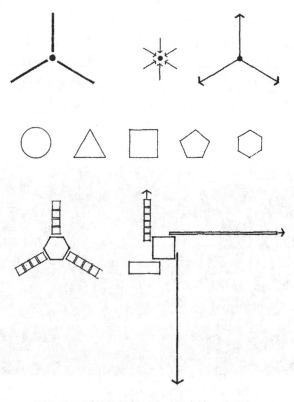

图4-17 路径的辐射组合（程大锦，2005）

（3）组团组合

组团组合通过紧密连接使各个空间之间互相联系，这些空间可以具有类似的功能和视觉特征，也可以包容不同形状和功能的空间，但这些空间通过紧密联系、对称或者轴线等手法来形成秩序。组团组合的特点是灵活可变，可以随时增加和变化而不影响其特点（图4-19）。例如，丹麦风景园林师索伦森在哥本哈根中心城北部设计了50个家庭园艺花园。每个花园大小一致，由绿篱围合，呈椭圆形的，形成一个既紧凑多样而又高度统一的组团布局（图4-20）。

（4）网格组合

网格组合意味着各个空间单元的位置和相互关系受到一个三维网格的控制，由于网格的连续性和规则性，使得各个空间单元建立了稳定共同的关系，尽管它们的尺度、形式或者功能都有所不同。由于网格是由重复的空间模数单元构成的，它可以进行削减、增加或层叠、而依然保持网格的同一性，因此，网格具有很强的空间组合能力。例如，单元形状的改变，可以用于适应场地、限定入口等，或者为以后增建和扩大留下余地。网格也可以进行其他的形变。某些部分可以偏斜，以改变在该领域中的视觉和空间连续性。网格图形还可以中断，划分出一个主体空间或者提供一片场地的自然景色。网格的一部分可以位移，并

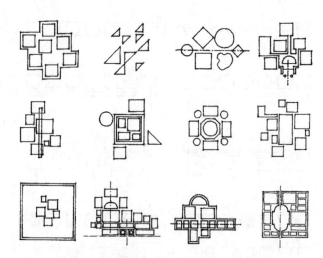

图4-19 路径的组团式组合（程大锦，2005）

图4-20 家庭园艺花园
（王向荣、林箐、蒙小英，2007）

以基本图形中的某一点旋转。例如，苏州私家园林，其空间单元大多是由建筑围合的矩形庭院，大大小小的天井、院落，庭园，一起和住宅结合形成一个质地紧密、变化丰富的网格式空间布局（图4-21）。

4.1.4 空间的尺度与比例

通过不同的空间组合方式，园林空间可以呈现出多样化的丰富面貌。空间形式、比例、尺度等特征主要依赖空间围合物的量度、表面质感和开口。空间围合物的量度与空间感受密切相关，

图4-18 凡尔赛的辐射道路系统
（Peter van Bolhuis, 2010）

矮墙并不能阻挡我们的视线穿过，而高墙却给人以十足的封闭感。植物和地形与此类似，但由于形态比较有机，空间感受则更为微妙。除了垂面的绝对尺度外，它与基面的比例关系也决定了空间的围合程度。河流切割山地形成的峡谷，即便是两侧山体具有一样的相对高度，但由于峡谷宽度的不同，会有一线天式到宽阔河谷的不同空间感受（图4-22）。

日本建筑师芦原义信在《外部空间设计》中以墙体为例，分析了空间围合物的量度与空间感受的关系，"（墙体高度）在30cm高度，作为墙壁只是达到勉强能区别领域的程度，几乎没有封闭性。不过，由于它刚好成为憩坐或搁脚的高度，而带来非正式的印象。在60cm高度时，基本上与30cm高度的情况相同，空间在视觉上有连续性，还没有达到封闭性的程度，刚好是希望凭靠休息的大致尺寸。即使90cm高度，也大体相同。当高度达到1.2cm时，大部分身体遮挡，产生一种安心感。与此同时，作为划分空间的隔断性格逐渐加强，但在视觉上仍有充分的连续性。达到1.5m时，虽然每个人的情况不同，不过除了头部外，

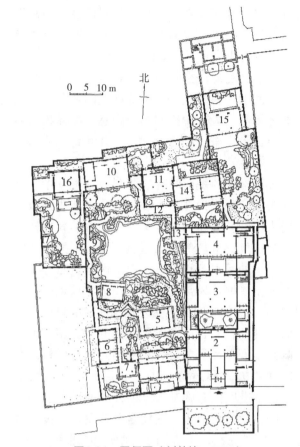

图4-21　网师园（刘敦桢，1979）

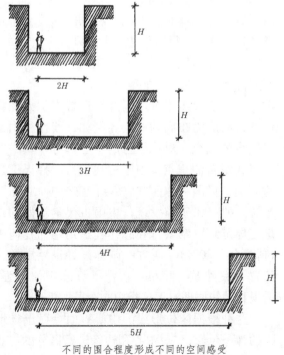

不同的围合程度形成不同的空间感受　　　不同性质的围合形成不同的空间感受

图4-22　空间感受与空间围合物的量度密切（John Motloch, 2000）

身体都被遮挡了，产生了相当的封闭性。当高度达到 1.8m 以上时，人就完全看不见了，一下子就产生了封闭性。"（芦原义信，1985）

除了高度外，空间围合物的密实程度也直接影响空间的围合程度。在同等高度的情况下，稠密的灌木丛给人一种空间的封闭感，而稀疏的灌木丛会给人带来一种通透感，只会起到部分围合空间的效果。

人工构筑的垂面时有一些开口穿透其中，这往往会使空间出现非常有趣的效果。这些开口常表现为门洞、开窗和拱廊等，往往由于其独特的造型为连续的墙体等垂面增色不少，中国古典园林中惯用的月洞门正是一个典型例子。西方园林中切断植物墙体留出的能够眺望远方风景的"瞭望口"，也是运用开口的手法增加园林的景深。开口的尺度和位置也会影响到空间的围合感，也会影响到空间流动和方位，影响到光线的质量、空间的使用方式和运动方式（图4-23）。同等尺度下，位于空间围合物交界处的开口通常对空间围合感的消解作用更大，这便是早期现代派设计师打破空间独立性，促进空间流动所采用的手法。

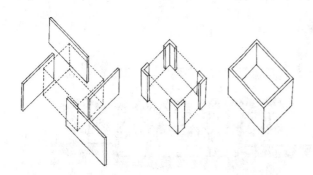

图4-23　空间开口的位置、大小也影响空间感受
（Francis D K Ching, 2005）

4.2　风景园林的空间构成

风景园林空间与建筑空间一样，其空间构成要素是线、点、面的组合。空间中的线包括路径、边界、视线等，空间中的点包括景观焦点、空间节点等，而空间中的面则是构成空间的大面积覆盖元素，如草地、水面等。

瑞切尔（Rachel）和斯蒂芬·卡普兰（Stephen Kaplan）通过对环境行为的研究，提出了 4 项影响人的感受和环境质量的指标：清晰性、神秘性、内聚性（连续性）和复杂性。清晰性指的是环境应当容易被使用者读懂并理解；神秘性吸引人们深入其中，鼓励使用者发现和思考；内聚性（连续性）指的是具有一个内在的空间秩序；复杂性则代表了场所空间的丰富性和多样性（凯瑟琳·迪伊，2003）。

4.2.1　中心

"中心在景观中兼有形式和场所两重功能，能够吸引人或占据视觉的主导地位，或使特征鲜明的形式与它的背景相区别。"（凯瑟琳·迪伊，2003）

4.2.1.1　中心的类型

相比于路径和边界，中心则抽象一些，表现形式也更为宽泛，但通常具有更强的场所特性，中心可以是实体，也可以是空间，可以是大树、巨石、建筑等，也可以是广场、草地、湖面等，由于其醒目的体量、形式，特殊的区位、特定的意义和信息等，得以从背景中凸显。

中心可以因为其尺度而在布局中独具一格，而取得园林布局的支配地位。

空间或者实体可以刻意地布置在引人注意的位置，而成为布局的中心。例如，线性序列或轴线组合的端点，对称组合的中心部分，集中式或放射式组合的焦点，中国古代就有"择天下之中而立国，择国之中而立宫，择宫之中而立庙"的传统。傅熹年研究发现，中国古代建筑群的布局是主体建筑常常安排在总体建造用地的几何中心（傅熹年，2001）。西方的园林设计也经常在这些位置设置建筑、喷泉、雕塑等标志物加以强调，透视和轴线原理对于这类中心布局尤为适用。

这种根据区位形成的中心有时会赋予场地很强的神圣色彩，"对中心和边缘进行区分的思想在环境和空间组织中是普遍的，世界各地的人类均试图在宇宙图示和地理方面将自己置于环境的中心，人们按照距离中心的远近决定价值。个体和群体的人类均倾向于把自己置于一个中心看待世界。这是赋予环境和世界以秩序的一种本能，存在于人的头脑中"（沈克宁，2003）。因此，中心不仅仅是几何关系，也是帮助人类在环境中定位的景观标志，具有独一无二的场所感。

场地中某些山水形势的关键点也常常发展为布局中心，中国古代相地学对此有完整的理论，如称为"穴"的即为场地中心，《地理五诀》中解释为"穴者，山水相交，阴阳融凝，情之所钟处也"。在中国传统营建活动中，寻龙觅穴，察砂观水，从城市、村落、住宅到坟墓，均以穴为格局中心，由此出发，发展出环环相扣的整体布局，"城市和其他建筑选址的落脚点，应在龙、砂、水重重关拦、内敛向心的围合之中，即今之所谓场所"（戚衍，1992）。清东陵中各皇陵选址和布局也清楚地反映了这一点。巴洛克的园林和城市也同样善于把地形与主要建筑或者标志物结合起来，形成强烈的视觉中心（图4-24）。例如，格里芬（Walter Burley Griffn）规划的堪培拉，城市布局通过两条巨大轴线与地形联系，地轴位于东北部的安利斯山和西南部的宾贝力山之间，两座山分别布置了议会和国会。水轴从西侧黑山开始越过格里芬湖一直延伸到东部的水库。

4.2.1.2 中心的等级

在自然界，经常会表现出生态和功能方面的等级，由泉水汇成的小溪，通过汇流逐渐成为江河。在人造景观中，平原中散布的村落，若是土地的生产力相当，又无大江大河的分割，那么村落的规模和相互之间的分布距离会存在明显的等级性。

等级化的中心布局也是园林设计通常采用的方式，以便在整体和部分的关系中建立秩序。等级主要表现为比例关系。例如，我国古典园林布局上通常采用划分主次空间的手法，从苏州私家园林到颐和园、北海等皇家园林，莫不如此，通常把主要山池所在的一区作为全园主要景区空间，

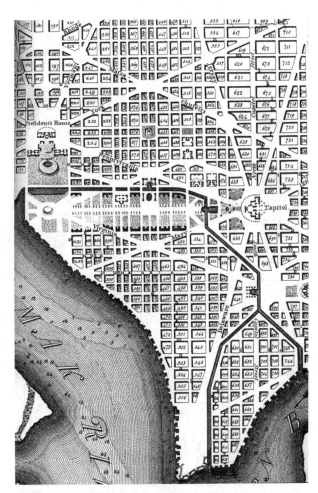

图4-24 系列广场成为巴洛克城市的中心（培根，2003）

再在周围配以若干次要空间。次要空间在面积较大的皇家园林中常以园中园的形式出现，而在面积较小的私家园林中通常以庭院的形式出现。一方面，园中的主要空间不仅尺度上占据主导地位，空间要素往往比较单纯，以山水为主，如颐和园前山前湖255hm²，占全园的88%。有时主空间也侧重于某一方面，如环秀山庄以山取胜，网师园以水见长。另一方面，从属的次要空间造景主题则通常是异于主景区，题材力求多样化，以此与主要空间形成对比：有以某类花木为主的，如网师园的殿春簃庭院以牡丹、芍药闻名，小山丛桂轩庭院以桂花为主题，拙政园的枇杷园则以枇杷闻名；有以石峰为主的，如留园的冠云峰庭院；有以水景为主的，如拙政园中的小飞虹、小沧浪；也有花木、峰石、水池组合的（图4-25）。

现代公园也经常采用这种按比例形成的等级化中心布局。例如，雪铁龙公园的中部是一个占据全园将近1/2面积的平坦草坪，极为简洁，而草坪西侧，则布置了7个具有相同形状、面积的系列小花园。这些小花园各自有不同的主题，在各自主题下，从铺装到植物各具特色，与主要空间简练的大草坪形成了鲜明的对比。

有时，中心的绝对尺度虽然不足以成为主体，但可以通过区位关系得到提升。例如，颐和园在"三山五园"中，建造时间最晚，面积也不是最大的，功能上更是接近于圆明园的附园，然而借助西山、玉泉山、玉泉塔，使颐和园的控制力远超园址，"左长安而右太行，襟三山以带五园"，成为北京西北郊园林群的核心（图4-26）。

4.2.2 边界

边界是指两个具有不同功能或者物质特征的空间交界面。这个交界面可以是薄薄的一片墙，也可以是连绵几千米的区域；边界可以是实体，也可以是空间；边界是一种关系停止作用的地方，同时，也是另一种关系开始作用的地方。因此，边界就具有多重关系属性，往往是最为活跃的空间要素。它在风景园林的设计中扮演着极其重要的角色，同时，也常常被忽视。

4.2.2.1 边界的类型

风景园林中空间的边界通常有多个，可

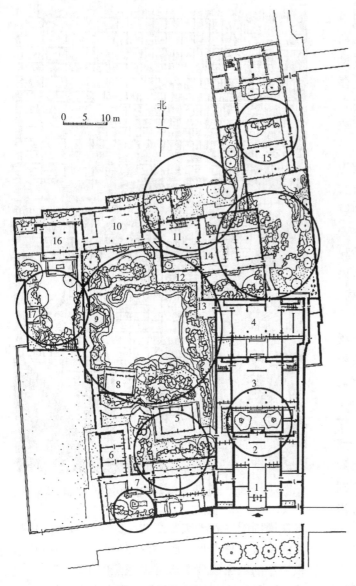

图4-25　网师园分析图解

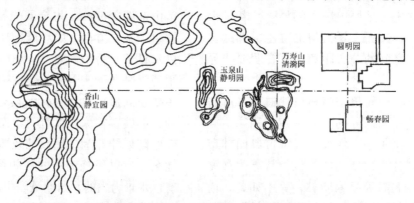

图4-26　颐和园在北京西北郊园林群中的统率作用（周维权，1990）

以是公园与城市的边界，也可以是场地空间内部不同景观类型的边界，如水陆交接带、山地平地交接带、树林草地交接带等（图4-27）。

传统的园林设计，公园—城市的边界通常是围合的内向方式，与城市形成泾渭分明的边界形式；而现代公园则强调与城市的融合，是城市景观体系的有机组成部分，那么活跃的公园与城市的交接地带便是设计的关键。

场地空间内部不同景观类型的边界往往是由植物、土壤和地形构成的具有多样化生境的带状地区，是时间和空间共同作用的结果，通常是种群和景观类型最为丰富、风景面貌和视觉特征最为独特的过渡性地带，尺度可以从几米到几千米。例如，树林边界和滨海滩涂湿地带等都具有生态和视觉上较大的生动性和复杂性。因此，风景园林的设计通常也会给予这些交接带较大的重视度。例如杭州西湖的湖西地区是西部山区和湖体的交接地带，分布有山区地表水进入西湖的主要溪谷。西湖保护工程的主要内容就是在湖西地区的山地—水域交接地带建设浅水沼泽、溪流等湿地生态系统，极大改善西湖水生态系统的结构和功能，并借此提升了景观价值。

在有些情况下，边界也并不一定是实体的界限，而有可能是某种"特征性"界限。例如，天际线和地平线即利用远处的天空和地面作为景观空间的组成部分来丰富人对空间的感受，取得一种缝合天地之间的独特视觉效果，是一种视觉和象征性的边界，往往带有一定的宗教感和神秘感，很大程度上拓展了实体边界对于景观空间的限定。

4.2.2.2　边界的互锁

边界可以通过互锁进一步提高空间的复杂性，互锁时，不同的景观空间相互重叠、相互渗透，各自表现为另一方的一部分，互锁程度越高，空间的整体性越强。

自然界中处处可见边界互锁的格局。指状山体形成的山脊与谷地的交替节奏，若是各个谷地中发育有溪流，则互锁格局更为明显；森林通过小片树林延伸到草地中，形成不同大小、似分似

图4-27　自然界中的边界：水陆交接带、山地平原交接带、树林草地交接带（引自citypass.blog、ASLA官网、nipic.com）

图4-28　自然界中边界的互锁：山脊与谷地的互锁、森林与草地的互锁、水体和陆地的互锁（引自jingdian.travel.163.com、inla网站、百度旅游）

隔的林中空地，森林从而组成与草地的互锁。互锁是达到统一的有力手段（图 4-28），18 世纪英国著名园林师布朗就经常采用互锁作为主要设计手法。人造景观中也可以找到很多的边界互锁格局。中世纪自然增建生长的城镇，其广场街道经常以互锁空间连接彼此，如果没有城墙的限定，城镇边界有时也会与周围田野相互咬合。

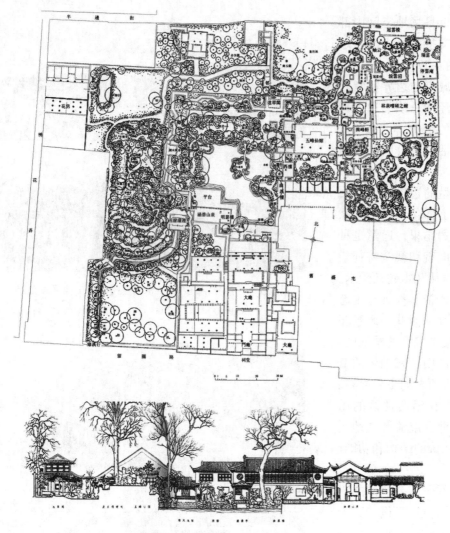

图4-29　西楼一线是中部山池景区与西部园居组团的交接（刘敦桢，1979）

不胜枚举，著名的如拙政园，在花园的各个尺度中均通过借景与更大范围的外部形成关联；在全园尺度上，借景北寺塔；在东部与中部之间，则通过宜两亭互为凭借，在园中园尺度中，如中部听雨轩、海棠春坞庭院中，通过绣绮亭突破合院空间的围合。

除了通透性外，对于诸如公园—城市交接带之类的边界，其交接空间功能的多样化以及由此促成的使用者和使用时间的多样化对于形成富有生气的公园—城市边界环境也同样重要。霍华德在田园城市理论中极具远见地将城市中心公园边界环以透明的商业连廊——水晶宫，而非当时通用的绿化隔离带，在保持公园边界视觉通透的同时，通过商业支持使公园具有良好的城市界面。

4.2.3　路径

路径伴随着穿越空间的运动，往往带有一定的目的性，引导人们进入和游览空间，它既是运动的通道，又是活动的空间，是风景园林空间中必不可少的线性要素。伊斯兰园林中的路径狭窄而笔直，通往矩形庭院的中心；法国古典园林的三叉戟的路径模式形成了严谨的空间布局；英国自然风景园中曲线的路径讲述着一个个动人的故事，俨然一条剧情的脉络；中国古典园林中幽深而狭长的路径表达着无限的意境；日本古典园林的路径经常采用踏步构成不规则的充满节奏感的图案。

4.2.3.1　路径的类型

园林中的路径具有多种类型，就其平面形态而言，一般可以分为环形、辐射形和网格形

互锁的设计手法在于模糊不同类型的空间边界，使交叠的部分成为两者的共同领域。现代建筑师也常常使用互锁手法设计建筑内部不同功能的连接部分以及建筑和室外空间的交接地带，著名的巴塞罗那德国馆通过大大的挑檐模糊了庭院和建筑的边界。中国古典园林中的互锁格局比比皆是，如留园的西楼一线是中部山池景区与西部园居组团的交接，平面犬牙交错，立面跌宕有致，山池空间与建筑空间相互渗透（图4-29）。

借景可以认为是一种特殊的空间互锁，借景的频率远远超过一般认为的程度。让视线通过边界的一些有意无意的缺口，和外部空间发生关联。中西方园林通过借景突破边界，形成空间互锁的例子

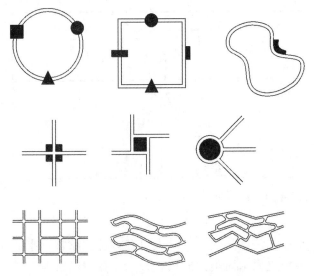

图4-30　路径的环形、图片形和网格形

（图4-30）。最常见的是环形，它能采用直线式、折线式、弧线式，这也是路径最基本的形式。它最大特点是具有可变性，容易适应场地的各种条件。它可根据地形的变化而调整，或环绕一片水面、一丛树林，或改变其空间开合以获得良好视野；也可以互相交错和分出叉路；还可以沿斜坡布置。

辐射式路径组合在东方很少见，而在中世纪及以后的西方比较常见。据说它的出现始于中世纪的贵族在森林中狩猎，往往先集中于某一地点，然后向各个方向策马直线飞奔，追逐猎物，然后在另一个地点重新集合。中世纪末，这种路径组合形式逐渐开始运用到园林中，但多运用在林园。辐射式路径通常具有较强的纪念性，例如16世纪下半叶，罗马教皇希克斯图斯五世将这种辐射式路径叠加到当时破败杂乱的罗马城，试图以此手法塑造具有强大视觉冲击力的巴洛克城市。而勒·诺特尔又进一步完善了这种辐射道路系统，如凡尔赛宫和外围市镇的衔接，便是采用"鹅脚"（goosefoot）形式，增加城市和园林的纪念性。

网格式路径通常是两套平行道路相交，这两套道路经常是垂直的。由于网格极易度量放线，因此，它是控制土地时极为有效的一种方法。中国古代很早采用以标准长度和面积为单位的等分

法——井田制，其形象如田字格、九宫格等。网格布局还有一种很有特色的变体，即"四等分法"（董璁，2000）。相对于网格的匀质结构，四等分法因有主次中心而兼有复合结构的特点。伊斯兰四等分天堂园采取的便是这种由外而内"递归式"的划分方法。

同时，就路径断面形态而言，具有堤式、崖式和堑式（图4-31），它们是路径与地形的不同结合方式。堤式路径由于标高高于两侧，在各方面都具有良好的视野，蜿蜒在崇山峻岭的山脊线上的长城就是典型的堤式路径。崖式路径可以视为堤式和堑式路径的结合，具有单侧的空间限定和单侧的外向视野，盘山公路即为典型的崖式路径。堑式路径则具有较好的空间感，两侧可以是自然的山体，也可以是岩壁和人工挡墙。上海松江方塔园的堑道两侧是三四米高的条石挡墙，使得堑道成为一个空间限定明确的甬道。

堤式、崖式和堑式路径也可以根据地形高差、围合元素的变化存在着众多的变体。例如，水中蜿蜒的栈道，视野开阔，可以视为特殊的堤式路径；而有的滨水散步道路位于水面和缓坡之间，也可视为崖式路径的变体。

路径的平面类型和断面类型可以相互结合起来，从而形成多样化面貌的道路形式。

4.2.3.2　路径与视线

路径的设计就是对空间的体验方式进行设计。同样的空间，不同的路径，就会有不同的体验方式。就路径与其所导向的目标而言，可分为"环

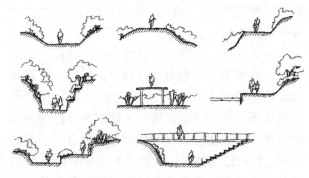

图4-31　道路的堤式、崖式和堑式

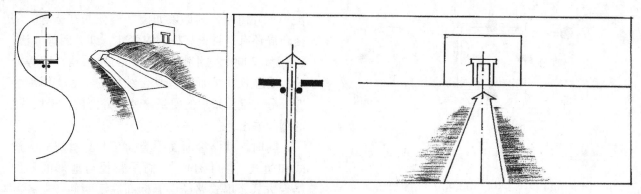

图4-32　路径与目标的两种关系：环绕与穿越（Ching, Francis D. K., 2005）

绕""穿越"两种方式。两种方式的实质在于路径与视线的不同关系。环绕方式下通常路径与观者视线分离，在同质环境下因视点运动而产生时空间界面的变化，这是一种渐变式的动观效果。穿越方式则路径通常与观者视线重合，经历从外到内的过程，取得突变的动观效果。

环绕形成路径与目标是旁过关系，即路径从终在空间或实体的外围或者边缘经过（图4-32）。例如，西湖南北的雷峰塔和宝俶塔，对于环湖的主要游览路线而言，是一种环绕关系，或隔山仰视，或隔湖眺望。在环湖路的许多位置皆能形成塔的体量、体态和周边山体的画面集合。英国自然风景园有时也会将主要府邸和道路处理成环绕结构。

路径进入一个空间，即穿越了一个分界。这个分界将内外空间彼此区别。分界面可以是两根柱子所暗示的，也可以是一群树丛，或者是土丘，甚至是地面高程的变化。中国明清皇陵中漫长的甬道，两侧依次排列的石牌坊、大红门、碑亭、案山、石像生、龙凤门、砂山，最后达到群山掩映下的帝陵，顺着甬道的行进便是一次令人难以忘怀的空间穿越体验。

环绕、穿越两种方式通常会结合使用，路径可以一次或数次变换方向，形成折线，以延缓和加长行进的程序，围绕空间周长的运动可使目标的立体形式得到强调，目标可以在行进过程中时隐时现，以表明位置，可以在最后到达时才突然出现。赖特设计的流水别墅位于熊溪和山崖之间，路径数次转折，引导游人从别墅正面逐渐靠近位

于东北一角的入口，游人可多方位地欣赏别墅的各个立面。而类此的路径设计，在中国古典园林中比比皆是（图4-33）。

4.3　空间的感知

空间连续不断地包围着人们，通过空间的容积，人们进行活动、观察形体、聆听声音，感受清风，闻到百花的芳香。空间像木材、石头一样，是实实在在的物质。同时，空间也是一种不定形的东西。它的视觉形式、量度和尺度、光线特征等都依赖于人们的感知，即人们对于形体要素所限定的空间界限的感知（程大锦，2005）。正如西班牙著名造园学者卡萨瓦尔·德斯侯爵游览阿尔罕布拉宫所体验到的"花园不妨说是由一连串的绿化房间组成的，那里的主角是水的潺潺声和时时刻刻都在变化着的光线。每逢月满之夜，那里的美达到极致，饱含着茉莉花和柑橘花香味的空气，能把人熏醉"（陈志华，2005）。

4.3.1　营造微气候

园林设计能够塑造出一种特定的自然和人力作用双重交织的环境：水被引入和排出，植物得以生长，香味和声响得以传播，阳光和阴影相互补充，空气和温度受到调节。《古兰经》描述了在干旱炎热的沙漠中，先民们创造的流水潺潺、微风阵阵、树荫凉爽的庭院。而19世纪英国人借助温室，在寒冷的冬天依然能享受种植柑橘和棕榈的热带天

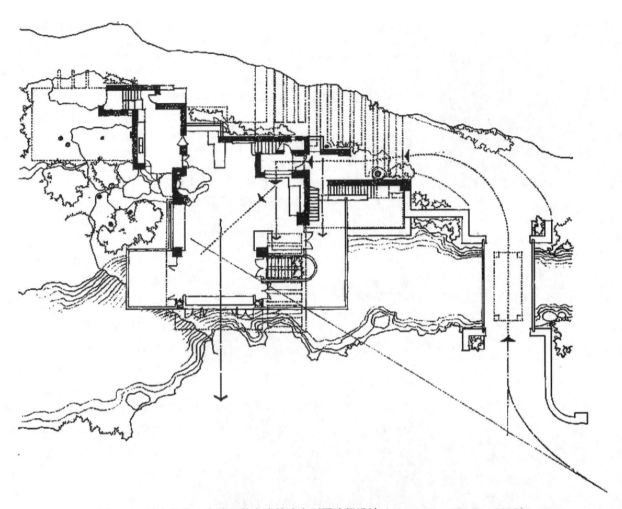

图4-33 综合环绕、穿越两种方式的流水别墅路径设计（Ching, Francis D. K., 2005）

堂。园林设计通过空间塑造能够创造出小尺度的气候环境，为人们提供一种特定的空间体验。

4.3.1.1 引水与排水

引水与排水贯穿着园林发展的千年历史。人类有组织的大地改造开始于灌溉，人工引水是人类文明开始的一个基本动力，古代中国即有大禹治水的典故。"泥和水具有随意性和可塑性，古人从建房挖渠中学来的经验后来被广泛运用到大地改造的其他方面"（刘易斯·芒福德，2005）。在干旱的西亚地区，逐渐形成规模庞大的复杂灌溉系统，接纳山区流下来的水，这是开垦田地和建造园林的开始。没有一套有组织的灌溉系统，人们就无法定居。

随着历史发展，相关技术和水利工程发生了巨大进步，从古罗马高架输水渠、中世纪修道院庭院简单的水井和蓄水池到文艺复兴时期复杂的水景系统，引水和排水的结合促进了园林空间的演变和复杂化，用于引水和排水的乡土构筑物演变为园林中的造景元素，甚至成为设计的中心。

引水与排水不再仅是纯功能性的，也变成了一种表现形式。园林中通常通过溪流、暗渠、坎儿井等收集雨水或者其他流入地段的水体并保存在蓄水池中。蓄水池可以是大如昆明湖这样的湖体，也可以是法尔尼斯（Palazzo Farnese）庄园中的地下储水箱。园林中平静广阔的水面能够湿润空气，成为调节微气候的一种景观要素，而深埋的储水箱能使水保持清凉且蒸发较少。除了引水，水的运输对于在园林中创造空间的趣味和有效的微气候环境也是十分重要的。从蓄水池出发，水

图4-34 各种不同形态的水体常常成为设计的中心（引自ASLA官网、inla网站）

图4-35 草地、水面等在光影下更具表现力（引自ASLA官网、inla网站）

水类似，通过各种方法形成的加压水流，可以迫使水体通过微小的开口喷出，形成空中弥漫的细细水雾，创造凉爽湿润的环境。甚至，在手法主义园林时期，这种水工技术进一步发展为恶作剧般的水戏法（图4-34）。

4.3.1.2 阳光与阴影

阳光与阴影也是构成微气候的重要因素。墙面和地面的明暗与光线的照射角度有直接的联系。光线入射角的角度越大，墙面地面就越明亮，平行的入射光线使得光感最弱。随着时辰和季节的变化，太阳不停地移动，入射角的变化使得映射在墙体上的光影产生戏剧性的变化，丰富的色度深浅、阴影、质感和反差得以呈现（图4-35）。

阳光在很大程度上影响着人们定居的择地。原始人常常选择阳坡聚居而生，中国的风水学说也具有"择地向阳"的说法，主张选择山体南面朝向水体的向阳地带作为居住的场所。维特鲁威和阿尔伯蒂都深知太阳的方位对于建筑选址和设计的重要性，同样的，阳光也在一定程度上影响着花园的空间布局。例如，中国古典园林中的主要厅堂常常朝南，以接纳更多的阳光，适于园居生活。正如《园冶》中论述：凡园圃立基，定厅堂为主。先取乎景，妙在朝南（计成，1634）。但庭院中若有玲珑的假山峰石，有时会牺牲厅堂朝向，以便让阳光照射在假山峰

流可以通过水渠、高架水道等进入花园，利用重力创造出激流和瀑布，产生运动、声音、光线等独特效果。水成为令人愉悦的景观焦点，它与动

石上，使人欣赏随着光线变化而变化的山石肌理。

更多时候，阳光使得园林产生或细微或强烈的变化，从万里无云的艳阳天到云层密布的阴雨天，从光芒四射的中午到彩霞燃烧的傍晚，无时无刻，阳光在方向上、照度上都有变化，影响着人们的空间体验。一般而言，阳光与阴影总是同时出现，人们可以在明度、级差、过渡中精心安排空间和景物，形成戏剧性的光影对比效果。

例如，留园入口是在旧时住宅和祠堂的夹缝中发育起来的，在面积极为有限的狭窄、幽长、黑暗的备弄通道中，依然有几个大小不一的天井散落其中，大部分的天井植物很少，甚至有的天井面积不足 $1m^2$，阳光洒落其中，成为入口序列中的主角，塑造着空间的远与近、隔与透，也使得天井中的白墙和花窗具有更多的关联，经过这段狭长幽暗的通道之后，豁然开朗地踏入阳光明媚的中心庭院（图4-36）。而在英格兰，阳光透过低垂浓厚的云层照射在大片起伏的草坪上，形成深浅不一的阴影，黢黑的阴影中有时会透出一块阳光明媚的草地。这种光与影的复杂对比组合成为英国自然风景园中的典型画面。

4.3.1.3　微风与凉爽

古罗马作家小普林尼在给友人的书信中论述了自己的度假别墅，强调了通风降温与建筑和场地正确布局相结合的重要性。地中海古代园林是在凉爽的空气中寻求精神愉悦的理想场所。现代园林设计同样可以通过空间布局和诸如林荫道、凉亭、庭院等元素组合对空气进行引导、集中和加速。

例如，山谷风是山区受热不均形成的，白天山坡附近的空气比同一高度的山谷上空空气增温快，暖风则沿山坡上升，凉风则由山谷吹向山坡；夜间相反，凉风则由山坡吹向山谷。因此，人们往往会在凉爽的谷地和开放通风高地处建设露台、凉亭等应对炎热的夏季。因此不难理解，为什么从古罗马度假别墅、西班牙南部摩尔人花园到文艺复兴时期众多的消夏别墅花园都建在城市郊外的山地。

图4-36　光影成为留园入口重要的造型元素

在滨水地区的水陆风也是水面和陆地受热不均形成的，在中西方园林中的应用则更为广泛。承德避暑山庄是利用山谷风、水陆风营造微气候的典型。山庄选址武烈河谷，外围层峦叠嶂，园内山地连绵、平原辽阔、湖泊幽深，树木成荫，水畔的亭台楼阁相映成趣，凉风飒爽。正如康熙在《御制避暑山庄记》评论的"金山发脉，暖溜分泉，云壑淳泓，石潭青霭。境广草肥，无伤田庐之害；风清夏爽，宜人调养之功"。

除了园林布局外，园林要素的巧妙搭配也是形成微风与凉爽的重要方面。当空气从一个比较宽敞的空间流向比较狭窄的端口时，产生的吸风作用使空气流动自然加速，这是18世纪意大利物理学家文丘里（Giovanni Battista Venturi）发现的，称为文丘里效应。

因此，在尺度相差比较悬殊的空间交接处，也经常能捕捉到习习微风。林荫道除了遮阴外，如果位置得当，利用文丘里效应，可以促进空间的流动，利用夏季主导风增加园林中的凉爽，并引导气流进入园中某个特定地点，这在意大利花园中屡见不鲜。同样道理，位于地中海和中亚炎

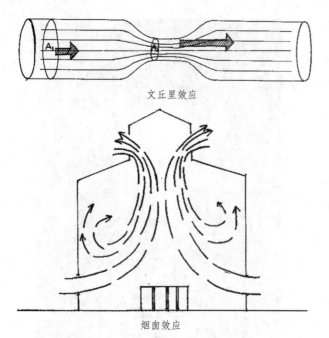

文丘里效应

烟囱效应

图4-37　文丘里效应和烟囱效应图解

热气候中的伊斯兰园林，在一系列大小不同的庭院空间组合中，也借此形成调节微气候、提供凉爽的休憩场地。例如，塞维利亚城堡花园中的舞蹈庭院（Jardin de la danza），庭院东西两面是极厚的墙体，朝向主花园的南墙开有一个壁龛，在画框般框入园景的同时，微风时时掠过。

烟囱效应也是园林中经常使用的促风降温手段，在高直的筒状空间上开口以促进空气流通（图4-37）。例如，阿尔罕布拉宫中的大使厅，这个庞大的塔楼从山体北部悬崖峭壁中突起，塔楼东、西、北墙上分别开有一系列高侧窗，山谷风进入塔楼后，通过系列高侧窗时，由于空气压力的变化而加速。这一自然通风使得空气穿过大厅，通过一个狭窄的门厅吹向桃金娘庭院（奇普·沙利文，2005）。

除了带来凉爽外，风能带来场地独特的空间体验。例如，乔治·哈格里夫斯设计的烛台角公园基址是紧邻海湾的城市垃圾堆积场，顺着主导风的方向，乔治·哈格里夫斯设置了数座人工风障土丘，但用一块伸向水面的平坦草地切割土丘，并一直伸入海中，形成一个开敞的风口。海风吹动，在风口处得到大大加强。设计使海风成为景观的主角，人对场地因此有了更深的体验（图4-38）（王向荣、林箐，2002）。

4.3.1.4　气味与声音

《圣经》中对芳香四溢的花卉灌木的记载不胜枚举，从乳香到月桂、从没药到到芦荟，庭院中经常种植大量的香料植物，可能对先人而言，嗅觉最能激发人的想象力。弗朗西斯·培根在《论花园》中也说，了解植物发出的香味是造园者必备的知识：由于花的气息在风中比在手中更为可爱（花香在风中来去，如同音乐不息地流动），因此，了解花种、植物的特性，知道如何使空气更为清新可爱的方法，这是得此品香之乐需要做的最合适的事情（查尔斯·莫尔等，2000）。培根还根据香味的强度、飘香的时节对植物进行分类。

毫无疑问，植物应该是园林中最为主要的气味来源，但不是唯一的香源。"英国自然风景园经常有湿润的夏土、干草和农家场院的气息；土耳其园林常常有梅酒和玫瑰的气味；意大利园林因为有熏香、椰子油、烹茶或者野炊的烟火味而唤起人们的回忆"（查尔斯·莫尔等，2000）。中国古典园林也经常运用香气营造美好的园林意境。例如，苏州留园中的景点"闻木樨香轩"正是如此：西山高地建轩，遍植桂花，每至秋日，暗香

图4-38　风给烛台角公园带来独特的空间体验（George Hargreaves，2012）

浮动，沁人心脾，登山俯视，满园景色尽收眼底（刘敦桢，2000）。

声音与香气一样，会给园林带来一种特别的气氛与体验。园林中的声音有众多的来源，都可以削弱或强化。树木的高度、形状、树冠的密实度等特性的不同，使得不同的树木在风中具有不同的声音。避暑山庄的"万壑松风"正是以风吹松林的声响效果为特点。如果树木能成为鸟类的栖息地和获取食物的场地，那么园林中还能回荡着鸟类的啼叫之声。园林中更为普遍的声音来源是水。水的流动、下泻、滴落和打在植物叶子上的噼啪作响的声音能够增加空间的意境，甚至成为空间的主题，就像雨打芭蕉几乎成为中国古典园林中庭院设计的模式之一。而意大利台地花园中各式链式瀑布、喷泉、水风琴等水法则使得花园灵动欢快。现代花园中，对水声与水量、流速、落差的关系的研究更为深入，常使用流水在一定程度上抵消城市的噪声，给人带来城市绿洲中的安静与惬意（图4-39）。

4.3.2　借用生命

伊甸园描绘了一幅草木繁茂、郁郁葱葱的自然天堂。自从园林诞生伊始，人们通过种植植物获得林荫遍地，四季交替，色彩变幻，花开花落，香气萦绕的景观。植物为园林的整体环境带来生长和变化的生机。在自然界，所有的植物都接受不同强度的阳光、水分，经历萌芽、生长、死亡和腐烂，从而达到一种稳定的平衡状态，园林中的植物也有类似情况，但有时会因为人力的干扰，如修剪、除草和灌溉，达到自然作用和人力的平衡。

园林中的植物不仅仅是观赏性的，它们也可以是实用性的。脱胎于农业景观的西方古典园林，在很长的时期内都带有很强的生产性，花坛中整齐地种植各种蔬菜或者草药，与菜畦一般无二，园路旁种植果树；凉棚上攀缘着葡萄等，这种方式甚至保留至今，如法国维兰德里庄园（图4-40）。

园林中动物的融入历史由来已久。例如，我国园林的最早的形式之一便是"囿"，即古代帝王贵族进行狩猎游乐的园林形式。《诗经·大雅》中记述了最早的周文王灵囿，其中草木鸟兽自然滋生繁

图4-39　流水经常成为抵消城市噪声的手段
（王向荣、林箐，2002）

图4-40　法国维兰德里庄园的蔬菜花坛

育。动物会给园林带来活跃和自然的气息，使园林的形象更为饱满。蓝天、白云、碧草形成一幅草原的美丽画面，而每每看到草地上吃草的牛羊时，草原的景色似乎就更加完美而生动。英国自然风景园起伏的草地上到现在仍旧可见放牧的牛羊。宋代艮岳更是放养大量珍禽异兽，园内鸟兽能在宋徽宗游幸时列队接驾，谓之"万岁山珍禽"。而日本园林的池塘中往往放养着带有宗教意味的大鲤鱼。

随着生态主义的兴起，设计者把动物作为景观中生态系统的不可缺少的组成要素。例如，West8事务所在阿姆斯特丹机场扩建环境设计中，设计了一套自我维持的生态系统，桦树成为环境的基底，茳草花为桦树的成长提供了充分的土壤

图4-41　蜜蜂成为阿姆斯特丹基浦机场环境改造的一部分（王向荣、林箐，2002）

肥力，蜜蜂的传播让茬草花在场地中蔓延（图4-41）。同时，在现代园林设计中，设计师也更加关注场地中各种各样的原住民：从螃蟹、蝴蝶到飞鸟游鱼，园林是人的场所，也是动物的栖息地。

4.3.3　符号与联想

园林经常有一整套复杂的符号系统，包括文字、雕塑、图示，甚至某些模式化的园林场景，或直接或隐晦，在对应的文化背景下，人们可以有效解读，增加空间的体验。

园林中，最普遍的符号系统是文字。中国古典园林从宋代开始普遍运用景题，以匾额、对联、石刻等方式，赋以园林以标题的性质，直接通过文字符号传达园主和造园者的创作意图；或者以比兴方式，即以此喻彼，以具体景物联系某些抽象理念，加深游览者对园景空间的理解和感受，从而使得园林的空间体验更加深刻。“燕京八景”“西湖三十六景”“圆明园四十景”等无外乎是“景题”的佳例。《红楼梦》中贾政谈到新落成的大观园时认为：“偌大景致，若干亭榭，无字标题，任是花柳山水，也断不能生色。”因此，携宝玉等前去园中各个景点进行命名，引典赋诗，大观园的形象逐渐得以饱满。与此类似，英国也有一套给景点命名的方法，大多取材于典故和神话。到了18世纪，这种借助于情感、而非理性分析的空间体验方式更是上升到美学高度。

除了文字外，雕塑也是园林中常用的表达设计理念的符号。凡尔赛宫中的阿波罗雕塑向人们诉说着太阳王路易十四幼年时的艰辛和成年掌权后的光辉（图4-42）。现代园林中的情景雕塑更是以一种平易近人的姿态述说故事。

图示解释系统更多的是把文字和示意图等特定符号加以综合，通常以标牌等形式将设计信息传递给观者。例如，香港湿地公园在建设初期就制定了一个故事大纲，按照特定的游览路径，让湿地功能、价值和可持续发展等信息，通过图示解释系统，逐步传播给参观者。

更有甚者，某些园林场景本身就是符号，它们通常来源于古代的文学、神话、遗闻轶事、历史典故乃至著名的风景名胜。例如，中国古典园林中常用的景致“曲水流觞”“一池三山”等，因其具有原型特征而成为具有特定涵义的符号。

图4-42　凡尔赛宫苑拉通娜泉池，阿波罗泉池

4.4 风景园林空间形式来源

风景园林的空间确立和组织之后，还需要一定的空间形式和空间形态对其进行表达，最终呈现出某种特定的形式与风格。风景园林的空间形式来源往往取决于特定的设计思维模式，主要有以下几种方式：场地形式的转译、自然的抽象、几何与数理关系、历史形式的延续、象征与隐喻等（凯瑟琳·迪伊，2003）。当然，许多园林空间并不单单具有某一种形式的来源，或许来源于以上几种可能的综合。

4.4.1 场地形式的转译

场地为景观设计师提供了最为主要的信息。任何一个场地的形式都是自然过程和文化影响叠加的结果，因此，每个场地都是独一无二的。在场地的形成和发展过程中，时间经常是一个决定性的因素。例如，巨大冰川的移动挤压，形成了多样化的地形结构；河流携带的泥沙逐渐沉淀形成冲积平原；植物的自然演替形成了稳定的顶级群落，并形成了动物的栖息地。这些便是所谓的自然过程，这些过程对场地的形式和特征产生着巨大的影响。而人的使用即文化对场地的影响，相对于自然过程而言，可能是一个相对时间较短但却是比较剧烈的过程，不同时期的土地利用痕迹、特定事件的片段混合交叠在一起，包括了如古代文人热衷的所谓景点到存在于普通人们日常生活和工作之中的寻常景观——纵横的田埂、狭窄的街巷、老旧的水塔、半旧不新的铁路等。

因此，场地可以视为气候、地形、水体、植被、动物、土壤和人类影响等各个层面堆积而成的产物，每一层为后来一层提供了一个空间上的背景环境。自然景观是有机物在无机物上运动产生的结果，乡村景观是在原有的自然体系中叠加水利灌溉和农业开发形成的结果，城市景观是自然体系和乡村景观中叠加基础设施和多样化土地利用的结果。因此，每个场地都不

是白纸，一个有经验的设计师可以根据观察到的地形、土壤、排水特征、植被的变化、土地利用的更替来解读场地中功能特征的变化，尊重场地本身已经存在的信息和品质，场地的自然进程应得到保护、强化或者是适应性的改变，场地形式可以直接或者间接地转译为新的设计形式，与原有场地层叠加、并且呈现或者连接成为一个整体。最成功的场地设计经常源于对自然和社会环境的最小干扰而非彻底改造，正如著名建筑师赫茨伯格（Herman Herzberger）所言"设计就是去发现人和事物想要什么：形式就这么自然出现了，真的不需要去创造什么——只需悉心观察而已"（图4-43）（罗杰·特兰西克，2008）。

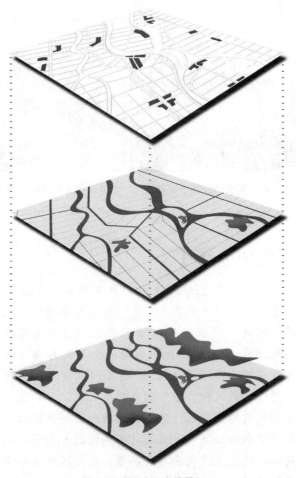

图4-43 场地形式的叠加

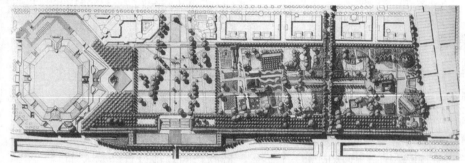

图4-44　贝尔西公园平面图（王向荣、林箐，2003）

图4-45　贝尔西公园中原有路网、轨道等设施与新建道路等的结合

（王向荣、林箐，2003）

【案例分析】

位于巴黎塞纳河边上的贝尔西公园是解读场地文脉并转译的典型代表。贝尔西公园建设之前，场地依然保留着17世纪以来形成的街道路网肌理和19世纪出现的葡萄酒仓库及其遗留的部分设施，还有着20世纪70年代初期形成的葡萄酒小镇的风情，每个时代发展的印记，都被叠加到从前的格局上，使得这处场地具备独特的特征。贝尔西公园的景观设计师伯纳德·于埃认识到场地的巨大价值和特有品质，最大限度地尊重场地的现状，保留原来各个历史时期的网络肌理，

在此之上叠加新的适应城市发展的网格，将这个公园塑造为一个真正的"回忆花园"。老的铁轨嵌入道路中，老的酒窖变成新的酒吧，老的冷却池成为景观水池，一些葡萄酒仓库的建筑被保留下来成为活动中心，一些房子被保留墙基成为新建花园的边界，老的树木完全被保留下来。在贝尔西，这种设计使得公园保留了场地中丰富的历史信息，从而给人一种似曾相识的回忆感受（图4-44、图4-45）（艾伦·泰特，2005）。

4.4.2　自然的抽象

世界上各个体系的园林事实上都是源于自然的。然而，由于东西方自然观的不同，东西方的风景园林形式迥异。古罗马时期的人文学者把自然划分成3个层次：第一自然是较少有人类干扰的原始景观，如山川、湖泊、峡谷等；第二自然，是人类生产生活改造后的自然，也就是在第一自然基础上叠加上人类活动而产生的景观形态，有时也被称为文化景观，通常表现为农田和牧场；第三自然是美学的自然，是人们按照美学目的，模仿第一和第二自然而建造的自然，园林便是属于这一范畴（图4-46）（王向荣、林箐）。

东方人崇尚第一自然，其传统园林很早就脱离了实用性，强调其美学特性，通过人工叠山理水方式对第一自然加以模拟和抽象，常常对峭壁、峰峦、洞壑、涧谷、湖面、港汊、洲渚、堤岛等自然地形单元加以裁剪组合，创造出"源于自然、高于自然"的园林胜景，同时也发展出诸如叠山置石之类的独特造园技艺。

西方人对第二自然情有独钟，"我们播种玉米，种植树木，我们用灌溉来滋育土壤，我们拦河筑坝，让河流改变方向。总之，借助我们

图4-46 第一自然、第二自然和第三自然（Brocken Inaglory、郭巍、Lechona摄）

的双手，我们试图在自然环境中创造出第二个自然"（约翰·迪克松·亨特，2003），西方古典园林中的规则花坛、修剪树阵是农业景观中整齐菜畦、果园和农田的抽象，用于引水和排水的乡土构筑物演变为园林中的水渠和喷泉，有时成为设计的中心。水的收集和灌溉不仅是功能性的，同时也利用水渠等设施划分了空间层次。伊斯兰园林很大程度上也是西亚干旱地区农业景观的写照。

17世纪末，由于圈地运动，英国国土在较短时间内形成了连绵的牧场景观，18世纪的英国自然风景园中，起伏的丘陵、山坡上的草地、群落化的树丛、平静的湖面、吃草的牛羊和蔚蓝的天空所构成的风景成为整个英国国土景观的一个缩影。在"能人布朗"所塑造的的园林中，草地会顺坡而下到达一处宽阔的水岸边，建筑与园林互望时，草坪成为前景，水成为中景，起伏的草坡加以树木成为水景的背景，顶部则是飘着片片白云的天空，云朵的阴影投射在起伏的大地上。表现牧场风光的英国自然风景园在19世纪后影响了美国的公园设计，在奥姆斯特德设计的大型城市公园中，宁静优美的缓坡草地始终是公园的主要内容之一。

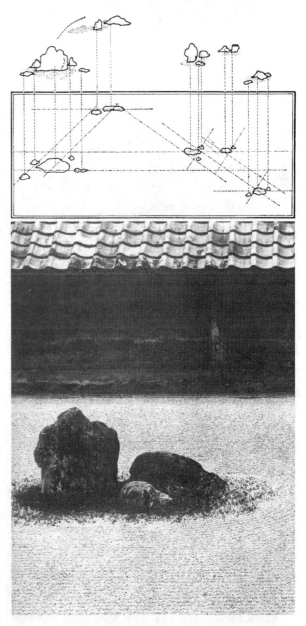

图4-47 龙安方丈庭园是日本海岛景象的缩影（杰弗瑞·杰里柯、苏珊·杰里柯，2006）

【案例分析】

（1）龙安寺方丈庭

日本禅宗式枯山水常以白沙或者卵石暗示水体，山峦以置石加以表达，用精简的微缩景观代表理想中的大自然。最著名的莫过于日本京都的

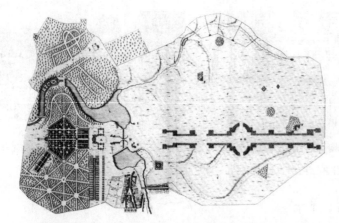

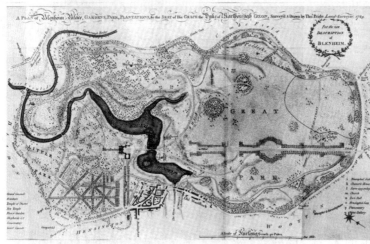

图4-48 布伦海姆宫改造前后的对比（杰弗瑞·杰里柯、苏珊·杰里柯，2006）

龙安寺方丈庭园，"将三千里江山尽收于方寸之中"。庭院面积基本等同于一个网球场，为规则的矩形，一侧是用于冥想的游廊，围墙屏蔽了外部世界，庭院地上铺着石英砂，耙成特定的波纹，沙子上布置着15块置石，分别用5、2、3、2、3的组合，形成5组石群，沙为海，石为岛，石组貌似随意放置，实际上有着极为微妙的数学关系，俨然日本海岛景象的缩影。这种对自然抽象的模式甚至演变为一种范式（图4-47）。

（2）布伦海姆（Blenheim Palace）

英国风景园林设计师布朗一生建造和改造了数十处园林，其中较有影响力的一处当属位于牛津郡的布伦海姆宫。布伦海姆改造前后的效果对比可以看出布朗对于他那个时代自然的理解和表达的手法。18世纪初范布勒和瓦尔斯设计的布伦海姆宫具有平坦的地形和占有主要地位的古典主义对称形式，设计的重点是通向住宅的纪念性轴线。布朗在1764年进行的改造保留了原有布局的几何形式，但在一些关键区位进行了改变，使得自然的气息成为主导。草地、树木、天空和倒影水面是其主要元素，园林沿着住宅的墙体延伸到整个景观之中。他提高了水面标高，将岸边地形改为自然形状，将蜿蜒而深邃的谷地布置成湖泊与河流，使得原有湖上的桥梁具有更好的尺度，与宫殿和河流形成整体（图4-48、图4-49）。

图4-49 布朗改造后的布伦海姆宫具有典型的英国牧场风光（Peter van Bolhuis，2010）

4.4.3　几何与数理关系

　　一些呈现出几何形状的园林，往往能够表达出某种内在的秩序，或是呈现出中心对称或轴线对称，或是具有重复和规则的节奏。文艺复兴时期的意大利台地花园和17世纪的法国古典主义花园运用许多几何学和透视学的原理，塑造出规整、严谨而具有秩序的园林。这类园林的空间形式很大程度上来源于几何与数理关系；有些风景园虽然表面上看起来似乎与几何形状并不相关，但在自然表象之下却同样能够给人一种秩序感，具有严谨的比例关系。还有一些园林，并不是受到传统的经典几何学的影响，而是受到混合几何学如分形几何的影响，呈现出独特的秩序和韵律。

4.4.3.1　经典几何

　　几何学源于人类早期日常生活和实际生产需要。在古埃及，每次尼罗河水泛滥后，需要重新划分土地边界，逐渐积累了丈量土地的经验，并由古希腊哲学家发展为经典几何学。经典几何学

图4-50　自然界中存在着各种的比例关系（Chris 73，Franz Xaver，BS Thurner Hof，Bluemoose摄）

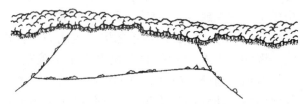

景色中少于1/3的部分看起来不舒服

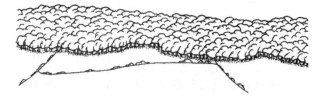

50：50的分割也不舒服，没有一个主导因素

1/3的林地对应2/3的开阔地是一个较好的比例

图4-51　三分法则控制树群与开敞草地之间的比例

（西蒙·贝尔，2004）

建立在角度和相交关系上的作图法则，直接求得结果，避免了无理数的问题，简单而准确。风景园林专业的首要任务是划分土地，从而选择不同区位布置不同的内容，因此，经典几何学几乎一开始就直接与风景园林学科的产生与发展联系在一起。另外，毕达哥拉斯从音乐的音阶关系中发现比例关系，进而论证万物都可以化为几何学，因此经典几何学更多的是反映出一种世界观（图4-50）。

　　一切关于比例的理论，都着力于在视觉结构的各个要素中建立秩序。根据欧几里得的说法，比值是两个相似事物的数量比，而比例则是指比值的相等关系，因此，任何比例系统中都包含着一个特定的比值。这样，一个比例系统就在建筑和花园的局部之间以及局部和整体之间，建立了一套连贯性的视觉关系。在风景园林的形式与空间方面，比例系统已经不仅仅是功能和技术的决定因素，而是上升为一套美学理论。这种关系也许不能一眼看穿，但通过一系列的反复体验，这些关系所产生的空间秩序是可以被感知和接收的。

　　文艺复兴时期的建筑师认为建筑学是将数学转化为空间单元，为此建立了复杂的比例理论。他们运用几何形调整建筑的立面比例，例如，阿尔伯蒂的圣玛利亚教堂尝试使用正方形和圆形调

图4-52　菲苏里花园鸟瞰
（Peter van Bolhuis, 2010）

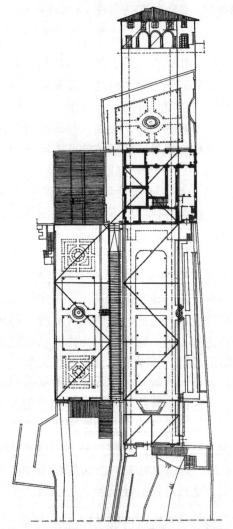

图4-53　菲苏里花园清晰明了的结构来源于简洁的比例
（Clemens Steenbergen, 2003）

整立面比例；同时，他们也利用比例关系确定平面中墙体的位置，并且与室内空间的尺度相关联，例如，帕拉迪奥在《建筑四书》中提出了7种最合乎比例的房间布局类型。

花园作为建筑的延伸，类似的比例控制方法也同样反映在花园中。文艺复兴时期的花园通常通过轴线和网格体系建立简洁明晰的空间结构，从整体布局到水池、花坛，甚至一直到挡墙线脚之类的细节。巴洛克时期的花园，有时借助透视几何，将文艺复兴所发展的空间几何体系转变为追求空间视觉变幻的工具，拉长的视觉轴线常常是实现这一目的的重要因素。而在风景园中，有时景色随着视点位置的改变而变化，或者地形变化复杂，但依然借助几何体系控制建筑、草坪、湖面和林地的布局，如采用从黄金分割中衍生出的三分法则，它能简单有效地指导园林中各要素比例的一般性平衡。英国园林师雷普顿（Humphry Repton）经常使用三分法则控制树群与开敞草地之间的比例，同时也运用在种植设计中。在大片的树林中，2/3的面积种植一个树种，另外1/3则由多个树种组成（图4-51）（西蒙·贝尔，2004）。现代花园设计中对比例体系的追求也成为一种自觉。例如，凯利设计的科罗拉多空军学院花园，矩形水池、道路、树阵和草地组成了富有节奏的几何图案，简洁而又典雅，其比例来源于周围建筑的立面划分。

【案例分析】

美第奇家族的菲苏里花园（Fiesole）（图4-52）被有些学者称为是第一座文艺复兴花园。它位于阿诺河谷北侧约250m的山坡上，可以俯瞰5km外的佛罗伦萨主教堂的穹顶和附近的田园风光。花园由两层台地组成，高差约12m，主建筑在上层台地的西侧，两层台地布置有花坛、喷泉和景墙，布局简洁。两层台地之间是布置有花架的绿荫小径。花园整体布局可以简化为4.9m×4.9m的基本单元，这些来源于建筑的几何系统应用到了花园，控制了整个花园台地的布局（图4-53）。

4.4.3.2　分形几何

除了对于经典几何形的应用，混合几何形如分形几何也应用于设计中。分形（fractal）一词，具有不规则、支离破碎等意义，用于描述自然界中经典几何学所不能描述的一大类复杂无规的几何对象。例如，弯弯曲曲的海岸线，起伏不平的山脉，粗糙不堪的断面，变幻无常的浮云，九曲回肠的河流，纵横交错的血管，令人眼花缭乱的满天繁星等。分形几何学便是以这些非规则的几何形态为研究对象，用严格和有效的定量方式建立起数学模型的几何学。这些不规则现象在自然界是普遍存在的，因此，分形几何又称为描述大自然的几何学。

分形形态是自然界普遍存在的，研究分形，是探讨自然界复杂事物的客观规律及其内在联系的需要，分形提供了新的概念和方法。

概括而言，分形几何学理论与传统几何学理论相比较具有以下两个特点：

一是自相似性，从整体上看，分形几何图形是处处不规则的，但在不同尺度上，这些分形图形的规则性又是相同的，例如，海岸线和山川形状，从不同比例上观察，其局部形状又和整体形态相似，这种自相似性（self-similarity）便可以用较少的参数建立起极为复杂的模型。

二是分形维数，在欧氏（欧几里得传统几何思想）空间中，人们习惯把空间看成三维的，平面或球面看成二维的，而把直线或曲线看成一维的。也可以稍加推广，认为点是零维的，还可以引入高维空间，但通常人们习惯于整数的维数。分形理论把维数视为分数，这类维数是物理学家在研究混沌量子等理论时需要引入的重要概念。分形维数反映出一个非欧几里得图形的形状微差和复杂性。

曼德勃罗提出的分形几何能解决诸多传统几何所不能解决的不规则形状和空间非均质现象，因此对园林设计而言具有相当的意义。园林设计经常模拟各种自然形状，如山体、湖泊、溪泉、树丛等，过去主要依靠设计师的直觉，讲究外师造化、中得心源，而借助于分形几何，至少在理论上为人工模仿自然提供了一种可以定量的方法，同时目前也逐渐出现了带有一些分形意味的现代园林。

【案例分析】

位于芒特牛斯山的山坡上占地约15hm²的巴塞罗那植物园（Jardí　Botd 牛斯山的山坡 Barcelona）是运用分形几何探索的例子。植物园的景观设计师菲格若斯（Bet Figueras）称其为"充满植物和分形气息的植物园"。植物园在空间组织上运用了分形几何的构图法将全园划分成若干个三角形的区域，植物即种植在这些划分好的特定区域中，其景观抽象于成熟的片断式的农耕景观，理念源于曼德勃罗的"分形几何"的思想体系。分形思想的运用使得设计成功地达到了预期效果，并满足了植物园的种种设计要求。园中的景观设施在设计上也延续了景观设计的手法，具有一定的分形几何的表达（图4-54）（Bet Figueras，2002）。

4.4.4　历史形式的延续

历史是风景园林设计取之不尽、用之不竭的源泉，对历史的研究是设计的基本方法。通过历史的学习，能够了解园林形式的发展脉络，可以

图4-54　巴塞罗那植物园实景（引自360doc.com）

使园林的形式语言从特定的历史文脉中剥离出来，突破时间和类型上的界线。

法国具有深厚的园林传统，凡尔赛宫苑、维贡府邸、索园等是"伟大风格"的典型。然而，这种风格并没有因为古典主义的逝去而终结，17世纪设计的凡尔赛宫苑一百年后被完整地移植到城市中——华盛顿：穿过森林的宏伟轴线变成了穿过市区的大街，密实的丛林变成了整齐的住宅街区，轴线节点变成了城市广场，宫殿变成了主要公共建筑，并形成了交通、象征性焦点和狭长景深的复杂空间体系。

【案例分析】

历史形式成为现当代法国园林风格的重要组成部分，雪铁龙公园就是一个典型案例。雪铁龙公园原址是雪铁龙工厂所在地，但设计时场地的工业痕迹已被清空。公园布局的中心是一处通向塞纳河边的由水道围合而成的矩形草地空间，一条道路从

中斜穿而过。公园边缘是6个排列整齐的主题小花园。统领整个公园的是位于中央草坪尽端的2个玻璃温室，玻璃温室旁是喷泉广场。将凡尔赛宫苑或

图4-56 雪铁龙公园实景照片

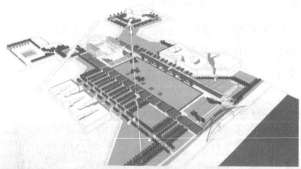

图4-55 雪铁龙公园和维贡府邸的对照（雪铁龙公园，朱文英绘制；维贡府邸，Peter van Bolhuis，2010）

者维贡府邸与雪铁龙公园进行比较，可以看到整体格局的相似性，主轴的虚实处理来源于古典花园中轴空间和林园的关系：玻璃温室取代了之前的王宫建筑，温室外的几块草坪取代了之前的模纹花坛，花园中心矩形开敞的草地如同凡尔赛的绿毯，而边缘的主题小花园取代了之前的林园（林菁，2005）。在雪铁龙公园，功能和需求是完全适应现代生活来制定的，材料也是现代的，然而它却继承了一套传统的形式语言（图4-55、图4-56）。

4.4.5　艺术

风景园林设计一直被视为是科学与艺术的结合。园林一直从艺术中汲取营养。从艺术中获取新的空间观念，从而寻求园林革新性的空间形式与布局，这在园林发展历史中并不少见。例如，16世纪由众多画家发现并完善的透视学，给人们提供了一个崭新的空间观念，认为空间是一个可以被精确控制的客观体系，因此，一些法国古典主义花园如维贡府邸等，经常会利用透视学对花园布局进行设计。而20世纪初立体派的画家们，则彻底颠覆了人们对建立在透视基础上的空间观念，将人的感知与空间相结合，不久以后出现的现代主义建筑和花园都在探索与之匹配的空间形式。花园和建筑的空间界限也是模糊的，设计师们努力创造出一个能让游览者"进入"的建筑和花园空间。

有些设计师则直接借鉴了绘画的语言，作为园林设计的形式来源。如第二次世界大战前后美国园林设计师丘奇经常借鉴现代绘画中的肾形曲线作为其花园构图中的重要部分。而有的设计师开始思考园林空间与雕塑的关联性，探索用类似雕塑的方式设计园林。

有的艺术形式甚至被直接借鉴入园林设计中，极大地模糊了园林和艺术的边界，有的艺术家同时也是园林设计师。例如，20世纪60年代兴起的大地艺术，由于其创作的材料常常为自然材料，创作地点也通常在自然环境之中，并且部分大地艺术具有自然过程性，随着风蚀、水蚀而逐渐瓦解，回归初始状态。因此，大地艺术作为一种艺术形式，直接与园林的形体与空间联系了起来。

【案例分析】

米勒住宅及花园位于哥伦布市（Columbus）华盛顿街和Flatrock河之间的一块地上。由沙里宁和罗奇设计的住宅位于由常春藤覆盖的方形基座上，住宅位于比Flatrock河冲击平原高约15英尺的平坦方正的高地上，设计师凯利把基址分成花园、草地、林园3个部分。住宅周围是高度秩序化的几何式花园，人行其中，空间不能一览无遗，间隔的整形崖柏篱限定了地块的3个边。一行皂荚树平行建筑的西立面，遮挡西晒，并连接亨利·摩尔的雕塑和南部的平台。花园以西是空旷的草地，种植了小组团的柳树，河边树林形成米勒花园的第三部分。从这较低的视点，由于透视效果，住宅看起来座落于巨大方正的草坪上。花园草地和树林创造一个动态构图，让人想到古典的三段式布局，然而环绕住宅的空间并非古典结构，而是一个完全不同的现代空间。

一般认为，源于现代绘画（主要是风格派）的现代建筑的空间构成对凯利设计的米勒花园影响很大。米勒花园的设计十分简洁，绿篱、林荫道、墙限定了各个矩形空间。"尽管形式简洁，空间、平面轮廓和各种元素的微妙组合形成了对整个花园的多重解读"（Willim S. Saunder，1999）。花园设计沿用建筑秩序，使从起居室发散到外部的空间得到呼应。花园是建筑秩序控制基址的结果，或相反，住宅作为花园的一个组成部分而存在，"在米勒花园里，凯利成功地塑造了具有浸透着透明性和复杂性的现代空间，并巧妙地平衡了张力与自由的关系"（图4-57、图4-58）（Mart Terib，1992）。

4.4.6　象征与隐喻

空间形式本身有时会被赋予某种特定的含义，用以代表其他事物或者引发人们的联想，这种空间形式来源便是象征与隐喻。在风景园林中，设计师往往通过运用特定的空间形式在形态上或在历史文脉上与某种事物或事件产生关联，从而唤起人们的空间感受和联想。

在历史发展的进程中，风景园林的空间形式在世界各地已经产生了很多惯用的象征和隐喻主题。每个国家和地区出于自身的历史文化背景，都会产生特定的符号化景观语言。以中国古典园林为例，在古老而悠久的文化熏陶下，中国园林在许多空间形式上的隐含意义已经成为千百年来园林布景的既有含义。中国的传统哲学和美学都提倡对于"意境"的追求，"言""象""意"中"意"是处于第一位的，传统的诗、画如此，古典园林也不例外，注重情景结合、借景抒情，正如国学大师王国维所说，"是景语皆情语也"。

中国古典园林中象征与隐喻的手法渗透于从整体到局部的各个方面，运用叠山理水的方法将广阔的大自然模拟于咫尺之间，以"一拳则太华千寻，一勺则江湖万顷"，通过具体和有限的水、石，激发人们对于"太华"和"江湖"的联想。中国古典园林还经常在局部景致中预设一定意境的主题，借助于山、水、花木、建筑进行布景，引发人们对于古人的文学艺术创作、神话传说、历史典故等进行联想；此外，还在许多细部设计中运用景题、匾额、对联、刻石、纹样等，直接或者间接地表达特定意境的内涵，做到"寓情于景""即景生情"，体现出园林的诗情画意，同样引发出人们的丰富联想（周维权，1999）。

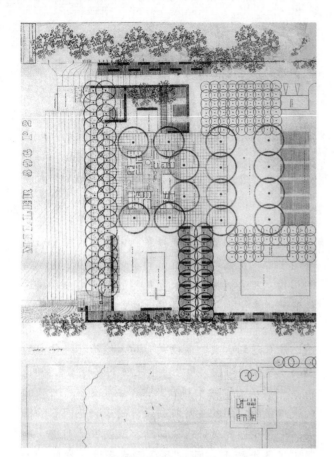

图4-57　米勒花园平面图（Dan Kiley）

图4-58　米勒花园简洁的空间（Dan Kiley）

【案例分析】

（1）肯尼迪总统纪念园

英国风景园林师杰里科（Geoffery Jellicoe）于1963年设计的肯尼迪总统纪念园位于伦敦泰晤士河的一处坡地上。在这处风景优美的旷野景观中，杰里科塑造了一条"纪念路径"，也是一条"体验路径"，更是一条"象征与隐喻"路径：一条曲折的石砌阶梯小路穿过自然树林蜿蜒通向位于山腰的矩形纪念碑，背景是一片美国橡树衬托下的乡村景观。每年11月橡树叶变红，这正是肯尼迪遇刺的月份，给人无限遐想。然后，路径在这个节点后转折90°，一条直线石板路经过一片开阔的草地，到达了第二个节点——休息石凳，在这里，人们坐于石凳上，一边俯瞰泰晤士河和绿色的原野，一边静静地冥想；第三个节点，便是远处的大自然，象征着希望和明天的远景。肯尼迪总统纪念园构成了一个线性的带有节点的序列，让人置身其中，以景观烘托感受，以体验升华灵魂（图4-59）（王向荣、林箐，2002）。

（2）布里昂家族墓地

意大利设计师卡洛·斯卡帕（Carlo Scarpa）于1969年开始设计的布里昂家族墓地坐落在意大利北部的丘陵地区。设计师采用包含多层含义与图解的谜一般的景观空间形式，象征与隐喻了生与死之间的深刻含义。在这处逝者的花园，蜿蜒贯穿的水脉、望远镜般的叠影、同心圆的墓地、依偎的棺椁、庇护的拱桥、倾斜的墙体、墙头的"喜"字图案、角落中的野草……充满了象征与隐喻，散发着难以捉摸的如同宗教般的神秘气息，

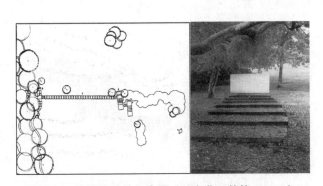

图4-59 肯尼迪总统纪念园（王向荣、林箐，2002）

图4-60 布里昂家族墓地（王向荣、林箐，2002）

具有巨大的感染力（图4-60）。

4.5 风景园林材料与空间塑造

人的感官要求场所空间的体积、形式、细部都具有层次分明的秩序，通过一定的组织方式来表达空间的整体统一性，同时在细部和材料上又能够丰富多样。因此，塑造空间的材料研究对于风景园林设计而言非常重要。

4.5.1 地形塑造空间

4.5.1.1 土壤和地形

风景园林被称为在土地上的设计，而土壤是"土地"的主要组成部分，它是指包含着植物根系和包括微生物在内的众多生命物质的自然表层，这是风景园林设计最为重要的材料之一，也是竖向设计最基本的介质。

土壤是在漫长的年代中，由冰川、海浪、洪水等地貌作用下从地表沉积物分化而来。地表沉积物包括了冰碛物、冲积物和风积物等，它们是土壤的母质，在经历了气候、植被、排水、土地利用等众多成土过程的改变后，形成具有一定

深度和不同成分排列次序的风化土，即人们一般意义上说的土壤。因此，不同的土壤暗示着不同地貌、水体的作用过程，有经验的设计师能根据不同的地形地貌特性判断出土壤的众多特性。

对风景园林设计而言，地形是最为基本的设计内容之一，地形的变化把场地划分为若干易于理解的空间单元，建立了尺度感和秩序感。其中，坡度、坡形、坡向是地形设计的重要因素。

从地形等高线中，一般可以辨别出自然山体的3种基本坡形：直线坡、凹坡、凸坡。这些坡度往往是土壤结构、植被和径流过程相互作用和平衡的结果。再同时给予不同的视觉效果。在给定的场地中，选择其中之一或者结合几种坡度也是有可能的，借此形成的3种地形类型：地貌形、几何形、如画形。地貌形通过相似的地形地貌反映出形成景观的地质作用力和天然的造型，并形成良好的空间趣味。几何形坡度均匀，几何形体明显，清晰表现各面的交接线，而不是采用弧形边界使其柔和化，从而在天然景观和设计地形之间形成强烈对比。如画形采用有机地形模仿天然地貌。

一旦地形形成，就因不同光照而形成不同的坡向条件，由此产生不同湿度的环境，如潮湿的北坡和干燥的南坡山脊，从而形成了不同植物的生长环境。再由这些湿度条件、植物和水文的联合作用产生了动物的栖息地。同时，坡向也是建筑选址的重要依据之一。

经典的景观作品往往都能够巧妙运用竖向设计创造丰富的空间。20世纪60年代末的大地艺术（Land Art）通常直接把土地作为雕塑材料，拉升、扭曲、挤压，具有极大的表现力。近年来，风景园林设计的整体性推动了竖向研究作为设计语言的发展，甚至"把建筑和基础设施看成是景观的延续或是地表的隆起。景观不仅仅是绿色的景物或自然空间，更是连续的地表结构，一种加厚的地面，它作为一种城市支撑结构能够容纳以各种自然过程为主导的生态基础设施和以多种功能为主导的公共基础设施，并为它们提供支持和服务"

（查尔斯·瓦尔德海姆，2011）。这些思潮使景观竖向关联众多相关专业，极大地拓展了专业领域并增强了生态性和艺术性。

【案例分析】

西园位于德国慕尼黑西南，处于高速公路与城市环路交汇处，建园前是一块平坦的采石场荒地，采石作业使植物难以生长，在该场地建设公园难度较大。另外，周围的交通十分繁忙，使得该区域的交通噪声很大，严重影响周围居民的日常生活。所以设计师采用大开挖的方式，沿地段东西纵深下挖6~8m，将开挖的土方堆叠在公园边界，土方达 $150 \times 10^4 m^3$，形成了长3.5km、高差25m的谷地，塑造了宁静如画的谷地景观（图4-61）。慕尼黑西园主要分为东西两个部分，中间由一座人行天桥相连接，地形处理是仿照阿尔卑斯山山前谷地的风景特征，谷地中是开阔的草坪，地形简明而抽象，谷地的尽端是平静的湖面。谷地形成了深远的视景线，并能很好地隔绝城市和周围嘈杂的交通，也为市民提供休息和运动的场所，同时，又与慕尼黑所处的阿尔卑斯山山前这一地理环境相协调。谷地周边的山坡上是各种休息和活动场地以及小花园，主要的场地有：啤酒园、玫瑰园、亚洲园林（仿制中国、日本、泰国等国的园林）、儿童游乐园、剧场等。

总之，设计师通过娴熟高超的竖向设计手法，有效解决了场地的功能问题，同时创造了如画的风景（图4-62）。

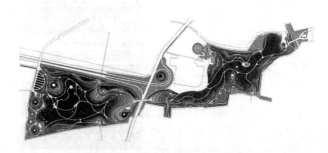

图4-61　慕尼黑西园竖向平面图

图4-62　慕尼黑西园中的草坡

4.5.1.2　地形与雨水

在自然界中，冰川、地表径流、风、波浪共同影响着地形地貌发展的基本过程。毫无疑问，水的作用是最大的，今天所见到的大部分地形地貌都是由水的侵蚀、沉淀或者其他作用形成。降雨达到地面后主要分成了3部分：渗透进土壤、停留在地表洼地以及沿着地表流动的地表径流。场地中的地形一旦形成，排水方式也就大体定形，雨水缓慢而悄悄地侵蚀着地形。因此，地形与排水设计如同人的左右手一样无法割裂。

一般而言，影响地表径流的数量和速度的因素有：土壤、植被和坡形。土壤产生的径流量则由土壤质地、有机物含量决定。一般来说，质地较小、有机物含量低的土壤渗透性较差，地表径流较多；植被在多方面影响地表径流，包括遮蔽土壤免于因雨滴溅落引起土壤颗粒的移动，通过增加摩擦减缓径流速度，植物根系的固坡作用同

时也可增加吸水能力；地形坡形、坡度和长度都会影响地表径流的流量和速度，通常，地表径流随着坡度的增加而增加。这些因素的组合形成了径流系数来反映地表的排水情况（威廉·马升，2006）。以往通常的排水方案的出发点是将场地中的雨水通过管道系统尽快排走，其消极后果已越来越明显。一方面，由于目前地面硬质化的大幅增加使得径流系数大增；另一方面，雨水汇集的时间大幅度减小，使得下游河流的洪峰及发生频率明显增加。因此，关于雨水调蓄的思想和设计方法便逐渐形成。雨水调蓄即为通过滞留雨水，增加下渗，使得开发以后的场地不引起雨水排放的净增长，以免对下游场地造成消极影响。

雨水调蓄的设计手法通常包括以下3个方面：

①增加下渗　即部分雨水引入设计的低洼场地，利用土壤的渗透功能，水在这些地方渗入地下，有时在低洼场地中还设置渗井以增加渗透面积，这对于补充地下水和减少雨水对场地的侵蚀都是有利的。

②建立蓄洪系统　这是最为广泛使用的方法，修建蓄洪盆地和相应的溪流，将雨水滞留，然后在一定时间内缓慢地把雨水释放出去，这种方法通过延长雨水汇集时间，减少雨水对相关河流的排放速度，有效减少河流的洪峰水量。

③合理开发场地　提倡集聚式开发，给开放空间预留出尽可能大的面积，以控制不透水面积的比例，同时，铺面尽可能使用透水材料。

这三方面的设计手法都不应仅仅是工程化的处理，都需要结合多功能的利用，如人们的娱乐、环境美化、栖息地的营建等（斯蒂芬·斯特罗姆·库尔特内森，2002）。

4.5.2　植物塑造空间

地形塑造和种植设计是风景园林专业的两个基本内容。与地形设计相比，种植设计更为复杂，需要考虑的因素更多，总体而言，主要有植物形态、生态习性和观赏特性三方面。就植物形态而言，表现为树木高度、形状、树冠密实度、分枝点位置；生态习性方面，则包括植物对土壤、水

分、阳光的适应性以及不同植物之间的相互关系；观赏特性则指植物色彩、质感、气味等。因此，某种程度上，种植设计如同一个处理不同参数相互变化、相互影响的系统工程。

4.5.2.1 植物形态

植物的空间塑造功能更多的与植物形态有关，在种植设计中，空间塑造是一个首要的研究内容。植物的空间塑造功能表现在形成空间的平面、垂面和顶面。在平面上，不同高度和不同种类的地被或者矮灌木可以暗示空间的范围。在垂面上，树冠是一个主要因素，树冠叶片的疏密度和分枝点的高度影响着空间的围合感。即使同一树种，夏天浓密树冠形成的密实空间。到了冬天落叶后，转变为由树枝暗示的疏朗空间。相对而言，常绿植物能形成比较稳定的空间效果。树干是在垂面上影响空间围合的另一要素，树干如同建筑中的立柱，暗示空间。植物同样能改变一个空间的顶

面，植物的种植间距和树冠密实度形成了室外的天花板，同时也影响垂面上的围合。因此，一般而言，植物的高矮、树冠密度、分枝点的高度和种植间距共同决定植物空间的围合感。

4.5.2.2 空地

空地和林地是种植设计的两个基本内容，如同图—底关系，密不可分，形成植物空间的基本结构。空地类型较多，可以是花坛、草地、地被等，植物高度较低；林地主要是树篱、树林等。

花坛有花丛花坛、模纹花坛和草坪花坛等类型。花坛尺度与视觉效果密切相关，平地上的花坛，面积越大，变形越大。这也是面积巨大的花坛往往通过道路划分成几个花坛组合，或者通过台地高差的处理获得相对较高视点的原因。

大面积的草地、地被空间，通常利用边界的林木和草地、地被内部的树丛，结合特定的地形地貌进行空间划分。因此，边界的林缘线和林冠

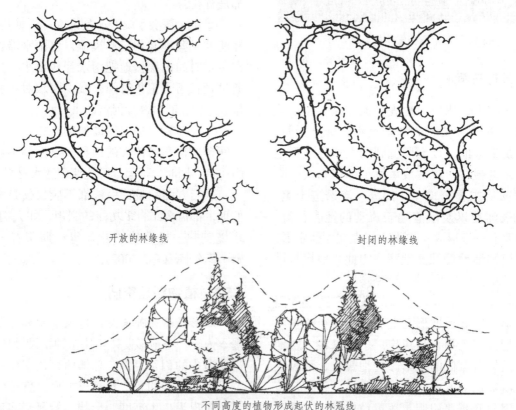

开放的林缘线　　　　　　　　　　　封闭的林缘线

不同高度的植物形成起伏的林冠线

图4-63　林缘线和林冠线

线处理就比较重要。林缘线是指树林边缘树冠投影的连线，是种植设计反映在平面布局上的形式，它是植物空间塑造的重要手段，空间的大小、景深、透景线的开辟，大多依赖林缘线。自然形态的草地、地被空间，林缘线如同水岸线一样曲折流畅，增加了草地、地被空间的流动性。林冠线是指树林空间立面形态的轮廓线，不同植物高度组合形成的林冠线，对游人空间感觉影响很大。自然形态的草地空间内部，往往会有树丛甚至是孤树，如同水面中的岛屿一样，它们是划分草地空间的重要手段，同时也是重要的视觉焦点（图4-63）。

一般而言，追求开阔雄伟效果的自然草地、地被空间，除了本身的尺度外，其边界的树林往往树种单一，间距较小，结构紧密，如果使用不同的树种，树冠形状、树高、分枝点等形态也经常比较相似，形成比较统一整体的林冠线。林缘线则前后错落，形成一定的空间深度，并有时开辟长长的透景线。例如，奥姆斯特德设计的希望公园（Prospect Park）东部著名的草坡长廊，地形处理成微凹的谷地，草坡长度达到千米，但两侧乔木树种并不多，形态统一，林缘线、林冠线结构清晰，将简单的植物材料巧妙地组合起来，形成了简明无尽的空间。

4.5.2.3　林地

树林有两方面的空间效果：一方面是在树林内部，在林冠下漫步观赏，视线透过重重树干，欣赏树林的幽深，使人们如同置身在一个巨大的建筑物中；另一方面是在树林外部，可以看到森林的外貌，表现为一个具有立体感的实体。这种双重的空间效果在交接地带表现得尤为强烈：从高大密闭的密林中出来，视野从郁闭到突然开朗，从黝黑、光影斑驳到阳光灿烂。这种双重的空间效果一样依赖于树林林缘线和林冠线的处理。

树林可以分为纯林和混交林。纯林由一个树种组成，因此林冠线相对整齐，在规则的空间布局中，林缘线清晰划一，形成简洁的空间界面，而在自然形态的种植设计中，通常要借助地形起

伏，形成林冠线的变化，同时，也要求林缘线更为自由灵活。在纯林下种植一种或者少量几种耐阴或耐半阴的草本植物，空间效果单纯壮阔。

混交林的林冠线结构可以是双层，即乔木层与地被层，也可以是多层，即乔木层、小乔灌木层与地被层。双层结构空间具有相当的通透性，由于树林内部光照不足，小乔灌木层多发育于林缘部分也就是树林与草地、水面交接地带以及林地内部的空地边缘；多层结构阻挡视线，使得混交林的实体感更强。因此，推敲林缘线双层和多层结构的组合和比例关系在很大程度上就是研究树林空间的通透和围合，同时，这种推敲必须和园路、总体布局中的透景线相结合（图4-64）。

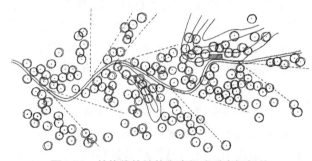

图4-64　林缘线的结构和空间感受密切相关

混交林的种植方式可以是将多种树木混植，或者按照不同树种分区种植。分区种植时，不同树种通常采用相互渗透的方式，这种渗透如能结合山脊谷地、溪流等地形地貌特征进行则效果浑然一体。

树林设计的一个重要问题便是树木间距。一方面考虑树林使用要求，例如，需要郁闭的密林，则以树冠连接、并有小面积重叠为好，间距稍少于树木生长稳定时期的树冠冠径，同时也不能忽视树冠下的空间；另一方面，树木间距应满足生态习性，考虑不同树种的生长速度、喜光性、耐阴、耐寒等特点，使其不会相互妨碍生长。最后，还需考虑经济因素，不浪费植物材料，因此经常将昂贵树种种植在树丛边缘。

4.5.3　硬质景观的塑造

风景园林中常见的硬质景观材料主要有混凝

土、砌块、钢材、木材等,从铺地到桥梁,每种建筑材料都必须在强度、刚度上满足基本要求。结构要传力,就需要足够的强度,同时又要保持结构的形状,也就需要有足够的刚度。有效使用材料就是发挥建材的特性,充分考虑材料色彩、质感和比例,推敲不同材料连接方式的细部构造,使其在经济合理的同时清晰简明。

4.5.3.1 铺装

铺装承载高强度的使用,并影响到空间的尺度感,同时铺装材料和造型还能创造视觉趣味。独特的铺装图案不仅能提供观赏,而且还能形成强烈的识别特色。

铺装材料通常有柔性材料、混凝土、石块、板材、砖等(图4-65)。柔性材料主要指砾石、粗砂等松软的铺装材料,朴素自然、透水透气,但必须使用钢板、木材等作为道牙固定边缘。

（1）混凝土

混凝土是由水泥、矿物骨料及水混合凝固而成的人工石材。水泥和水之间产生的化学反应,生成为黏合剂,从而把骨料紧紧粘结在一起。同时,各种添加剂可以加入混凝土拌合料中,改变其性质。例如,使用加气剂生产轻质、绝热混凝土等。混凝土分为现浇和预制。现浇混凝土具有很强的可塑性。另外,混凝土经久耐用,造价及养护费用低廉,这使得混凝土应用极广泛,它的缺点是自重较大,施工周期较长。

混凝土外观主要由色彩、质感、纹样三方面决定。混凝土的色彩由水泥和骨料决定,在水泥中添加染色剂能改变混凝土的颜色,但骨料的色彩对混凝土的影响从长远来看更大一些,骨料颜色选择范围也较大。质感对混凝土外貌的影响不亚于色彩,从抹光、滚花、划道到暴露骨料的表面,混凝土表面质感的粗糙程度可以多种多样。混凝土的塑性可以使其刻印出不同的图案和肌理,提供丰富的光影效果,可以模仿木材、花岗岩、砖等各种材料,也可以刻印出各种纹样,如文字、动植物图案等。透水混凝土因具有透水透气特点而应用越来越广泛,原因在于其骨料相对粗大,表面包覆一薄层水泥,使之相互粘结形成孔穴均匀分布的蜂窝状结构。

大面积的现浇混凝土必须设置伸缩缝,通常由沥清或橡胶填充,使路面的膨胀和收缩不至于导致铺装结构的破坏。伸缩缝的设置通常需要与铺装设计整体考虑,如结合雨水篦子,以保证铺装连续美观。另外,对于较大面积的混凝土铺装,通常会有防止路面龟裂的划块缝,划块缝较浅,不像伸缩缝那样把混凝土面层分割成独立的路段,同时赋予大片混凝土铺面的尺度感和视觉上的观赏趣味。不论是伸缩缝还是划块缝应该尽量与铺装边缘呈正交方式,在铺装为有机形时尤其如此。

（2）砌块

砌块是用指用于砌筑的各种天然或者人造产品,如块石、砖、卵石等。通常采用砂浆作为黏

图4-65　各种混凝土、砖、卵石、板材组成的铺装(引自ASLA网站、inla网站)

合剂，砌块材料往往在模数方面要求严格，砌筑的组合方式极为多样化，具有很强的感染力。例如就单块砖的位置就有 6 种：顺砖、丁砖、侧顺砖、立砖、侧立砖和陡砖，砌筑时又有对缝和错缝，那么组合方式之多可想而知。

卵石是最为普遍的铺地材料之一。卵石表面圆润，卵石铺地则呈现较强的质感，卵石亦有各种颜色，可以根据大小、色彩进行拼花设计，也可以与砖、瓦等其他材料结合。《园冶》中便谈到以砖瓦为图案框架，镶以各色卵石，图案有六角、套六角、套方、套八方等。卵石与瓦混砌的有套线、球门、芝花等。中国传统庭园中，也经常用块石砌筑道路，由于石块表面粗糙、形状又不规则，自然野趣，正如《园冶》中谈到的，"园林砌路，堆小乱砌如榴子者，坚固而雅致，曲折高卑，从山伸壑，惟斯如一"。

（3）板材

板材是指岩石加工成板状，分割成正方形、长方形、多边形等，厚度从一二厘米到十几厘米的石材。板材平面尺寸多种多样，并且可以为适合某一位置的尺寸需要而临时加工。板材材质多样，有沉积岩、火成岩、变质岩等。沉积岩多孔、硬度低，加工较为方便，但易受风化，强力作用下较易损坏，如石灰石。火成岩强度大，极为坚硬，耐磨性能很好，使用极为广泛的花岗岩便是火成岩。变质岩与火成岩一样坚固耐用，重量大，价格昂贵，大理石便是一种变质岩。铺设板材时，既可以放置砾石、粗砂这样的柔性基层上，也可以放置于混凝土这样的刚性基层上。为了增加板材表面的质感，通常有机刨、凿点、火烧、粗凿等处理方法。

4.5.3.2　台阶

台阶由一系列的踢面（垂直面）和踏面（水平面）组成，台阶的形式也决定了它是轮式交通工具的障碍，同时，行动不便的人士使用台阶也相当不方便。相应地，台阶的障碍性在一些条件下也能够很好地加以利用。例如，在公园入口，为禁止机动车出入，设置几级台阶，便起到了阻挡的作用。

台阶能以暗示而非实际围合的方式，划分出外部空间的界限。在一般的城市用地中，地面的标高变化并不大，然而会形成很强的趣味性。台阶的垂直边缘赋予了台地造型的特性，形成了横过场地的一条强烈的水平线。有些设计者还在踢面底部内缩，以便阳光照耀下，台阶形成阴影，进一步强调水平特性。在一些广场设计中，台阶能组合形成抽象的图案，并在阳光下产生明暗的线型变化，使其变得生动明快。在现代园林中，台阶常常表现出线的图案，犹如曲折的地形等高线。劳伦斯·哈普林（Lawrence Halprin）在波特兰市（Portland）所设计的爱悦广场（Lovejoy Plaza）以曲折复杂的台阶抽象模拟了自然界中的丘陵地形。

台阶有一个潜在的用途，就是作为非正式的休息场所。"台阶这一用途在那些繁华的公共行人区或市区多用途空间中，而且休息场所如长椅又极其有限的情况下，尤其有效。另外，人们都喜欢观察他人的活动。因此，只要台阶设置得当，它就会成为观众的露天看台"（诺曼·K·布思，1989）。

一组台阶具有明显的引导视线和人流的作用。"像台阶等暗示运动的要素通常要比那些处于静止状态的要素更引人注目"（托伯特，哈姆林，1982）。一般而言，尺度大的台阶比尺度小的吸引视线，弯曲布置的一组台阶比笔直布置的吸引人，因此，设计师们常常把台阶做得比实际需要大得多，而且多为曲线，原因就在于此。在意大利巴洛克台地园中，台阶是极其重要的构图要素，极尽夸张、弯曲变化之能事，使整个园林充满了强烈的动势（图 4-66）。

4.5.3.3　坡道

坡道是无障碍设计的一个重要内容。若干级台阶可以完成的高差转换，坡道则需要很长的水平距离。因此在空间受到限制的区域，为了满足规范所要求的距离和坡度，坡道经常设计成曲线或折线。同时，与台阶相比，在坡道上行走比较

图4-66　台阶的各种组合和空间效果（引自tclf.org、ASLA网站）

舒适，增加了可达性和便捷性。更重要的是，坡道本身也具有很强的表现力，并使得空间的变化具有渐变的特点，这也是坡道广泛应用的原因。

因此，坡道必须一开始就作为布局的一部分有意识地加以考虑，而不是到后期作为一种设施加以补充。坡道也可以与台阶一起考虑，坡道和台阶的组合实质上是把一组台阶沿对角切开，向外移动，距离为坡道的宽度，从而形成"之"字形的组合布局（图 4-67）。

4.5.3.4　墙

园林中的墙体可以由各种材料做成，土壤、木材、石头、各种金属板材、芦苇或者竹子构成的篱笆，以及填充砌块甚至蚌壳的笼墙（图4-68）。相比于建筑的墙体，园林中的墙体更多的接受日晒、风吹和雨淋，因此，更容易成为攀缘植物生长的场地，这样，植物的装饰也就成为墙体的一个部分。在中国古典园林中，墙体还通常作为背景使用，墙前种植几秆翠竹或者芭蕉、点缀若干景石，形成有生命的图画。

墙一般可以分为独立墙和挡土墙，常用材料一般为砌体、混凝土和木材。墙有时划分成压顶、墙体和勒脚。勒脚宽于墙体，在视觉上支撑墙体；压顶遮盖墙身，减少雨水入渗。

石材墙通常有浆砌、干砌之分。浆砌墙体采用水泥砂浆等黏合材料把块石结合在一起，因此，勾缝对浆砌墙体的视觉和构造效果比较重要。有时也会采用混凝土墙为芯，然后将块石作为面层砌于表面。干砌墙体则不用任何黏合材料，利用各个块石相互咬合在一起，形成一个稳定的墙体。一般而言，干砌墙体块石错落有致，较为美观，但对施工水准要求较高。砖墙形式很大程度上取决于砖的排列方式，就每层而言，有三七、二四等不同的组合，每层之间则有错缝、对缝等差异。混凝土预制块预先按照不同形状预制而成，造型丰富，也有浆砌、干砌之分，其墙具有独特的观赏特性。从视觉和构造稳定性方面，砌体墙通常会在收头、转角处加以强调，该处砌块经常在尺寸、纹理、材料异于相邻表面。

如同铺地，混凝土墙体也可现浇或者预制。

图4-67　坡道的组合和空间效果（引自ASLA网站，部分肖鸿埙摄）

现浇混凝土可随模具浇筑成各种形状的墙体，水泥和骨料决定混凝土墙体的品质。拆模后，不同模板形成的不同纹理便留在混凝土表面。例如，光滑的钢板形成刚硬平整的表面，粗糙的木模板则显示了木纹，塑料板可使混凝土具有石材般的光滑表面。另外，也可以通过墙面处理形成不同的质感肌理，例如混凝土初凝后酸蚀或冲洗形成的骨料外露；凝固后的锤凿处理形成的肋形表面等。

木材具有各种尺寸，可以按照需要的任何方式建造墙体，既可做成通透的栅栏形式，也可做成封闭的实体。还有一类比较特殊的墙体——笼墙。顾名思义，笼墙即为编织笼内添加填充物而成，笼通常采用金属编织，填充物则种类繁多，从砌块到各种废弃材料都可以，有利于材料的重复利用。笼墙具有较大的空隙，作为独立墙体使用，光影斑驳；作为挡土墙使用，透水透气；作为驳坎使用，还支持水与岸水体、微生物的沟通。

4.5.3.5　桥

桥除了沟通交通外，通常也是有效划分空间的方式，同时，桥上一般视线通透，如是拱桥、空中栈桥，则视点较高，是较好的观景场所。反之，桥通常也是景观的焦点，这便是设计师重视桥梁设计的原因。桥的形式很大程度上源于其结构方式，梁柱桥和拱桥是风景园林中较为普遍的桥梁形式，石、木、钢、混凝土是常用材料。栏杆作为桥梁几乎唯一的围护构件，对桥的形象也有相当的影响（图4-69）。

木梁柱桥一般形式简洁、构造简单，为了增加木梁跨度，逐渐发展产生了伸臂木梁桥，层层出挑。石料是一种脆性的材料，抗压不抗拉，作梁板等受弯构件本不太理想，但石料耐久、来源丰富，因此石梁桥一直广泛使用。为增加跨度，有的石梁桥桥墩按丁顺的砌筑方法逐渐外伸，形成叠涩结构。而有的则在桥墩位置架起斜撑梁，形成八字斜撑石梁桥，并由三边逐渐发展到五边、七边，演化为石拱桥。钢、钢筋混凝土是目前梁桥最为主要的材料，可以形成较大跨度。

拱桥形式由河道宽窄、水速、交通方式等各种因素决定。拱券形式是拱桥最具有表现力的部分，

图4-68 墙体的不同材料和各种组合

（引自ASLA网站、inla网站）

图4-69 不同的材料和构造方式形成不同形式的桥（引自inla网站）

大致可以分为砌体拱和刚性拱，砌体拱多由石材组成，形式多种多样，有半圆、马蹄、圆弧、锅底、椭圆及折边拱券等。石材坚固耐久，因此石拱桥相当普遍。石拱的拱跨不能过大，有时为了尽量减少桥身体量，常常会把桥身做成双向反弯的曲线，使桥形流畅优美，如颐和园的玉带桥。刚性拱通常由钢、钢筋混凝土等弯曲刚性构件组成，形成较大跨度，能承担一定的弯曲应力，桥体或为空腹，或为敞肩，轻盈灵动。有的钢拱、钢筋混凝土拱与拉索结合，造型更为丰富。

木拱桥是我国独创的拱桥类型，又称为"虹桥"。据考证，木拱桥始于北宋，《清明上河图》中便绘制了一座横跨汴水的大虹桥。虹桥木拱骨一般分成两个系统，每一系统单独存在时都是不稳定的，因此通常在两个系统之间设置横木，横木联系拱骨，使之成为稳定结构。木材忌水，因此古代虹桥常常在桥上建廊，廊出檐深远，有效遮挡雨水，并在桥身两侧，鳞叠钉上木板以挡雨。桥台亦多用块石砌筑，排水通畅。因此，百年虹桥不在少数。由于木材轻巧，木拱桥的拱跨可以长达三四十米，超过了古代石拱最大跨度的赵州桥。

小　结

空间不仅仅是一个抽象几何化的物理空间，并且被赋予从外围区域环境中提炼出来的特性和气氛。这种特征和气氛包括了有材料质感、形状、肌理和色彩的有形物体，更多的是包括了无形的文化交融，也就是某种经过人们长期使用而获得的印记。风景园林空间设计形式具有多样化的来源：场地中随着时间而层叠在一起的自然和文化系统的转译；从第一自然、第二自然中的抽象；几何和数理关系的控制；历史形式的延续以及象征与隐喻手法的应用。风景园林的空间一般由地形、植物和硬质景观形成，不同材料具有不同的构建特点，并使空间具有不同的特征。

思考题

1. 风景园林空间的主要形成方式与相应的空间元素有哪些?

2. 以某个花园为例，分析其路径组织、中心构成和边界处理。

3. 风景园林空间形式的来源有哪些? 分别举例说明。

4. 在一块 $3000m^2$ 的空地上，分别采用地形、植物和墙体围合出相同界面高度和相同面积的空间，试分析不同材料围合空间的区别。

推荐阅读书目

1. 西方现代景观设计的理论和实践 . 王向荣，林箐 . 中国建筑工业出版社，2002.

2. 建筑：形式、空间和秩序 . Francis D K Ching 著，刘丛红译 . 天津大学出版社，2005.

3. 景观建筑：形式与纹理 . 凯瑟琳·迪伊著，周剑云等译 . 浙江科学技术出版社，2003.

4. 风景：诗化般的园艺为人类再造乐园 . 查尔斯·莫尔等著，李斯译 . 光明日报出版社，2000.

5. 城市公园设计 . 艾伦·泰特著，周玉鹏等译 . 中国建筑工业出版社，2005.

6. Gardens Design. Sylvia Crowe. Garden Art Press，2003.

第5章

风景园林与自然生态系统

5.1　自然生态系统的基本原则

随着宇航员在太空中拍摄了地球的第一张照片，人类历史上第一次能够完整地观测地球，并意识到这个盘旋在太空中的、人类已知的唯一家园，是多么的孤单和脆弱。

自20世纪六七十年代以来，经济发展和城市繁荣带来了污染的急剧增加，严重的石油危机把人们从工业时代的富足梦想中唤醒；人们开始思考环境危机的根源，认识到靠一味攫取自然资源来扩大生产的资本主义运作方式会导致资源的枯竭。

1962年美国生物学家蕾切尔·卡逊（Rachel Carson）出版了《寂静的春天》一书，书中阐释了农药杀虫剂DDT对环境的污染和破坏作用。该书被认为是20世纪环境生态学的标志性起点，引发了公众对环境问题的注意，促使环境保护问题提到各国政府面前，各种环保组织纷纷成立。1972年6月12日在斯德哥尔摩召开了"人类环境大会"，各国签署了《人类环境宣言》。

一系列全球性重大课题，如国际生物学计划（IBP）、人与生物圈计划（MAB）以及国际地圈—生物圈计划（IGBP）等，也自20世纪60年代开始相继提出，使人们对"地球村"上受到严重威胁的各类大大小小的生态系统的研究有了飞速的发展。

自然生态系统（ecosystem）是指由生物群落与无机环境构成的统一整体，是人类生存和发展的基础。自然生态系统是数十亿年演化而形成的，

在人类产生之前，这种演化一直是朝着有利于人类产生的方向发展的。虽然一些著名科学家认为，生态系统对于人类而言还是个谜，人类对生态系统的认识和实质还知之甚少，但目前自然生态系统的研究已经取得了一定的成果，自然生态系统的一些基本的原理，应当被风景园林设计师所遵循和运用。

5.1.1　生态适应性

任何一种生物的生存环境都是由众多生态因子构成的，如气候（包括温度、湿度、光、降水、风、气压等）、土壤、地形、生物（包括生物之间的各种关系，如捕食、寄生、竞争和互惠共生等）。这些因子彼此之间相互作用、相互组合，构成了多种多样的生境类型。生物的生存和繁衍都依赖于这些特定的生境类型，生物仅在特定的环境下生存和发展。

以植被为例，植被的发育、形成和分布与环境条件具有密切的统一性。一般来说，从低海拔处向高海拔处，气温、降水量、大气湿度、风力、光照和其他气候因子及其配合方式都会有很大变化。因此，海拔较高的山体，从山麓到山顶，可以看到植物种类不断地变化，形成一定的植被垂直带谱（图5-1）。

也正是因为植物对环境的适应，植物分布状况的改变也反映出环境的变化。科学家发现，非洲的箭筒树开始在它传统的分布地区——南部非洲消失，向高纬度（靠近南极）和高海拔（山顶）的地方迁移，以此躲避不断升高的气温。

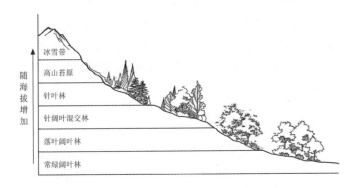

图5-1　垂直分布模式

风景园林实践中，保护当地生物的生存环境，以及根据当地的环境条件进行植物景观和生物栖息地的营建，是设计师首先要遵循的原则。随着全球变暖，一些南方树种有可能在更北一些的地方生活，在经过科学论证的基础上可以尝试进行引种试验。但是如果完全不顾植物的生长要求直接南树北移，运用到绿地中，是不符合科学规律的。前些年，有个别长江流域城市在城市绿地中种植华南植物，用昂贵的养护管理措施，甚至地热来维持其生存，是反生态的。

5.1.2　相互影响相互制约

生态系统中的生物与生物之间，生物与环境之间以及不同生态系统之间，均存在相互依存和相互制约的关系，彼此影响。这种影响有些是直接的，有些是间接的，有些是立即表现出来的，有些需滞后一段时间才显现出来。

例如，关于红树林的报道屡见不鲜。红树林曾经覆盖了热带和亚热带 3/4 的海岸线，它在净化海水、抵挡风浪、保护海岸、改善生态状况、维护生物多样性和沿海地区生态安全等方面发挥着重要作用。但气候的变化和人类对自然的干预带来了生存环境改变，现在只有一半的红树林得以幸存。红树林的减少，带来的是动物栖息环境的变化，海洋水污染日益严重，赤潮时有发生等，导致沿海鱼类减少，引起海洋食物链的波动，最终引起生物多样性的危机。

因此，在风景园林的实践中，设计师特别要注意调查研究，查清场地内部与外部各要素之间的关系，如植被、动物、山体、水系、建筑、交通等现状条件，总体考虑建成项目可能会产生的环境影响，无论是短期的还是长期的，明显的还是潜在的，做到统筹兼顾。

5.1.3　食物链原理

生态系统中的能量流动，是借助于食物链和食物网来实现的。通俗地讲，就是各种生物通过一系列吃与被吃的关系，彼此之间互相紧密地联系起来。在风景园林实践中，根据食物链原理进行"减链"或者"加环"，可以保护自然环境，提高资源的利用效率。

众所周知的桑基鱼塘就是食物链"加环"的一个案例。最初，种桑养蚕和鱼塘养鱼并没有结合起来，蚕沙（蚕粪）只是作为肥料回归土壤，直接被分解者分解。但是农民们经过长期的经验积累，逐渐发现蚕沙可以作为很好的养鱼饲料直接利用，而塘泥富含营养物质，有利于桑树生长，就这样，形成了池塘养鱼、塘边种桑的模式，随着种桑养蚕增多，蚕沙量增多，塘鱼的饲料也增多，于是在大量发展养蚕的同时，淡水鱼业也大量发展起来了（图 5-2）。

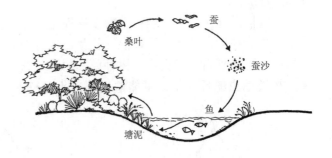

图5-2　桑基鱼塘模式

5.1.4　能量守恒原理

不同地区，每单位面积里可供利用的光能是一定的，单位面积中光能能够转化成的化学能也是一定的。因此，一定地区单位面积里植物叶片的面积（即进行光合作用将光能转化为化学能的能量转换器的数量）也是有限的。所以不同气候带条件下，植物层次和密度是由自然条件决定的。在我国，自然植被的层次从南至北呈现出逐渐减少的现象，就是这个原因。因此，城市绿化应当根据当地的光热条件选择合理的层次和密度，不可盲目追求多层次、大密度，否则只会引起植物的死亡和造成巨大的浪费。

5.1.5 多样性带来稳定性

一个由众多生物物种组成的复杂生态系统总是比一个只有少数几种物种组成的简单生态系统，更能承受自然灾害或人为干预的打击，从而保持较好的稳定状态。这是因为复杂的生态系统食物网也复杂，能量、物质和信息输入输出的渠道众多密集，因而流量大、速度快、生产力高、生态系统抵抗外力干扰的能力就越强，一般不会由于某一种生物的消失而引起整个生态系统的失调。即使个别途径被破坏，系统也会因多样物种之间的相生相克、相互补偿和替代而保证能量流、物质流、信息流的正常运转，使系统结构被破坏的部分得到修复，恢复原有的稳定态或形成新的稳定态。在物种特别丰富、结构特别复杂的热带雨林，这种对抗灾害的稳定性是最强的，因为这被认为是维护地球生态系统最健全、最重要的一种森林生态系统。

在风景园林实践中，维护生物多样性是一个重要的生态原则。例如，针阔混交林就比树种单一的纯林更能抵御自然灾害。树种单一的马尾松林，在松毛虫的侵害下，可能遭受到巨大损伤，乃至被毁；而非单一树种组成的针阔混交林的稳定性就强得多，即使遭受危害，也只是部分的，某种程度的，一般不会是毁灭性的。因此，在环境条件允许的情况下，应当尽可能地建立复合的群落结构而不是单一的植被。

5.1.6 生态金字塔

生态金字塔把生态系统中各个营养级有机体的个体数量、生物量或能量，按营养级位顺序排列并绘制成图，其形似金字塔，故称为生态金字塔或生态锥体。可分为能量金字塔、生物量金字塔和数量金字塔3类。生态金字塔可表示生态系统的营养结构和能流过程（图5-3），每经过一个营养级，能流总量就减少一次，能量在逐级流动中的传递率一般只有百分之几到20%，林德曼（R. L. Linderman）在研究湖泊生态系统能流时，首次发现能流在各营养级间的传递率约为10%，并称为"1/10规律"。这就导致前一个营养级的能量只能满足后一个营养级少数生物的需要，营养级越高的物种，个体数量必然越少。

在风景园林实践中，最能体现生态金字塔原理的就是尽可能地增加食物链中的生产者——绿色植物的数量，才能产生更多的氧气，提供更多的食源，吸引更多的动物，提高生物多样性，使人们的生活环境更加健康。具体方式有保护森林、湿地等自然环境，尽可能在城市中增加绿量，使用乔灌草复合的群落结构而不是单一的大草坪或者稻田，保护场地上原有的植被群落等。

图5-3　生态金字塔

5.1.7 群落

群落，又称为生物群落，是指具有直接或间接关系的多种生物种群的有规律的组合。自然界中的植物群落是不同植物在长期的生长发育过程中，在不同的气候条件及生境条件下相互作用、相互适应而自然形成的，其组成具有复杂的种间关系和一定规律。

在风景园林实践中，可以通过四季植物景观群落模式强调植物群落的季相变化，在不同季节呈现出色彩斑斓的景象。此外，模仿自然植物群落，创造自然性、多样性、稳定性的近自然植物群落，既能满足人们亲近自然、感受自然的需求，又能维持植物的原生状态，保持生物多样性，降低养护管理成本。北京奥林匹克森林公园植物景观的营造，力求通过运用适当的乡土植物，充分模拟自然植被群落层次结构，创造出近乎天然的植物景观。瑞典马尔默的铁锚公园塑造了一个代表斯堪的纳维亚自然特点的海岸、草地和树林的景观，镶嵌在周围规整的住区建筑中。河岸草地中有4个与瑞典4种典型的生物群落相对应的区域：赤杨沼泽、山毛榉树林、橡树林和柳树林，它们各自形成了一个微型的生境群落岛，不需要人为的照料，自行生长、自然演替，反映出地域的特征。

5.1.8 群落演替

演替是一种导致生态系统更复杂和更稳定的变化过程，演替也意味着在某一特定地区内总的生物量的增加。演替不断地从一个阶段向另一个阶段发展，直到变化率低到不可测知的程度，代之而起的是一个成熟的群落，称为演替顶级群落。群落演替是一个高度有序而且可以预测的过程，通过演替，群落最终都要发展成为完全由当地气候所决定的顶级植被群落。

例如，火山活动把海底的一部分挤出海面形成一个岛，在海洋中出现了一片新的土地。最初，这片土地上没有土壤，也没有任何生命；后来，落在这片土地上歇息的鸟儿带来了低等植物孢子，如地衣和藓类。这些最初的有机体是定居该岛的先锋群落。这些初始的群落在火山灰上创造了薄薄一层土壤，于是野草的种子便在上面生根。一级消费者，如昆虫，可能是从邻近的岛上随风吹来的；鸟儿也可作为一级消费者参加这个新的生态系统。一旦草和其他植物使土壤层加厚，这个生态系统中就会有灌木，最后还会有乔木。经过漫长的岁月，随着大量植物的生长，这个系统便从一片草地变成了一片森林。随着这个群落中植物的变化，动物群体也发生变化（这种变化取决于哪些动物能够到达这个岛）。

如果是发生在森林气候环境下，其演替过程可概括为：裸岩→地衣群落→苔藓群落→草本植物群落→灌木群落→乔木群落（图5-4）；如果发生在淡水湖泊里，其演替过程可概括为：开敞水体→沉水植物群落→浮水植物群落→挺水植物群落→湿生植物群落→陆地中生或旱生植物群落。群落演替的阶段是依次进行的，不可跳跃。当演替处于早期阶段，系统对干扰的抵抗力弱，但是恢复能力强；而当植被达到演替顶级阶段时，它的抗干扰能力强，而恢复能力弱。

群落的演替在自然界里是普遍现象，而且是有一定规律的。掌握群落演替的规律，在风景园林实践中可以对其进行科学有效的管理、干预，加快、中断或者引入演替的进程。"欧洲里尔"公园绿地设计中的核心组成部分是以"城市中的原始森林"为主题的生态岛。该岛面积约400m²，高度约7~8m，其基座是用水泥浇筑建筑垃圾，并在其上覆土而成，该基座在记录里尔市建筑材料发展历史的同时为植物的自然演替留下了生长空间。生态岛上的植被均是自然生长、自然演替，该公

图5-4 群落演替

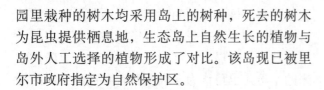

园里栽种的树木均采用岛上的树种，死去的树木为昆虫提供栖息地，生态岛上自然生长的植物与岛外人工选择的植物形成了对比。该岛现已被里尔市政府指定为自然保护区。

5.1.9 边缘效应

边缘效应作为一个生态现象和生态学概念越来越为更多的人所重视，因为它与物种保护、生态环境保护等自然保护和开发利用以及生态恢复、生态建设等人类参与自然活动的关系十分密切。现代生态学所论及的边缘效应是指：在两种或多种生态系统交接重合的地带通常生物群落结构复杂，某些物种特别活跃，出现不同生态环境的生物种类共生的现象，种群密度也有显著的变化，竞争激烈，生存力和繁殖力也相对更高。例如，森林生态系统的林缘地带植物种类更丰富，花繁草茂的程度远甚于森林内部；海洋的高产区都集中在同陆地、岛屿交接的地方或河口、海湾地区。其原因是：在边缘地带会有新的微观环境，导致高的生物多样性；边缘地带为生物提供更多的栖息场所和食物来源，允许有特殊需求的物种散布和定居，从而有利于异质种群的生存，并增强了居群个体觅食和躲避自然灾害的能力。

在风景园林实践中，要充分利用不同生态系统之间的边缘效应，把这种边缘效应结合在设计之中，注意不同生境交接地带的保护、规划和设计。例如，对于具有丰富的物种多样性的水陆过渡带，规划中要考虑到这种自然状态给人类带来的生态服务、自然保护和休闲功能，不宜用简单的水泥护衬，破坏原来多样的生境。

5.1.10 生态系统的反馈调节

自然生态系统属于开放系统，具有自我调节机制，所以在通常情况下，生态系统会保持自身的生态平衡。当生态系统达到动态平衡的最稳定状态时，它能够自我调节和维持自己的正常功能，并能在很大程度上克服和消除外来的干扰，保持自身的稳定性。有人把生态系统比喻为弹簧，它能忍受一定的外来压力，压力一旦解除就恢复原

初的稳定状态，这实质上就是生态系统的反馈调节。例如，对于一些稍稍受损的生态系统，我们可以利用生态系统的反馈调节机制进行调节，封闭起来，让其自然愈合，恢复到健康状态。在一些大型的城市公园中，设计师有时也会划出一定范围的土地，让其自然自由地进行自我管理，避免人为干预带来影响，利用生态系统的反馈调节进行生态恢复，同时进行生态知识的教育和展示。

但是，生态系统的这种自我调节功能是有一定限度的，当外来干扰因素（如火山爆发、地震、泥石流、人类修建大型工程、排放有毒物质、喷洒大量农药等）超过一定限度时，即"生态阈限"，生态系统的自我调节功能就会受到损害，从而引起生态失调，甚至导致生态危机。而恢复被破坏的生态系统是一项非常困难和复杂的任务。

5.1.11 物质循环

生态系统的能量流动推动着各种物质在生物群落与无机环境间循环，各种物质都能以可被植物利用的形式重返环境是生态系统运动的基本原理。这里的物质包括组成生物体的基础元素：碳、氮、硫、磷等，也包括以 DDT 为代表的、能长时间稳定存在的有毒物质。

根据循环途径不同，物质循环可以分为气体型循环、水循环和沉积型循环 3 种。

元素以气态的形式在大气中循环即为气体型循环，又称为"气态循环"，气体型循环把大气和海洋紧密连接起来，具有全球性。碳循环和氮循环以气态循环为主（图 5-5）。

水循环是指大自然的水通过蒸发、植物蒸腾、水汽输送、降水、地表径流、下渗、地下径流等环节，在水圈、大气圈、岩石圈和生物圈中进行连续运动的过程。水循环是生态系统的重要过程，是所有物质进行循环的必要条件（图 5-6）。

沉积型循环发生在岩石圈，元素以沉积物的形式通过岩石的风化作用和沉积物本身的分解作用转变成生态系统可用的物质。这些物质主要的储存库是土壤、沉积物和岩石，故其循环性能很不完善。属于沉积型循环的物质有磷、钙、钾、

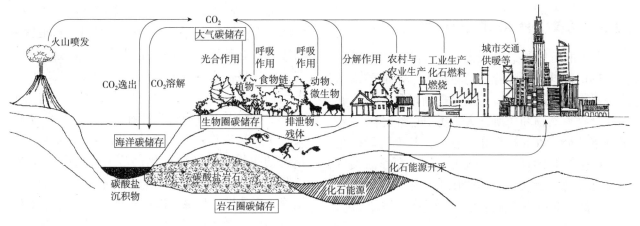

图5-5 碳循环

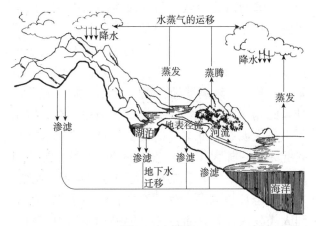

图5-6 水循环

钠、镁、铁、锰、碘、铜和硅等，其中磷和硫是较典型的沉积型循环物质。

以上3种循环类型将整个生态系统联系起来，由于气态循环和水体循环具有全球性，这个生态系统并非家门口的一个小水池，而是整个生物圈、大气圈、水圈和岩石圈的结合。例如，2008年5月，科学家曾在南极企鹅的皮下脂肪内检测到了脂溶性的农药DDT，这些DDT就是通过全球性的生物地球化学循环，从遥远的文明社会进入企鹅体内的。

理解自然生态系统永恒的物质循环的意义在于，在风景园林实践中，我们在每个角落的实践，其作用都会或大或小地对全球环境带来一定的影响，也会给地球的另外一个角落带来直接影响。至少，我们在实践中要避免使用有毒物质，尽可能使用可再生物质，尽量保证废物再利用，尽量采用雨水花园、绿色屋顶等技术措施来促进水循环等。

5.2 人类社会与自然生态系统

5.2.1 人类依赖自然生态系统

人类自从定居地球以来，在短暂的200万年时间内，和其他生物一样，一直依赖着自然生态系统，一直是从这个自然界自由地索取，又自由地将产生的废物排入自然生态系统之中去，通过自然生态系统的再循环机制消除其使用后的废物。除此以外，自然生态系统还为人类提供了其他一些免费的、但是非常有价值的利益和服务，如生物多样性维持、虫害控制、作物授粉、泄洪、美学价值以及娱乐等。

直到20世纪之前，尽管自然生态系统在地球的某些局部由于有些过负荷，曾经给我们人类一次次的报复和警示，但它还一直容纳着人类社会而没有崩溃。但是，我们必须认识到，虽然人类社会是依靠自然生态系统的，但自然生态系统并不依靠人类社会体制。一旦社会经济崩溃，自然生态系统仍然可以继续正常运行。可是，人类活动如果给自然系统造成不可挽回的损害，迟早要产生严重的后果。

5.2.2　人类对自然生态系统的干扰

人类的行为塑造着一代又一代的人和人所居住的环境。这些行为背后的驱动力非常简单，那就是需求——随着人口数量的逐渐增长，需要更多的食物、衣物和居所。人类历史已经经历了采集狩猎社会、农业社会和工业社会几个阶段，在这一社会进化的过程中，人类一直是在养活人口的压力和追求物质享受的驱使下，在广度和深度两个方面不断地干扰着自然生态系统的平衡发展。

5.2.2.1　采集狩猎社会时期

在人类 200 万年的存在历史中，除了最近的几千年外，人类一直是结成移动的小群体，通过采集食物和猎取动物相结合的方式来获取生存资料。毫无疑问，这是人类对自然生态系统损害最小的生存方式。当一个部落的人口增加到一定程度，在步行范围内已经不能获得充足的食物时，整个部落会迁移到另一个地方去，或者部落化整为零迁徙到不同的地区去；这些部落还随着季节的变动和动物的迁移而搬迁，以便取得充足的食物并使所费劳动最少。此外，他们还通过杀婴、弃婴或者遗弃一些得病的老人等方式来控制部落的人口数量使得人口规模和食物供应基本能够保持平衡。

由于此时的采集者和狩猎者人数不多，仅仅通过自身的力量来开发利用自然，仍然都属于"自然界中的人"，通过适应自然来求得生存，对环境的影响很小。

5.2.2.2　农业社会时期

人类靠着采集和狩猎生活了大约 200 万年。然后，在公元前 7000 年左右，一种非常不同的生存方式出现了，它建立在对自然生态系统的巨大改变之上：生产谷物，为放牧提供牧场。这种强有力的谷物生产系统形成了人类历史上最重要的转变，由于它能够提供数量多得多的食物，就使得人类社会可以演化为定居的、复杂的、分出等级的各种形式，使得人口快速增长成为可能。

农业的产生，以及随之而来的两种结果——定居社会和人口的增长，对环境施加了越来越大的压力，这种压力一开始是局部的，但是，随着农业的扩展，它的效应也在扩展。若干文明中心出现，人口日益增加，需要更多的食物，需要更多的木材作为燃料和建筑材料。为满足这些需求，大片森林被砍伐，大面草原被开垦，许多野生动植物的生境被破坏而退化，乃至某些物种灭绝。已开垦地区经营管理不善常常使得土壤侵蚀大大加速，森林进一步遭受破坏，牧区出现过度放牧，使曾为肥美草原的地方变成沙漠；水土流失还导致河流、湖泊和灌溉渠道的淤塞。

我国的西北地区之所以成能够为中华民族文明的发祥地之一，是由史前时期良好的生态环境决定的。历史上西北地区气候暖和湿润，天然植被繁茂，极适宜于人类生存。例如，发现于甘肃省秦安县的大地湾遗址、陕西西安市的半坡遗址、甘肃的马家窑文化等古人类文化遗存，充分展示了中华文明在西北兴盛的历史。农耕文化大规模兴起之后，加大了对生态环境的干扰性，最终引起生态环境中各个系统的变化和生态景观的改变，导致生态环境问题产生。而生态环境恶化又影响到人类发展，在两者的相互影响和制约中，西北地区的经济、社会和文化经历了由繁荣到衰落的变迁。中东、北非、地中海地区在前3500—公元500 年间都曾经有过经济和文化非常繁荣的农业文明，但这些文明都建立在掠夺性开发土地资源的基础上，结果终于走向衰落（如苏美尔文明、地中海古文明、古丝绸之路沿线文明等）。

5.2.2.3　工业社会时期

18 世纪中叶开始于英国的工业革命，是自然资源开发利用史上的一个里程碑，也是人类历史上最重大的文明进程之一。自此，小规模的手工生产被大规模的机器生产所取代；以牲畜为动力的马车、犁耙、收割机和以风为动力的帆船被以矿物燃料为动力的火车、汽车、拖拉机、收割机和轮船所取代。这些技术革新和发明，构成了工业社会的基础。

发达工业社会使业已存在的资源问题和环境问题更趋尖锐，并且，由于自然生态系统的运行方式，这些问题的性质也变得更为复杂，人类社会所依赖的一些至关重要的资源、全球环境调节机制、土壤、水、空气和生物多样性正在退化和遭到破坏。这些改变，使物质循环不能畅通地进行，某些物质在局部富集或缺乏，超过了生态系统对它们的负反馈自净作用的阈限，导致生态平衡的严重失调，进而产生不利于人类和其他生物生存的环境效应。

以温室气体为例，如果大气中没有温室气体捕获向太空离去的红外辐射，地球的平均温度会是大约 $-18℃$，对生命来说温度太低。这些气体，尤其是二氧化碳和甲烷，使地表温度维持在大约 $15℃$。但是，在最近的 200 年中，人类对矿物燃料（煤、石油、天然气等）的过度依赖和热带雨林的砍伐，极大地增加了大气中二氧化碳、甲烷和氮氧化物的含量，造成全球气温的不断上升。2008 年，二氧化碳的含量达到了几百万年来的最高水平值即 387mg/L。目前认为会造成灾难性气候变化的大气二氧化碳水平值临界点是 450mg/L，就目前全球排放率看，20 年内就可能达到。

酸雨已经成为全球性重大环境问题之一。全球二氧化硫的排放量在过去的 130 年中增加了 15 倍。大气中的二氧化硫在强光照射下，进行光化学氧化作用，并和水汽结合而形成硫酸，使雨雪的 pH 值下降。这些酸雨在地下水中解离，能直接伤害植物，使棉花、小麦和豌豆等农作物明显减产。另外，酸雨能引起土壤性质的改变，主要是使土壤酸化，影响微生物数量和群落结构，抑制硝化细菌、固氮细菌等的活动，使有机物的分解、固氮过程减弱，因而土壤肥力降低，生物生产力明显下降。

采矿、废气排放、污水灌溉和使用重金属制品等人为因素所致的重金属污染，在进入生态系统后就会存留、积累和迁移，造成危害。如随废水排出的重金属，即使浓度小，也可在藻类和底泥中积累，被鱼和贝的体表吸附，进入食物链，最终在食物链的顶端聚集，从而造成公害。

1945 年后，工业日益大量地生产合成化学品，如洗涤剂、肥料和杀虫剂等，其中许多无法被自然降解，以致在环境中积聚。以剧毒杀虫剂有机氯化物 DDT 为例，这些剧毒品影响着周围地区的野生动物和植物，影响使用这些化学品的农业工人，影响当地居民的生活环境。而且，它们会扩散进入溪流并深入土层进入地下水，进入全球的地球化学循环，这也就是在遥远的南极企鹅的体内发现 DDT 的原因。

同时，现代工业社会和现代消费模式生产了大量的产品，也产生了日益增多的废弃物。由于再利用和再循环仍处于低水平，通常采用的废弃物处理方式是焚化、倾倒进海洋或者填埋在陆地某处，其结果是将污染因子释放到大气中，损害海洋生态系统或者是损害土壤以及周围的动植物群落。

面对日益严峻的能源危机和化石燃料对环境的污染，在开发新能源领域中，核能被认为是最高效、最清洁的能源之一，然而，它的安全性备受质疑。尽管出现核事故的概率很小，但实际上每一次事故带来的影响是无法估量的。1986 年的苏联切尔诺贝利核电站核泄漏事故被定义为最严重的 7 级。当年 4 月 26 日，位于今乌克兰境内的切尔诺贝利核电站 4 号反应堆发生爆炸，8t 多强辐射物泄漏。这次核泄漏事故使电站周围逾 6 万 km^2 土地受到直接污染，320 多万人受到核辐射侵害，造成人类和平利用核能史上最大的一次灾难。2011 年日本地震引发的福岛核泄露危机，其带来的生态恶果更是无法估量的，以致日本政府决定暂停政府以前制定的以核电为主的能源发展计划。

由于生态系统各组成部分相互依赖关系极为复杂，上述各个单一因素的恶化也会带来其他的一些影响。例如，大气层中二氧化碳浓度的升高可导致海洋酸化和温室效应，温室效应不断积累又对气候带的变化起作用，而气候带的变化可加剧土地利用变化和增加淡水的消耗。气候带的变化、海洋酸化、氮磷循环的破坏以及化学污染又会破坏生物多样性。

5.3　风景园林实践中的生态伦理

生态伦理即人类处理自身及其周围的动物、环境和大自然等生态环境的关系的一系列道德规范，通常是人类在进行与自然生态有关的活动中所形成的伦理关系及其调节原则。席卷全球的生态主义浪潮促使人们站在科学的视角上重新审视风景园林行业，风景园林师们也开始将自己的使命与整个地球生态系统联系起来。1969年，宾夕法尼亚大学风景园林和区域规划的教授伊安·麦克哈格（Ian McHarg，1920—2001）出版了《设计结合自然》一书。书中运用生态学原理，研究大自然的特征，提出创造人类生存环境的新的思想基础和工作方法。这是对自然和文化的一种全新认识。

现在，在一些风景园林行业发达的国家，遵循生态伦理的生态主义设计早已不再是停留在论文和图纸上的空谈，也不再是少数设计师的试验，而是已经成为风景园林师内在的和本质的考虑。越来越多的风景园林师在设计中遵循一些生态伦理，如尊重自然发展过程，倡导能源与物质的循环利用和场地的自我维持，发展可持续的处理技术等。通常，遵循生态伦理的表现形式是多方面的，只要一个设计或多或少地遵循了这些伦理，都有可能被称作"生态设计"。

5.3.1　节约能源

——保护和节约不可再生的能源；

——尽量使用可再生的能源；

——利用自然要素，减少能源使用。

对于一些不可再生的能源，如煤、石油、天然气等矿物燃料，要保护和节约使用；对于太阳能、风能、水力、潮汐能、生物质、地热能以及其他清洁能源如氢气等可再生的能源，可加大对其开发利用的力度。这样，我们就可以进行可持续发展，实现资源的永续利用。瑞典哈默比湖城(Hammarby Sjöstad) 位于斯德哥尔摩中心城区的东南边缘，是近年来依循可持续发展思路进行整体开发的新型城镇。哈默比湖城在规划和实施阶段针对环境

问题都有自己一整套环境规划程序，建有自己的生态循环处理系统来管理物质和能量流，其主要理念就是在本地区建立循环经济，将流出本地区以外的环境问题最小化（图5-7）。

此外，设计中如果合理地利用自然要素，如阳光、风、降水等，则可以大大减少对能源的依赖。例如，利用自然光是节能的有效途径之一，而且自然光更加适合人的生物本性，对心理和生理的健康尤为重要。又如，很久以来人类就在实践中发展了各种方法充分利用风来使自己的生活环境更为舒适，使室内变得凉爽，降低对空调系统的依赖。在可能的条件下，还可以充分利用水面、植物来降温。例如，在对城市"热岛效应"的研究过程中，人们发现热岛内的水面和树林可以改善风的流动，同时能够使周围一定范围内的温度降低2~3℃。

5.3.2　材料循环

——尽量使用易于回收、维修、灵活可变、持久的材料；

——注重建筑和材料的循环使用，以减少对能源的消耗；

——使用新技术、新材料；

——使用乡土材料。

设计中要尽可能使用易回收、维修、灵活可变、持久的材料。例如，相比木材而言，钢材更加易于回收、维修并且易于拆卸再利用，而且更持久；竹材资源丰富、成材周期短，材质坚硬、有很高的耐磨抗划能力且防水性好，具有比木材更优秀的物理特性。

尽可能将场地上的材料循环使用，可以最大限度地发挥材料的潜力，减少生产、加工、运输材料而消耗的能源，减少施工中的废弃物，并且保留当地的文化特点。德国海尔布隆市砖瓦厂公园（1995建成，卡尔·鲍尔，乔格·斯托泽设计），充分利用了原有的砖瓦厂的废弃材料：砾石作为道路的基层或挡土墙的材料，或成为增加土壤渗水性的填充物；石材砌成挡土墙；旧铁路的铁轨作为路缘。所有这些废旧物在利用中都有了

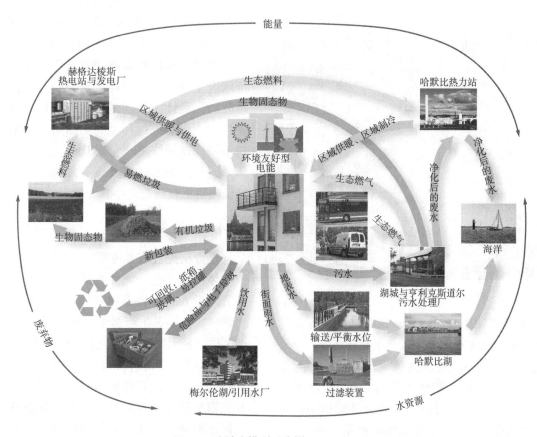

图5-7　哈默比模型（张彤，2009）

新的表现形式，从而也保留了上百年的砖厂在生态上和视觉上的特点（图 5-8）。

　　充分利用场地上原有的建筑和设施，赋予其新的使用功能也是减少能源消耗的途径之一。杜伊斯堡北部风景公园的高炉等工业设施可以让游人安全地攀登、眺望；废弃的高架铁路改造成为公园中的游步道，形成了立体的游览系统；工厂中的一些铁架成为攀缘植物的支架；高高的混凝土墙体改造为攀岩训练场；厂房成为展室、小卖部和旅馆（图 5-9）。这些改造一方面承袭了历史上辉煌的工业文明；另一方面又将工业遗迹的改造融入到现代生活之中。

　　新技术、新材料的采用往往可以数以倍计地减少对能源和资源的依赖和消耗。近些年出现的新技术有绿色屋顶技术、垂直生态绿化技术、地源热泵、水源热泵、光伏遮阳系统等。新材料包

括智能材料和再生材料。智能材料如电变色玻璃，能够根据电流作出反应，改变它的光反射性能，而无需使用机械遮阳百叶和遮阳帘。再生材料则是利用废弃物来制作的产品，如利用炉渣、矿渣

图5-8　海尔布隆市砖瓦厂公园

图5-9　杜伊斯堡北部风景公园

和粉煤灰等可制作水泥、砖、保温材料等各种建筑材料，也可作道路和地基的垫层材料。

此外，由于乡土材料无须经过工业生产与流通的环节，能够就地取材，因此，使用当地未经深加工的乡土材料，可以大大降低环境负荷，减少材料在制造、运输过程中消耗的能源。

5.3.3　减少污染

——谨慎使用或者不使用有毒物；

——对已受污染危害的土地进行生态恢复。

生态设计要进行生态评价，尽量减少在施工过程及后期维护中所产生的环境污染，谨慎使用或者不使用有毒化学物质。对于一些受到污染的场地，如由资源采集、城市建设、工业污染或者废弃物处理不当而形成的种种废弃地，运用生态学的方法进行恢复，使被破坏的土地生态系统得到改善，增加视觉和美学享受，同时可以提升土地价值。

值得一提的是，由于废弃地的情况比较复杂，有些可能会面临场地上残存着有毒有害物质、填埋气体、垃圾渗滤液、干旱和贫瘠等诸多严峻的场地条件，因此有必要和其他生态学家、环境学家进行合作，针对具体的场地情况应用其他相应的生物学或者化学技术处理措施降低场地的毒性，并且筛选耐性物种进行生态恢复。

例如，纽约斯塔滕岛的清泉垃圾填埋场（Fresh Kills Landfill）是纽约最大的垃圾填埋场，长期垃圾污染导致其自然系统严重退化。2001年，纽约市政府下令永久关闭垃圾场并对其进行景观恢复与改造，设计团队创造性地为这片场地提供了一条建立在自然进化和植物生命周期基础之上的长期策略，以期修复严重退化的土地，开创了生态风景园林的新形式以及废弃地再生的新范例。目前该项目正在建造之中。

5.3.4　使用乡土物种

尽管从外在表象来看，大多数的景观或多或少地体现了绿色，但绿色的不一定是生态的，要花费大量人力、物力和财力才能形成和保持效果的景观，并不是生态意义上的"绿色"。设计中应该多运用乡土物种，反映生物的区域性。

相对于外来物种，乡土物种最适宜当地的土壤和气候条件，管理和维护费用最低；适当使用乡土物种还能体现地域性特色，创造具有独特地域特色的景观；加之生物多样性的减少已成为当代最主要的环境问题之一，每年约有5万种生物灭绝，因此利用和保护地方性物种也是时代对风景园林师的伦理要求。

5.3.5　尊重自然条件和自然过程

生态设计关注和尊重基地的自然条件，如未开发的天然地、沼泽、山地、海岸等，这些都是场地独特的自然景观，在设计中应给予保护，采取最小干预原则。在大规模的城市发展过程中，应保护特殊自然景观元素或生态系统，如城区和城郊湿地系统、自然水系和山林等。

此外，尊重场地的自然过程也非常重要。自然有其演变和更新规律，一些设计师认识到这一点，他们在风景园林实践中以场所的自然过程为依据，展示自然过程、利用自然过程或引导自然过程，创造出多样化的、低维护的、可持续的动态景观。

杭州江洋畈生态公园就是在一片西湖疏浚的

淤泥库上兴建的。2003 年，当淤泥停止输送后，植物逐渐萌发出来，并随着淤泥地表含水量的变化呈现出明显而有趣的演替过程。最早是水生植物，后来开始生长出耐湿的乔灌木。这些植物与山谷周围的植物完全不同，因为这些植物的种子是沉积于淤泥中的原西湖一带的植物种子，随淤泥一起带到了江洋畈。十年后这个淤泥库已经形成了柳树成林的谷地沼泽景观，仅剩的一片水面周边长满了芦苇等乡土水生植物，里面甚至还有成群的游鱼。在这里设计师试图维护和延续场地特有的景观过程：保留了次生植物群落斑块，设立了"生境岛"，维持并展示了自然生态系统的演替过程，让人们能够体验到场地上景观演变的魅力，体现场地独特的自然和文化景观（图 5-10）。

图5-10 江洋畈生态公园

5.3.6 尊重自然空间整体连续性

生态设计综合多个尺度的设计，不同景观尺度之间存在着必然的联系。其中小尺度的生态过程是大尺度生态过程的主要支持部分，大尺度生态过程包含着若干小尺度的生态过程。大尺度上反映了小尺度的影响，小尺度上也反映了大尺度的影响。在设计中，自然生态过程的连续性应该是首先考虑的。因此，在中小尺度设计之前一定要放在大尺度中考虑景观和自然生态过程的整体连续性。要以整体系统为对象，实现系统内外的统一性；而不是划地为牢，以人定边界为限，忽视自然过程的连续性。美国波士顿的"蓝宝石项链"就是通过把城市中一系列绿地与自然地连接起来而形成的杰作，体现了自然与景观格局连续性对人类生态环境可持续性的意义。

5.3.7 维护生物多样性

生物多样性是地球最显著的特征之一，是地球上生命经过几十亿年发展、进化的结果，是生态系统的核心部分。随着经济快速发展和社会变革，生境破碎化和孤岛化现象呈现出加速扩大化趋势，生物多样性急剧下降。与自然相合作的生态设计就应尊重和维护生物多样性，它的实践范围涵盖宏观到微观多个尺度。

宏观尺度上，绿色廊道、生态网络、生境网络、洪水缓冲区、生态（绿色）基础设施等概念正日益成为自然资源保护和空间规划领域对生物多样性保护的新工具，如泛欧洲生态网络、马里兰州绿图计划等。微观尺度上，在城市环境中保护生物多样性，可以通过营建动植物的栖息地环境来实现。伦敦坎姆雷大街的自然公园（Camley Street Natural Park）占地 $0.9hm^2$，原先是一个废弃的火车站。从 1981 年起，生态学家和风景园林师共同合作，花了 4 年时间，在这里种植了乔木、灌木和各种花卉，铺设了草地，堆起了沙丘，还建造了一个人工池塘，种上了芦苇。多种多样的生态群落，吸引了大量野生生物，现记录到的已有 350 种植物和 200 多种无脊椎动物，还有大量两栖动物、小型哺乳动物、昆虫和鸟类等在此定居，成为一个引人注目的野生动植物乐园。公园每日都向公众开放，让人们能直接与自然接触，摆脱工作的压力和都市的嘈杂。孩子们在这里追逐蝴蝶、捕捉甲虫、看蜻蜓点水、观蜗牛爬行。

5.3.8 水资源管理

水是生态系统中最重要的组成部分，作为整个社会所面临的严峻挑战，水资源管理的目标是减少自然资源枯竭、潜在污染和水灾泛滥的危险。关于水资源管理的生态措施有：雨水管理、利用湿地系统改善水质、中水和污水的回收再利用。

5.3.8.1 雨水管理

雨水径流是现代社会面临的巨大挑战之一：一方面雨水流过道路、屋顶和压实土地时会夹带化学和微生物污染物；另一方面，雨水排放还会使水生生境和河流功能面临危险，因为大量的雨水汇合在一起时，流速和流量的增加必然会导致流域尺度上的危害。因此，最好能够将雨水在本地下渗，直接进入地球的生物化学循环。关于雨水管理的主要方式有：雨水渗透、雨水收集以及暴雨水滞留。

（1）雨水渗透

在可能的地方，使尽可能多的雨水在尽可能洁净的状态下渗透进入土层，而不是直接输送进管道、沟渠或者河流中。雨水渗透有着许多好处：可以保证峰值流量不会增加，可以延迟从暴风雨开始到出现排泄峰值之间的间隔时间；土壤含水量得到提高；水的质量得以提高等。

（2）雨水收集

地下水与其他自然水资源并不是取之不尽、用之不竭的。对于非饮用水，采用雨水回收作为替代性的解决方案，可以明显减少处理成本。目前欧美，特别是德国的许多风景园林项目，能够通过雨水利用，解决大部分的景观用水，有的甚至能够完全自给自足，从而实现对城市洁净水资源的零消耗。在这些设计中，回收的雨水不仅用于水景的营造、绿地的灌溉，还用作周边建筑的内部清洁。Herbert Dreiseitl 设计的柏林波茨坦广场（Potsdamer Platz）的水景为都市带来了浓厚的自然气息，形成充满活力的适合各种人需要的城市开放空间，这些水全部来自于雨水的收集。地块内的建筑都设置了专门的系统，收集约 $5 \times 10^4 m^2$ 的屋顶

和场地接纳的雨水，用于建筑内部卫生洁具的冲洗、室外植物的浇灌及补充室外水面的用水。据统计，仅这一项每年即可节约 $2.0 \times 10^7 L$ 饮用水。水的流动、水生植物的生长都与水质的净化相关联，景观被理性地融合于生态的原则之中（图5-11）。

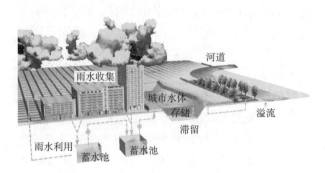

图5-11 波茨坦广场雨水管理系统（引自http://www.dreiseitl.com/en/portfolio#potsdamer-plaza）

（3）暴雨水滞留

应该将暴雨水滞留下来。在汇水流域范围内，建设暴雨水滞留区，将暴雨水导入滞留洼地（池塘），然后十分缓慢地将雨水释放出去，因而能够有效减少高峰水流量，减少现场和下游洪水，降低排水体系的成本，减少土壤侵蚀、保持水土，提高景观质量和增加游憩机会（图5-12）。

5.3.8.2 水质净化

城市和郊区地区、农业区等地表径流一般都被污染并含有各种有害物质，对河流和其他水体造成了不良影响，引起了水土流失，并且影响了水生生物的生长。因此，必须对地表径流水进行有效的管理。

湿地系统有助于减缓水流的速度，当含有毒物和杂质的地表径流水经过湿地时，流速减慢，有利于毒物和杂质的沉淀和排除，在有效处理水质的同时也创造了生态景观。不论是自然湿地还是人工湿地，都可以通过过滤、沉积、产生氧气、营养循环和化学物质吸收等过程来改善水质。在湿地系统中，植物群落和植物上附着的微生物有助于在水进入到土壤之前净化水体：吸收废水中含有的碳、氢、氧、氮、磷，微量元素和金属等多种物质；从水中分离沉积物。人造湿地

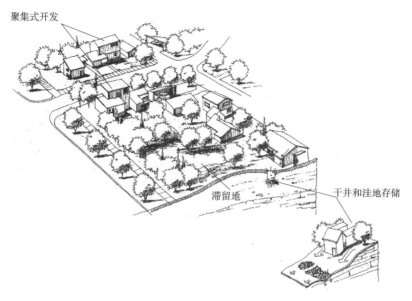

聚集式开发

滞留地

干井和洼地存储

图5-12　暴雨水滞留

污水处理系统的建设成本比传统的污水处理厂的成本要低20%~30%，同时，管理成本也可节约50%~75%。

　　例如，上海花桥吴淞江湿地公园，设计中保留了场地内原有的一块江滩湿地，利用狭长的场地条件，改造为内河湿地，绵延4km，形成了一个富有生命的水质净化系统：将外河的劣五类水，通过北端进水口泵站引入内河湿地，经过过滤、沉淀、曝气，土壤和植物及微生物的净化，在缓慢流经过滤墙、深水池、浅滩水生植物区、深水曝气区的过程中，得以净化至四类净水，重新回归使用（图5-13）。

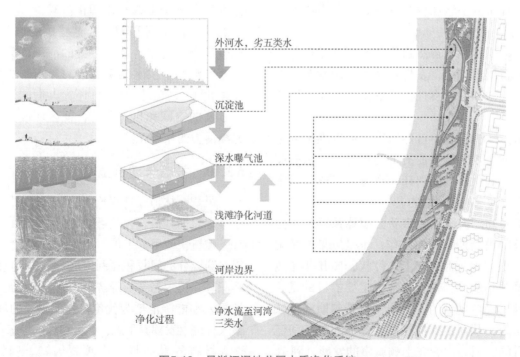

外河水，劣五类水

沉淀池

深水曝气池

浅滩净化河道

河岸边界

净化过程

净水流至河湾
三类水

图5-13　吴淞江湿地公园水质净化系统

（引自 https://www.asla.org/2012awards/196.html ）

5.3.8.3　中水利用

由于受到"水危机"的困扰，许多国家和地区积极着手加强节水意识以及研究城市废水再生与回用工作。城市污水回用就是将城市居民生活及生产中使用过的水经过处理后回用。有两种不同程度的回用：一种是将污水处理到可饮用的程度；另一种则是将污水处理到非饮用的程度。对于前一种，因其投资较高、工艺复杂，非特缺水地区一般不常采用。多数国家则是将污水处理到非饮用的程度，即中水，充当地面清洁、灌溉、洗车、空调冷却、冲洗厕所、消防、造景等不与人体直接接触的杂用水。

5.3.9　让自然做功

自然生态系统可以为维持人类生存和满足其需要提供各种条件和过程，这就是所谓的生态系统的服务。这些服务包括：①空气和水的净化；②减缓洪灾和旱灾的危害；③废弃物的降解和脱毒；④土壤和土壤肥力的创造和再生；⑤作物和自然植被的授粉传媒；⑥大部分潜在农业虫害的控制；⑦种子的扩散和养分的输送；⑧生物多样性的维持。

设计中要尽量与自然合作，发挥自然自身的能动性和自组织能力，发挥自然的生态调节功能与机制，建立和发展良性循环的生态系统，让自然做功。

例如，维护河道的自然形态，可以维护各种生物适宜的生境。蜿蜒曲折的河道形态、植被茂密的河岸、起伏多变的河床，也有利于减低河水流速，消减洪水的破坏能力。

众所周知，波士顿的带状公园体系既是美国风景园林师奥姆斯特德的杰作，也是风景园林史上的一座里程碑。但事实上，带状公园并非是奥姆斯特德规划的全部内容，他更主要的目的是希望通过利用综合规划的方法来恢复查尔斯河流域的自然状态，从而达到控制洪水泛滥和改善河流水质的目的。因为随着波士顿城市的发展，到18世纪末，查尔斯河已经成为洪泛频繁和污水横流的河流。因此他提出"为改善这条多泥沙河流的卫生状况而进行规划"。奥姆斯特德对河流进行改造，恢复了自由弯曲的河流体系，并按照自然的规律重新构造了滩地和湿地，平缓的堤岸以及弯曲的河流减少了波浪的冲击。洪泛滩地的自然生态恢复是整个公园体系成功的关键。奥姆斯特德通过对历史上盐碱沼泽的分析，划定沼泽与城市发展边界，并在河岸两侧大量种植能够抵抗周期性洪水和盐碱的植被。在这里，植被可以自然地生长，从而恢复了沼泽地整体的自然演进过程。波士顿的公园体系建成之后，它的洪泛沼泽加上查尔斯河上游的湿地共同起到了阻滞洪水的作用。例如，在1968年波士顿遭到暴雨袭击之时，上游洪峰在湿地的蓄积作用下，经过了4天才到达旧的查尔斯河水坝。蓄积的洪水在1个月之后才缓慢释放。查尔斯河水域空间规划的思想可以归结为这样两点：①恢复河流的自然状态；②恢复河流滩地和湿地的蓄水功能。

2012年，新加坡加冷河作为"活跃，优美，洁净——全民共享水源计划（ABC）"的一部分，政府对其重新进行了整治，设计师将原有河道、排水渠和蓄水池改造成明快流动、赏心悦目、清澈的溪流、小河和湖泊，这些蜿蜒曲折的河道、植被茂密的河岸、起伏多变的河床，降低了河水流速，消减了洪水的破坏能力，沿岸的水生植物还净化了水质。同时项目还为人们的城市生活创造了新的空间和自然环境，使区域成为一个更加充满活力的城市花园。

5.3.10　考虑长期价值观

风景园林师应具有长期的价值观，而不是仅限于考虑短期利益。在项目全周期（选址、规划、设计、建造、使用、维护、更新、拆除）内，从材料提取到成分的回收和再利用这一生命周期的生态影响测算，视生态学与经济学为统一，以最合理的资源投入和能源消耗为代价，最低限度的环境影响，最大程度上发挥其生态、社会和经济等综合效益。

材料的寿命是一个重要因素，因为它们会影响到花园的使用寿命，一个低能耗的花园使用寿命越长，它的材料对环境的影响就越小。最理想的状况是所有的建筑材料都能够很方便地进行循环再利用。植物的后期维护成本也是一种因素，一般而言，乡土树种可以明显降低后期的维护成本。

5.3.11　显露生态过程和技术

传统设计中，如画的风景是呈现在大众眼前的，自然过程是不可见的；城市生活的支持系统也往往被遮隐，污水处理厂、垃圾填埋场、发电厂及变电站都被作为丑陋的对象而有意识地加以掩藏。人们无从关心环境的现状和未来，也就谈不上对生态的关心而节制日常的行为。因此，要让人人参与设计、关怀环境，必须重新显露生态过程和技术。

西班牙巴塞罗那的垃圾填埋场（Vall d'en Joan Landfill）原本是一个山谷，1974 年开始作为巴塞罗那都市圈的垃圾填埋场使用，从那时起直到填埋场的关闭，这个山谷堆积了近 80m 深的城市生活垃圾。2002 年开始，设计师在这个项目中结合了不同学科的知识，包括环境工程、地理、风景园林和农业，通过修复工程向人们展示了对待环境应有的态度，并在最好的位置设置了观察点，可以让游客观察恢复工作（图 5-14）。

5.3.12　生态教育

传统设计强调设计师的个人创造，认为设计

图5-14　胡安山谷垃圾填埋场

是一个纯粹的、高雅的艺术过程。而生态设计则认为每个人都在不断地为其生活和未来作决策，而这些都将直接影响自己及其他人共同的未来，对整个社区和环境的健康有着深刻的影响。因此，通过展示牌、宣传牌、科普导游牌以及手机 APP 等形式的生态教育，通过向公众展示自然现象的发生规律、生态系统的功能、生态技术的应用与生态恢复过程，使得参与者有机会更充分地理解生态系统内部包括人类在内的有机体和无机环境相互依存、联系与干预的关系，能在很大程度上增加公众景观体验的丰富度，赋予生态主义设计以新的责任感和使命感，提升公众生态意识，促进居民生活方式向健康、安全、良性的方向发展。在很多生态公园中，生态教育是必不可少的设计内容。

小　结

风景园林是与自然有着密切关系的行业，肩负着保护自然、管理自然、恢复自然、改造自然、再现自然、协调人与自然的关系等使命。与其他设计类学科相比，风景园林师更需要培养对自然和生态系统的观察、理解和判断的能力，生态学与风景园林学的结合，为风景园林的研究和实践开拓了新的领域。随着生态思想的深入，风景园林成为一种生态介入的媒介和手段，通过保护、设计和管理人工环境和自然系统，在实践中遵循生态伦理，创造可持续发展的人居环境，实现人与天调。

思考题

1. 自然生态系统的基本原则有哪些?

2. 人类社会的进化对自然生态系统的干扰体现在哪些方面?

3. 为保护自然生态系统,风景园林师在实践中应遵循哪些可持续措施?

4. 请结合实例说明,水资源管理在风景园林实践中的类型和技术。

5. 请结合实例说明,你对风景园林实践中生态修复的理解。

推荐阅读书目

1. 大地景观:环境规划设计手册. [美]约翰·奥姆斯比·西蒙兹著,程里尧译. 中国水利水电出版社,2008.

2. 寂静的春天. [美]蕾切尔·卡逊. 商务印书馆,2017.

3. 城市生态系统:功能、管理与发展. [德]于尔根·布罗伊斯特等著,于靓等译. 上海科学技术出版社,2018.

4. 植物生态修复技术. [美]凯特·凯能,尼尔·科克伍德著,刘晓明,叶森等译. 中国建筑工业出版社,2019.

第6章 风景园林与人类社会

6.1 风景园林的社会属性

"规划设计改善环境的真正含义不应该仅仅指纠正由于技术与城市的发展带来的污染及其灾害，规划设计师的工作目的简单地说，就是为人类创造好的环境和好的社会生活方式。"

——J.O·西蒙兹

在古代，造园是等同于绘画、音乐的纯艺术活动。工业革命之后，古老的造园艺术发展为更为广阔的风景园林，虽然采用了更多的新技术新材料，但在很长一段时间内，艺术性几乎仍然是最重要的评判标准。直到20世纪六七十年代，席卷全球的生态浪潮促使风景园林行业将自身的使命与自然生态系统结合起来，生态影响逐渐被纳入价值评判体系中。

而20世纪80年代以后，越来越多的专业人士认识到，风景园林的实践活动对物质空间的改变必然影响到生活在其中人们的情感、认知、行为和交往，对人与人类社会的认识和研究有助于风景园林实践活动朝向促进社会进步的方向发展，因此，风景园林与社会学的融合逐渐成为学科的一个新的发展方向。

风景园林实践作为城乡建设的重要组成部分，涉及的领域不断扩大，对社会各阶层利益的影响也不断加深。风景园林随着社会的发展而发展，同时也起到促进社会发展的作用，所以风景园林实践不仅要维护自然生态系统，创造美好的视觉体验，还要考虑所涉及的人和他们的社会交往模式以及社会管理方式。

今天，各相关学科之间的交叉渗透越来越复杂，风景园林实践活动除了遵循艺术、技术和生态的原则，保留原本擅长的对土地、环境和空间处理的技术与经验之外，同时也是一项社会利益的调整工具，应遵循一些建立在对人和社会的研究基础上、以维护人类社会的健康和发展为目标的原则和方法——即风景园林实践的社会原理。

6.2 风景园林的社会思想发展

在风景园林的发展历史上，关注社会、试图用风景园林的方式来解决社会问题的思想由来已久，可以追溯到欧洲的启蒙主义运动时期。

6.2.1 启蒙主义的试验

启蒙主义反对神学和专制，宣扬"自由、平等、博爱、天赋人权"的思想。受其影响，18世纪欧洲的一些贵族在自己的领地内对于风景建设结合社会做了最初的尝试。

法国的吉拉丹侯爵（Marquis de Girardin）曾说道："从一个强加的布局到一个轻松自然的设计的转变，将会把我们带回对美丽自然的真正喜爱。这种喜爱倾向于增加农业，养殖家畜，并且更重要的是通过加强物质基础建设对乡村进行更人性化更尊重现状的整理。农村的劳动者支持那些将去教导或保卫社会的具有更多理性使用能力的人。"吉拉丹的思想是风景的建设应当与农业和

图6-1 经过精心规划后的埃尔姆农维尔风景宜人

图6-2 观赏性与实用性相结合的慕斯考地区景观

经济的发展结合起来。

在法国巴黎附近的埃尔姆农维尔（Ermenonville）（图6-1），吉拉丹身体力行，进行了风景和农业改良的试验。以原有的大片林地为设计框架，规划出大片与园外风景相渗透的农田，重新梳理了地形，种植树林，并在庄园周围区域建造村庄，从而提升了居民的生活品质。他的实践使风景园林的意义不仅仅停留在如画的风景上，而在于使风景园林设计与社会改良、经济发展，以及土地规划紧密联系在一起。

18世纪初，德国亲王平克勒（Ludwig Heinrich Fürst von Pückler）在自己的家乡，位于德国东部的慕斯考（Muskau），建造了约700hm² 的园林。

在园林建设的经济方面，平克勒曾经写道："如果能够将宅邸、田地，甚至磨坊、作坊带入园林，那么将会给风景带来更多的活力和作用，这种做法应当被强烈推荐。"

这种将相关产业带入园林的理念在慕斯考得到了实践。除园林外，还有橘园和温室，有菜园、果园、葡萄园和苗圃，有大面积农业用地，林园中还建有奶牛场、鸡场、磨坊、酿酒厂、矿井等附属产业，同时还设有咖啡屋、茶室、舞厅、游艺厅等各种休息场所供居民享用。

其中，农业用地可以生产经济作物，带来经济收益，并创造就业机会；休息场所成为居民放松身心、平等相处的场所。平克勒通过风景与社会相结合调整了慕斯考的产业结构，带动了这个偏远落后小镇的经济发展（图6-2）。

这些早期实例可以说是风景园林与社会结合并充满理想主义色彩的个人试验，表明设计者开始将风景园林作为一种带动区域发展的手段，把社会和经济的发展纳入其中。

6.2.2　社会改良的措施

18世纪中叶后，工业革命所带来的卫生、贫困、污染等社会问题日益突出，社会中逐渐兴起的中产阶级也对城市公共空间有强烈的需求。

在此背景下，一些皇家和贵族领地园林逐渐对公众开放，像伦敦的海德公园（Hyde Park）、格林公园（Green Park）、圣·詹姆斯公园（St. James's Park）等（图6-3至6-5）。

随着这些园林的开放，提升了区域土地的品位和价值，使更多的居民享受到城市中心的大型园林的福利。与此同时，专门为大众休闲而设计的城市公园应运而生。

公园能够缓解城市的拥挤和环境的恶化，并缓和社会矛盾，因此它作为一种社会改良的措施

图6-3 伦敦海德公园

图6-4 伦敦圣·詹姆斯公园

图6-5 伦敦格林公园

图6-6 慕尼黑英国园内的中国塔

图6-7 慕尼黑英国园内大草坪是人们晒太阳的好地方

逐渐被西方的政治家们所采用。

1804 年斯开尔（Friedrich Ludwig von Sckell，1750—1823）设计了位于慕尼黑的"英国园"（Englischer Garden），在这里，斯开尔只用地形、草地、树丛和水面等几个很少要素就塑造出了优美自然的景致。英国园与城市中心相连，把自然引入闹市，就像在城市中生长着的自然风景，不仅是当时亲王与市民和睦相处的象征，同时也是城市与乡村和谐的表现。这片 360hm² 的土地成为世界上最早的以向大众开放为目标而设计的大型绿地（图 6-6 至图 6-8）。

到了 19 世纪 40 年代，经过长期的研究和报道、呼吁与宣传，建造城市公共园林的理念已广

泛深入人心，城市公园运动随即蓬勃发展。

位于英国利物浦市伯肯海德区的伯肯海德公园（Birkenhead Park）是第一个使用公共资金建造的城市公园。19 世纪英国的城市工业快速发展，城市居民的居住条件拥挤局促，居住区脏乱不堪，病害蔓延。工人的健康状况恶化和劳动效率低下，引起了各方重视。这一时期英国的社会改革推动了包括公园运动在内的各种改革运动。1833—1843 年，英国议会通过了多项法案，准许动用税收来进行下水道、环卫、城市绿地等基础设施的建设。

利物浦市伯肯海德区，1820 年城区人口仅为100 人，1841 年增至 8000 人。1941 年，利物浦市议员豪姆斯（Isaco Holmes）率先提出了建造公共公

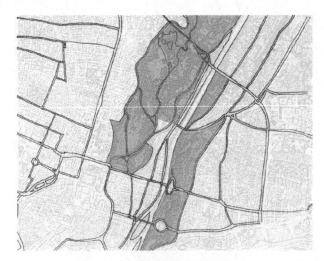

图6-8　慕尼黑英国园与城市的关系

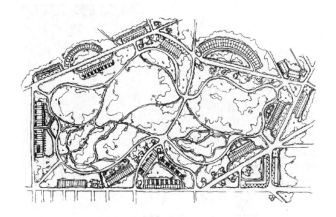

图6-9　伯肯海德公园平面图

图6-10　伯肯海德公园1860年照片

（引自 http://www.liverpool-city）

园（Public Park）的观点。两年后，市政府动用税收收购了一块面积为74.9hm²的不适合耕作的荒地，用以建造一座向公众开放的城市公园，计划以基地中部的50.6hm²土地用于公园建设，周边的24.3 hm²土地用于私人住宅的开发。为了监督公园建设的进展，相关部门设立了一个新的机构——公园发展委员会，威廉·杰克逊（William Jackson）担任主席。该机构于1843年7月委任建筑师、作家、风景园林师约瑟夫·帕克斯顿（Joseph Paxton）提出总体方案，这个庞大的项目共分为3个部分：开挖两处湖面；开采石料为公园道路的地基所用；从绿地地下开通给排水的管线。

1844年秋，帕克斯顿提交了一份新的设想——将整个公园外围分为32个部分，每一块土地可以以个人名义购买和使用。委员们被这个提议可能带来的可观利润说服。出人意料的是，公园所产生的吸引力使周边土地获得了高额的地价增益。周边24.3 hm²土地的出让收益，超过了整个公园建设的费用及购买整块土地的费用之总和。以改善城市环境、提高福利为初衷的伯肯海德公园的建设，结果取得了经济上的成功（图6-9、图6-10）（米歇尔·劳瑞，2012）。

伯肯海德公园的成功，开启了英国公园繁荣的建设期。

1810年由约翰·纳什（John Nash，1752—1835，英国建筑师）设计的摄政公园（The Regent's Park）是皇室财产，一部分用作公共园林；一部分作为房地产投资，以环绕公园的联排住宅和新月形建筑为核心，这种向公众开放的公园也提升了该处地产的品位与价值，促进了地区的发展（图6-11、图6-12）。

19世纪中叶怀着建设新世界理想的美国人也不得不面对快速工业化带来的诸多城市病，尤其是城市环境的急剧恶化。1854年，奥姆斯特德（Frederick Law Olmsted）和沃克斯（Calvert Vaux）首先在纽约建设了第一个现代意义的城市开放空间"纽约中央公园"（Central Park）。项目设想如果城市朝各个方向拓展，那么公园面积越大就越能增加居民观赏到公园景观的机会，于是设计者在

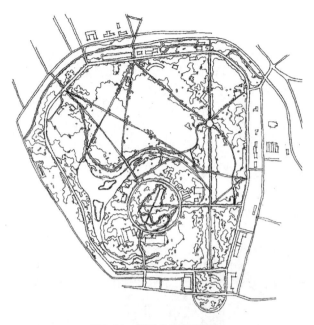

图6-11 摄政公园平面图

图6-12 摄政公园露天剧场常年演出莎士比亚的剧目

（引自 www.panoramio.com）

合理的范围内最大化了公园的面积，预测使其成为拥有 200 万人口城市的中心。

公园仿照乡村风景设计，建筑远离公园边界，旨在为居住在城市中的人们提供宁静的乡村体验。在交通方面，动静体系完全分离，为避免与公园内部交通发生冲突，在当时还未出现汽车的年代，把与公园相连接的城市干道引入地下，并且在马车道、自行车道、人行道的设计上也遵循互不打扰的原则相互分离，保证了人们在公园里顺畅通行的体验。这里为人们提供了一个漫步、静坐、活动的场所，带给人们亲近自然、放松心情的感受。

纽约中央公园打破了绝对君权和纪念性质的阶级园林模式，使普通国民也可享受到休闲和居住的乐趣；改善了城市机能的运行，促进了城市中人与自然的融合。中央公园不是仅供少数人赏玩的奢侈品，而是为普通公众身心愉悦提供的空间（图 6-13、图 6-14）。

巴黎在 19 世纪轰轰烈烈的城市改建中也建造了诸如肖蒙山公园（Park de Buttes Chaumouts）、蒙梭公园（The Parc Monceau）、布劳涅森林（Bois de Boulogne）、梵尚森林（Vatican Still Forest）等公共绿地，大大扩展了各阶层平等享有的消遣娱乐的户外绿地空间，以及享受阳光、新鲜空气和美好的自然景色的权利（图 6-15）。

19 世纪末，欧洲一些国家在城市、乡村、州县等地区，引入了一些规模较小的社区公园和游乐场，成为体育和健身中心以及其他社区活动中心。

6.2.3 城市美化的手段

1903 年，美国专栏作家马尔福德·罗宾逊（Mulford Robinson）呼吁美化城市与改善城市形象，倡导以此解决当时美国城市脏乱差的社会问题。20 世纪初的前 10 年，在这一倡导下的城市改造活动——"城市美化运动"（City Beautiful Movement），从不同程度上影响了北美各主要城市。

这一运动最初主要涉及芝加哥、底特律和华盛顿哥伦比亚特区，旨在建立城市居民中公民道德的共同利益。运动的支持者认为这样的美化可以促进和谐的社会秩序，提高生活质量，有助于消除社会弊病。

城市美化运动强调将城市形象设计作为改善城市物质环境和提高社会秩序及道德水平的主要途径，具体手段主要是建设宏伟的轴线式林荫道、广场、喷泉、公园等。

1903 年美国克里夫兰市（Cleveland）的规划具有典型性。规划直接从芝加哥世博会中获得灵感，设计了由树木和草地构成的开放广场，建筑沿四周布置，道路沿广场环行。同时，这也是最早一例因城市更新而迁移走大批穷人的规划。

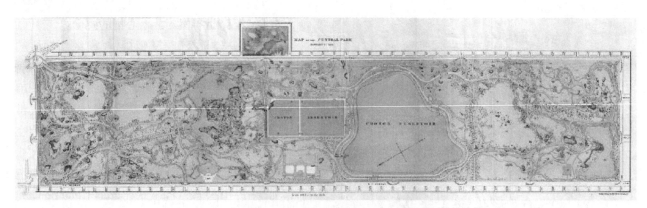

图6-13　纽约中央公园平面图手稿

图6-14　纽约中央公园旧照

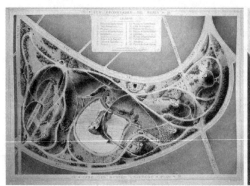  

平面图　　　　　　　　　　以肖蒙山为素材的画　　　　　　　　19世纪末的肖蒙山照片

图6-15　肖蒙山公园

从社会意义来看，城市美化运动的初衷是试图以风景园林为主要手段来解决城市和社会问题，为缺乏绿化和公共空间的拥挤工业城市打开一扇呼吸新鲜空气的窗户，这对于城市居民至关重要。城市公园运动和城市美化运动，让人们感受到一种新的、注重"人"的生活氛围，让已经习惯了脏乱差环境的人们开始改变自己的思想和要求，让人们已经迟钝了的嗅觉、听觉、视觉和味觉重新寻找自然的气息，有相当积极的意义。

但是城市美化运动在实际操作过程中往往以形式美为主要目标、以古典主义为主要风格，对城市中心进行了大型建设和改造，这样做显然将问题简单化和理想化，显示了其自身的历史局限性。

6.2.4　城市功能的载体

以"明日城市"[1]"光明城市"[2]"雅典宪章"[3]为代表的功能主义城市规划思想，将城市的诸多活动定义为居住、工作、游憩和交通四大功能，城市规划的主要工作就是将居住、工作、游憩的功能区在城市内进行合理平衡的布置，同时建立一个联系三者的交通网络。

功能主义的城市规划和绿地系统规划将绿地看作是城市功能的载体，体现了"现代主义运动"为大众服务的理念，但是它将城市和绿地的不同功能割裂开来的做法也带来了绿地与城市分离，绿地功能单一等诸多问题。

第二次世界大战以后，受凯恩斯主义[4]影响，西方发达国家普遍发展和完善了社会福利和保障制度，以减少社会不公和贫富分化现象。瑞典是最早享有现代福利的国家之一，其政治和社会环境孕育了20世纪五六十年代的风景园林"斯德哥尔摩学派"（Stockholm School）。

斯德哥尔摩学派是风景园林师、城市规划师、植物学家、文化地理学家和自然保护者的一个思想综合体。该学派关于公园的思想是公园应属于任何人。斯德哥尔摩学派继承了现代主义运动为大众服务的理念，但又在实践中大大增加了自然和人文的内涵，具有重要的社会意义。

斯德哥尔摩城市绿地系统建设和公园计划的实施为城市提供了良好的环境，形成了一个新的网络系统，为市民提供了享受新鲜空气和明媚阳光的消遣娱乐场所，也保存了该地区有价值的自然景观。

6.2.5　综合发展的先导

第二次世界大战后，一些倡导人文关怀的学者提出城市所有建设过程都应以解决社会问题为出发点，并全面考虑居民的生活、就业等需求。20世纪60年代以后，为解决工业发展带来的诸多后遗症，风景园林逐渐成为振兴区域经济的先导因素以恢复区域活力。

德国鲁尔区（The German Ruhr Area）的埃姆舍公园（Emscher Park）就是较为成功的案例（图6-16）。埃姆舍河地区原为德国重要的工业基地，这个在德国工业发展史上曾创造过辉煌的地区由于20世纪后半叶工业结构的调整而走向衰落。严重的经济、社会和环境问题促使当地政府为地区的复兴采取有效措施，即建造国际建筑展——埃姆舍公园。

纵横交错的铁路、公路、运河、高压输电线、矿山机械、高大的烟囱、堆料场等是该地区的典型景观。公园把这片区域中的城市、工厂与其他场所联系起来，形成一个新的景观秩序，成为城市群落的绿色过滤系统，并设计了人行道、自行车道等慢行游览系统。

占地300km²的埃姆舍公园通过改造现有住宅和兴建新住宅解决居住问题；建造各类科技、商务中心，解决就业问题；整治并再利用原有工业建筑等。

埃姆舍公园又包括了众多景观独特的公园，德国风景园林师彼得·拉兹（Peter Latz）事务所设计的杜伊斯堡北部风景公园便是其中之一。公园的最大特色是巧妙地将旧有的工业区改建成公众休闲、娱乐的场所，并且尽可能地保留了原有的工业设施，同时又创造了独特的工业景观（图6-17）。

6.2.6　多元社会的公共参与

20世纪60年代以后，在欧美人权运动和自由主义思潮的影响下，公众的自我意识开始觉醒，

[1] 勒·柯布西耶Le Corbusier，1922年发表的《明日的城市》一书中提出的理论。
[2] 勒·柯布西耶在1933年发表《光明城》提出的理论。
[3] 国际建筑协会C. I. A. M. 1933年8月在雅典会议上制定的一份关于城市规划的纲领性文件——"城市规划大纲"。它集中反映了当时"新建筑"学派，特别是法国勒·柯布西耶的观点。
[4] Keynesian，也称为"凯恩斯主义经济学"，是建立在凯恩斯1936年的著作《就业、利息和货币通论》的思想基础上的经济理论，主张国家采用扩张性的经济政策，通过增加需求促进经济增长，即扩大政府开支，实行财政赤字，刺激经济，维持繁荣。

■ Pojiekt"Arbeiten im Park"
● Pojiekt"Wohnen im Park"

Projekte"Wohnen im Park"/
Stadtentwicklung

1 Neuer Stadtteil Prosper Ⅲ

2 Küppersbuschsiedlung

3 Siedlung Schüngelberg

4 Siedlung Teutoburgia
Entwurf:H.–W.EHLING;
Quelle:GANSER 1999,
DETTMER/GANSER 1999

Projekte"Arbeiten im Park"

1 Gründerzentrum Aren-
berg–Fortsetzung

2 Gewerbepark Brauck

3 Wissenschaftspark
Rheinelbe

4 Okologischer Gewerbe-
park Zeche Holland

5 Dienstleistungs–und
Gewerbepark ERIN

6 Neue Evinger Mitte–
Zeche Minister Stein

7 Gewerbepark Zechr
Waltrop

8 Wphn–und Technologie-
park Monopol

图6-16　埃姆舍公园平面图

图6-17　埃姆舍公园中工业遗址改造成的公园

对社会提出了自我权利的要求，社会政治和社会思想朝多元化方向发展。同时，在行业内部对于以往自上而下的理性规划设计模式的反省，使规划设计从精英群体走向社区和民众的参与，风景园林的社会过程得以凸显。欧美各国开始在风景园林实践中侧重社会公正和公众参与，兴起了以社区参与，以及努力实现设计形式与使用者之间最佳契合为特点的运动。

公众参与决策制度促进了美国社会方方面面的变革，风景园林设计也同样如此，美国风景园林师劳伦斯·哈普林（Lawrence Halprin，1916—2009）正是这一变革的直接拥护者和倡导者，他使公司的设计程序适应了新的社会现实，通过讨论会和信息反馈等方式实现了公众参与设计，使社会意愿得以在风景园林实践中体现出来。

现代主义风景园林设计通过对社会因素和功能的进一步强调，走上了与社会现实相同步的道路。美国风景园林师埃克博（Garrett Eckbo）强调风景园林设计中的社会尺度，以及风景园林在公共生活中的作用，在他看来"如果设计只考虑美观，就是缺乏内在的社会合理性的奢侈品"。

在 1961 年的《美国大城市的死与生》一书中，简·雅各布斯（Jane Jacobs，1916—2006）对当时美国城市规划和重建理论进行了强烈的抨击，批判了纽约住宅忽略了街道属于环境的一部分、而一味的求高求大的发展方向。她认为，城市是人类聚居的产物，成千上万的人聚集在这里，而人们的兴趣、喜恶、关注点，以及对事物的感知有着千差万别的不同。因此，无论从经济还是社会角度来看，城市都需要用多元化且相互支持的功能来满足人们的生活需求，而不是这种无限制的侵占公共空间、罔顾人身安全、缺乏亲切感的设计。书中的内容在城市规划界引发了对人和对城市生活意义的关注和重新思考，以及对城市的复杂性和发展方向的更深刻的理解。

美国规划师谢莉·安斯汀（Sherry Arnstein）在 1969 年发表的《市民参与的阶梯》一文中，按公众权利由小到大的顺序，把公众参与的形式分为 8 级（图 6-18）。

同时，"自助"观念也开始兴起。在热心从事公益的专业人士和学生们的协助下，社区民众团体团结起来，在社区邻里间进行清理空地、建设操场、种植树木等活动，共同为提升社区物质空间、环境质量而尽其所能。在此过程中，可以发现人们相互间的各种人际关系和其特别的偏好、喜恶及特殊的需要等。由此，基于对人类需要、环境知觉和行为科学的认知，强调物质环境设计与消费者之间应更密切联系的新阶段开始逐渐确立（米歇尔·劳瑞，2012）。

在澳大利亚，公众参与整个规划过程中，并被视为不可缺少的因素。通过分散—集中—再分散—再集中的方式，使市民参与城市规划的全过程。如《城市土地利用规划与土地开发法》明确规定了要保证市民自始至终参与规划的全过程。各城市的规划法虽略有差异，但从立法角度来讲，以下两条基本原则是必须具备的：

①公众必须知道目前正在进行的规划活动以及规划中将要着重考虑的问题；

②公众应知道他们有机会就规划问题发表自

图6-18　市民参与的阶梯（谢莉·安斯汀，1969）

己的意见。

美国波士顿的"大挖掘"（Big Dig）项目建设的主要目的是将波士顿城内一条沿海湾而建的高架快速干道全线埋入地下，以消除高速路产生的噪声、污染等对波士顿城市造成的影响。然后在原高架路的地上部分建一条绿色廊道，使之变成城市的公共空间，并让城市与海岸线重新连接。

项目从开始阶段就采取了广泛公众参与的措施，包括参与设计、公众评议、听证会、公众培训、网上公示、社区对话等多种形式，经过漫长和复杂的协商，最终的实施方案充分融合了专家、当地社团组织和其他利益相关者的意见。

项目从策划到建成历时近 30 年，成本超过了预算的 300%，然而市政当局认为时间和金钱的花费是值得的，因为最终得到了美丽并被广泛认同的城市，而不是几十年的遗憾（黄亚平，2009；吴晓、魏羽力，2010）。

中国一些城市都在积极探索以社区管理为基础的公众参与实践。这些社区的一个突出特点是发动街道办事处等政府基层管理部门组织市民积极参与到街道美化绿化运动中，植树种草，拆除私搭乱建，树立社区标识牌等。通过公众参与和自觉管理，创造整洁美观的社区形象，增强归属感，成效很大。

经过长期的发展，风景园林学科中的社会学思想和方法逐渐成熟，今天我们所讨论的风景园林的社会原理正是在历史发展中逐渐形成的。

6.3 风景园林实践的社会意义

要实现风景园林实践的社会功能，首先要认识到风景园林实践的社会意义——主要表现在以下几个方面。

6.3.1 改善环境提高生活水准

风景园林是维护和创造人类美好生活环境的学科。无论是自然和文化遗产的保护和开发，城市开放空间的建设，社区及邻里的规划，还是棕地（Brownfield）的改造更新[1]，都是对环境的改善，以便提高生活质量，使人们拥有户外活动的空间，可以享受阳光、空气，进行锻炼及开展人际交往。

20世纪80年代，英国格拉斯哥大学对英国25万人口以上的城市进行了一次调查，普查结果显示，人们通常会选择居住在犯罪率低、拥有良好的健康服务设施、公共设施齐全、低污染、生活费用低以及各民族和谐相处的城市之中。

生活质量是建立在一定的物质基础上的，其衡量标准在一定程度上也取决于社会全体成员对生存环境的认同感和满足感。只有物质建设的质量得到提升，人们的主观情感才会有所倾向。物质建设也恰恰是风景园林建设可以满足和弥补的。

良好的生态系统和完善的绿色开放空间可以提高城市整体环境质量，便捷的公共基础设施可以更好地为人们提供服务，舒适的邻里空间和优美的住区环境不仅增加了居民的归属感和自豪感，也是生活质量的保证。这是风景园林实践活动产生的最直接的社会效益。

6.3.2 促进社会交往改善社会关系

以人为本的物质空间塑造能够满足人的物质和精神需求，从而创造公平、安全、轻松、舒适的生活和工作环境。邻里花园、公园、广场等公共空间不仅具有塑造环境、改善生态的功能，同时也是促进社会交流和融合的场所。

通过设计提供各种正式（formal）和非正式（informal）的交往、交流和集会空间可以满足人们社会活动的欲求，增加人与人的交往机会，促进社会成员之间的了解和沟通，建设包容、和谐的现代社会。风景园林实践应当有意识地促进新的生活方式、价值观念和民主精神在公共空间的发展和融合，通过对空间的营造培养良好的社会环境。

美国阿肯色州的罗杰斯（Rogers）原有一处约5hm²的未开发农业用地，周围聚集着众多生活困难的人，政府拨给该项目的款项也很有限。为了给这些人提供一个高质量的住区环境，方案中街道结合了景观、人行道、交通和雨水处理系统，建设成本只需传统管道和水池模式的1/2。

设计中街道铺装利用原有的植草地皮和突出的小石块，降低了建设成本，并限制了机动车的速度，促进了邻里活动；同时，每个房屋前都用生态水洼代替单独的草地，长廊又将空间延伸出来，用作公共交流互动的场所，进一步节约了成本，并保证了居民交往的需求（图6-19、图6-20），为邻里乃至整个社区增添了无限的活力。

位于美国阿斯彭市（Aspen）的伯林格姆（Burlingame）农场经济房项目，提供了价格低廉生活方便、环境安全的住宅区域方案（表6-1）。

[1] 美国对"棕地"最早、最权威的概念界定，是由1980年美国国会通过的《环境应对、赔偿和责任综合法》（*Comprehensive Environmental Response, Compensation, and Liability Act*，CERCLA）做出的。根据该法的规定，棕地是一些不动产，这些不动产因为现实的或潜在的有害和危险物的污染而影响到它们的扩展、振兴和重新利用。

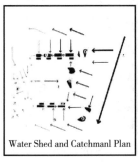

图6-19　节约成本的绿色街道与雨水处理系统结合
（石莹、林佳艺，2012）

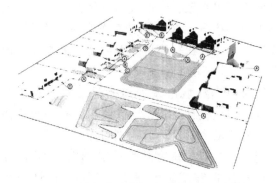

图6-20　从每个院落都可以看到社区的草坪
（石莹、林佳艺，2012）

表 6-1　通过设计保证环境安全的步骤

主要任务	设计策略	项目目标
修建低收入人群可以负担的住宅	在住宅区的设计中降低了居住密度，节约了 50% 的场地用作公共空间	规划每个住户都可以享受公共空间、社区花园及果树园，以及各类基础设施，营造一种整体的 生活方式
支持整个公共过渡系统	为鼓励步行设立的 8 个交通中转站，都配有相应的设施，包括公车站，邮政信箱、报亭、垃圾桶等，成为居民日常活动的场所	居住的条件与经济状况无关，从建筑外景完全看不出住户之间的收入差异
增加住宅区内的绿化面积	从大型聚集区的基础设施及草坪，到建筑的前门、半私人空间，构成了社区的公共空间网络，为随时随地的社会活动提供了最大可能	设计师们不光注意社区内部的设计，同时密切关注周围居民区的修建情况和相关的社会作用，对社会融合产生了一定的推动作用
操作性强的低成本设计营造良好社区气氛	其中大型的聚集中心使孩子在父母上班时得到了邻里之间的照顾	

6.3.3　通过公众参与进行社区建设

6.3.3.1　公众参与

公众参与是在社会分层、公众和利益集团需求多样化的情况下所采取的一种协调对策。它强调公众参与城市社会发展的决策和管理过程，使公众自下而上的参与和政府部门自上而下的管理形成合力，以促进社会的和谐发展。

同时，发展公众参与也是社会发展的需要。公众自始至终都应是被服务的主体，而不应是规划设计方案的被动接受者。问计于民，是对公民知情权和参与社会公共事务管理权利的尊重。只有不断对城市社会生活需求进行评估和调查，对规划建设进行相应的调整，才能使风景园林实践与社会生活达成默契。公众是城市开放空间的使用者，与公众的沟通是最有效、最直接的评估社会生活需求的方法。

美国著名风景园林师劳伦斯·哈普林（Lawrence Halprin，1916—2009）在设计过程中非常重视公众参与和设计沟通，他认为设计通过使用者的参与，能使城市变得更有生活味。他将设计作品看作是城市中的一个舞台，参与其中的人们是他作品中最重要的要素，若无有生命的人，作品就是不完整的。风景园林师在此时的作用有些类似舞蹈编排者，安排、组织与城市或社区有关的活动。

他还创造性地发明了社区工作体的工作方法，

不仅是让市民观察、建议或同意他们的方案，而且要激发、引导市民参与他事务所的创作过程。他认为，全体公民是环境的最终使用者，应当由市民参与决定环境的设计与政策。

公众应当从城市风景园林建设的消极旁观者，转变为积极参与者。允许使用者以一种集体创作的方式从事共有环境的创造设计，提供一种允许变化、并有增减的弹性框架，使人性化的原则自始至终贯穿于城市环境建设的前期调查分析、具体设计过程以及使用评价（估）过程之中（表6-2）。

无论发达国家还是发展中国家，公众参与对实现社会发展起着正向推动力。

6.3.3.2 社区建设

作为社会学概念的社区是指有一定的地域范围、有自己的特有文化传统和生活习惯、其成员在情感上具有共同的乡土观念的最基本社会单元。城市和乡村都存在社区，其内部存在一定的社会关系和社会结构。

1952年联合国成立了"社区组织与社会发展小组"，旨在推动全球尤其是落后地区的社区发

表6-2 风景园林与公众的联系及对其产生的意义与价值

风景园林与公众的联系	意义与价值
风景园林提供的公共空间	本身就是融合各类人群的交往场所，促进人的交往和沟通，增加彼此的信任，也激发人们参与公共事务的集体感
风景园林实践过程中通过各种方式，努力在各类群体中寻求不同的价值观	公开议论和意见交换所取得的不同价值观和经验的碰撞与融合，使人的各种需求得以明晰，风景园林将这些观念转化为不同的空间形态，还之于民
公众参与的过程中，信息得以公开，普通民众享有平等的参与权、话语权、投票权等，参与的每一个人都从中明确自己的地位和责任	使各类社会群体得以可持续地散发正面能量，并和谐共处的源动力

展运动。该运动强调让社区成员参与到社区有计划的改造中来，不仅达到社区内部诸要素的协调，也培养自强、互助、互爱的社区精神，推动物质文明和精神文明的建设（吴晓、魏羽力，2010）。文化活动、基础设施建设等都能够成为社区发展的媒介，通过吸引和组织社区成员参与，达到社区建设的目的。

美国新奥尔良地区的越南村（Viet village）重建规划就充分体现了这一点。长久以来，越南村的居民在自家花园种植一些本地市场没有的水果和蔬菜，同时社区内已形成非正式的市场可供交易富余的农产品，但2005年的飓风摧毁了这一切。

在重建计划中，社区组织构想了城市农场和社区市场的理念，将农场耕地布置于社区的中心位置，不仅为普通家庭提供小型农耕和园艺的场所，还为本地餐饮业和商业提供食品材料；还设有使用越南传统方式的养殖区域；社区中心的市

场使民众在传统节假日可以进行买卖，并成为整个社区的集会地点。

这种重建方式不仅能够塑造具有实用价值和美学价值的社区环境，而且保证了社区的文化延续——城市耕地将不同年龄层的人聚集到一起，年轻人开始向老一辈人请教从越南传承过来的传统文化与耕作技艺，不同家庭共同分享传统方法收获的果实；另外，通过社区自产自销的产业链，本地农产品得到了推广并成为经济与文化的资源（图6-21）。

6.3.4 促进经济发展

风景园林建设活动可以有效地利用土地及空间资源，挖掘潜在的经济效益，从而恢复区域的活力，推动社会的发展。一方面，风景园林建设直接产生经济活动；另一方面，风景园林项目提升了区域整体价值和市场竞争力，工作机会和商

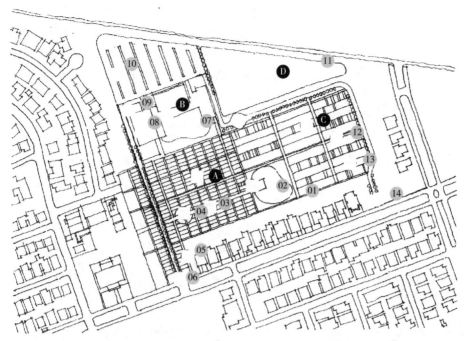

There are 4 main areas on the farm: Ⓐ *small plots that are located near the church and elderly housing across the street,* Ⓑ *the market located at the back of the site due to a land-lease arrangement with the City of New Orleans,* Ⓒ *commercial plots located near* Ⓓ *the livestock farm to share back of house infrastucture and service roads.*

01 Central Reservoir 中心蓄水池		08 Market Buildngs 市场建筑	
02 Community Pavilion 亭子		09 Rain Gardens for Market Runoff 雨水花园	
03 Central Boardwalk/Linear Market 市场		10 GrassPave Event Parking with Bio-s\ 草地生态停车场	
04 Children's Play Area 游戏场		11 Livestock Farm Operation / Compic 家畜农场	
05 Pedestrian Entrance from Street 步行入口		12 Central Bio–Filtration Canal 植草沟	
06 Public Vehicular Entrance 车辆入口		13 Commercial Lots 商业点	
07 Secondary Reservoir/Market Ponc 第二蓄水池		14 Service Entrance 服务入口	

图6-21 越南村重建规划及规划过程中社区居民参与研讨和培训

业机会将随之发展。作为区域性公共空间的公园能够促进周边工业、商业和住宅区的经济复苏，作为旅游目的地的公园绿地也会使整个地区获益良多。

2012年伦敦奥林匹克公园选址在伦敦东区一个破败、萧条的贫民工业区，原有的场地上布满了废弃的铁路、被污染的水道、成堆的报废车辆和废旧轮胎。而公园的建设为落后的东伦敦地区奠定了经济发展的基础，并且带动了周围地区的产业发展（图6-22）。

奥林匹克公园的规划概念是创建一个新公园，使其周边土地吸引更多投资和发展，不仅仅着眼于修复破碎的城市肌理，同时还考虑到将赛后的奥林匹克公园转变成一个可持续发展的新社

图6-22 伦敦奥林匹克公园平面图（林箐绘）

区。并以建设欧洲最大的公园——伊丽莎白女王奥林匹克公园重塑该区域的公共景观系统。巨大尺度的景观综合体推动了新城区发展（图6-23）。2014年4月，经过景观改造后公园重新开放，外围新城的地产开发也随之启动，建设的第一阶段

还包括保障性住房、零售空间，游乐区和公共花园。这样，当地人将获得数以千计的就业机会和培训机会，奥运会不仅带来一场体育盛宴，还将带来新的商机、新的住宅和新的工作岗位（Bill Hanway，2012）。

6.3.5 调整产业结构

出于环境、生态、景观和地区经济发展目标等方面的考虑，风景园林的建设常常涉及土地利用的调整，依附于土地之上的产业也随之发生变化，地区的经济结构和发展方式亦随之调整。

20世纪90年代以后，德国在鲁尔区举办了多次园林展，在提升该地区区环境质量的同时，也促进了新企业和生产群体的发展，不仅给土地注了入新的活力，还完成了产业结构的转型，成为传统工业区结构转型的成功范例。

诸如此类，这些项目的目标就是将原有的工业区域转变成公园、文化设施和商务办公区域，刺激城市经济与社会的发展。这些项目从一定程度上解决了这一地区由于产业衰落而带来的环境、就业、居住和经济发展等诸多方面的难题。

6.4 社会学在风景园林实践中的应用

社会学在风景园林实践中的应用，包括价值观念的影响，对策手段的借鉴，整个工作过程的

图6-23 伦敦奥林匹克公园

（引自http://zhan.renren.com/ladesinger?gid=3674946092077101612&checked=true）

社会性渗透。在实际项目中，可运用的社会学方法主要包括社会调研方法、社会工作、公共教育和公众参与等。根据项目的性质和不同的阶段，侧重有所不同。

6.4.1 风景园林实践社会目标的建立

美国当代著名的国际政治理论家塞缪尔·亨廷顿（Samuel P. Huntington）在《社会发展的目标》一文中提出增长、公平、稳定、民主和自由5项社会目标。

风景园林建设是众多实现社会发展目标的手段之一，明确这些目标，将使风景园林实践朝向促进社会进步的方向前行。

6.4.1.1 促进经济增长

除了一部分的商业项目，多数的风景园林项目都具有公益性质，不可能也不应该要求项目自身达到经济上的平衡甚至获得利益。但就项目本身而言，建设资金必须可控，未来的管理养护必须可持续，不浪费公共财富，不给财政造成负担。此外，风景园林建设活动应当促进当地的经济发展，带来更多的就业和商业机会，并因基础设施的改善而使土地增值，吸引更多的投资，使得经济更加活跃，税收增长。

2007年第六届中国（厦门）国际园林博览会（以下简称园博会）的规划就是一个成功的案例。当2004年厦门市政府决定园博园选址杏林湾时，这里还是一片渔业养殖用地。设计师研究了厦门城市的现状和规划，认识到园博会的建设有机会成为杏林湾地区发展的引擎，从而加快厦门城市发展从本岛到陆地的战略转移。

设计师提出使园博园成为未来城市新区核心的思想，在6.76km²的规划范围内，建立了以水面、绿

地、住宅、商业和酒店等组成的多功能城市绿岛群和滨水区域，而园博园作为城市新区的核心绿岛，与其他绿地连成一个完整的系统。

土地的出让有利于资金的平衡，同时良好的环境能够为整个湾区吸引更多的投资（图6-24）。事实上，这一规划为杏林湾的发展起到了极大的促进作用，城市规划也相应做出了重大调整，将厦门市的行政中心从本岛迁移到了杏林湾。园博会的规划建设起到了城市发展催化剂的作用。

当1993年美国查尔斯顿（Charleston）海军基地宣布关闭时，经济的衰败早已渗透到整个区域。20世纪海军在这里挖河填泽、抬高低地以开垦更多的建设用地，导致河流变成一条排放雨水和废水的水道，生态多样性遭到破坏，抗击洪水的能力也不断减弱。

在这样的情况下，区域亟须一个全新且有效的拯救方案（表6-3）。规划设计团队首先指出项目的出发点是建设一个富有生机活力的健康城市，继承优良的文化遗产，并承担好社区、生态系统和市场的角色。

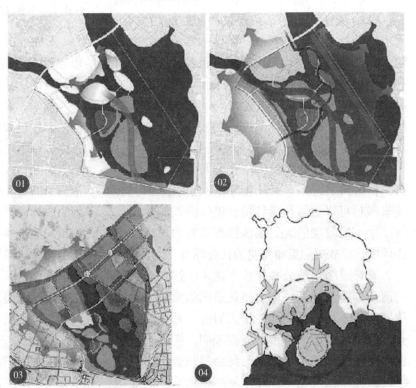

图6-24 厦门园博会对杏林湾和厦门城市发展的推动分析

表 6-3 方案形成过程

步　骤	措施项目	内　　　容
第一	对场地进行评估	拟定发展的指导原则
第二	通过上百次的社区会议以及信件交流	成千的居民描绘出心中活力社区的模型，并指出问题所在
第三	形成总体规划设计	①提出混合居住模式，加入邻里认同的设计元素，使土地再生。个人、邻里和社区共同成为自然环境的主人，保护当地景观和水资源，恢复生态系统，并对努瓦塞蒂保护区赋予娱乐和教育的功能； ②恢复社区之间交通和公共空间的联系，集成公共系统设计； ③以社区住宅区为区域发展的核心催化剂，连接历史和生态系统；将社会、环境和经济完美结合； ④通过增加税收和鼓励私人投资提升公共基础设施； ⑤建立一个衡量公共空间、商业和住宅的可持续发展标准，及时对建设过程进行监督和检测

市民、领导者与各行各业的专家经过 5 年的通力合作，形成了最后的规划设计成果。这一系列举措，较有成效地促进了北查尔斯顿地区的地价上升和新型商业的兴起。

6.4.1.2　推动社会发展

风景园林作为协调社会不同利益的一种工具，应以社会理性为依据，实现公共利益的最大化，积极维护社会的长远利益。设计师要关注社会问题，关注公众利益，要维护和协调各阶层的合法利益，促进和谐社会的建设。设计应以人为本，满足民众的需求，鼓励公众参与，创造人与人之间交往和沟通的纽带，促进民众社会责任感的建立和自治能力的提高，最终推动社会进步。

优美的环境能够使生活在其间的人们心情愉快、积极向上，并下意识地约束自己的不良行为。风景园林可以通过改善环境，提升人们的生活品质，让不同阶层的人们都能拥有适宜的居住和工作环境，形成更加健康文明的社会环境。

风景园林创造公共开放空间，而这是人们交往活动的重要场所。即使当代通讯信息技术的快速发展似乎可以减少、替代人们的一部分出行需要，但是许多欧洲城市的证据表明，实际上技术反而促使人们增加了活动与约会的机会。最近几年，欧洲市民对城市开放空间的使用需求明显增加了。在城市开放空间中，人们不仅能够获得阳光和新鲜空气，而且，能够获得各种各样的社会交往，融入社会生活。因此，在风景园林规划设计中，应努力创造更多、面向更广使用对象的公共开放空间，提供大众化的市政设施，满足不同人群的需求，以此来促进人们之间的交往和沟通，促进社会和谐。

6.4.1.3　维护公平公正

公平公正是社会发展的基本目标。当然，城市建设中也有很多人为的社会不平等，会造成日益严重的居住隔离，也成为社会矛盾的来源。

例如，很多城市中湖滨、河滨和山麓等具有较高生态质量和环境品质的区域被一些高档住宅区所占据，原本可以成为城市公共开放空间的资源被少数人垄断，成为一部分阶层享用的专属区域；公园中规划的游客中心、运动俱乐部等配套建筑建成后很快成为高档餐厅和私人会所；同一个居住区由于房价和物业费的不同被人为地分隔成不同的院落，甚至连绿地和公共设施都不能共享。

这样的局面不仅需要政府思考如何完善政策法规以避免类似情况的继续发生，项目开发者以及规划设计人员也应当建立起社会责任感，以向社会各阶层提供平等的、公共的自然和人文资源为己任，自觉维护社会公平和正义。公共风景资源应该是社会各阶层都能融入其中的户外空间，这些空间表达了一种博爱的精神（凯文·林奇，2001）。

在现代社会中，面对城市文化的多样化和多元的社会群落，风景园林实践的公共性在促进社会融合、为不同观点表达提供场所方面的作用更为显著。

英国海德公园（Hyde Park）内的演说角（Speaker's Corner）是英国民主的历史象征，市民可在此演说有关民计民生的话题，这个传统自1855年一直延续至今。演说角完全是民间和自发的，传统上人们喜欢每周日下午来这里，自带装肥皂的木箱作演讲台，所以也称为"肥皂箱上的民主"（图6-25）。

社会生活对城市公园有新的需求和使用方式，对传统的以美学和自然为原则的空间规划设计是一个挑战。城市公园并不是私家花园的放大，相比之下，它更注重对精神尺度的把握和对社会平均价值观的表达。

有些观点认为公众公园（Public Garden）是"陌生人的会场"，而欧洲城市实践表明，在城市里没有其他的地方能够替代这里，没有其他地方能让他们毫无顾忌、毫无伪装地表达自己的观点与个性，不论他们的背景、财产和民族，这也是市民的精神避难所（sprit refuge）。公众公园为人们提供了一种更亲密的空间，促进了社会和精神世界的整合。

在风景园林实践过程中，我们应该尽可能地确保社会各类资源和服务分配的平等性，甚至包括对权力和教育等抽象元素的平等分配（表6-4）。

图6-25　海德公园演说角（引自http://blog.sina.com.cn/s/blog_49fb93ae0100m4ey.html）

表6-4　各类资源和服务分配的平等对待

资源	分配原则
土地分配及空间、环境资源分配	排除地域、民族、性别、阶层的差异，避免排斥和剥夺的行为，争取资源的公平分享
社会投资	优先改善衰败的老旧社区、公立医院和学校
基础设施	通过公共政策确定，指向公共利益的最大化
城市空间	尽量多地建设公共空间，保障各阶层的人享受休闲

例如，英国谢菲尔德（Sheffield）著名的和平公园（Peace Garden）位于城市中心，被居住区、学校和行政机关所包围，是居民、学生以及午休期间公务员们聚会交流的场所。

而最重要的是场地中的皇家场所，不仅成为了这个开放空间的背景，也是空间中的构成元素。人们在这里可以比较近距离地了解王室活动，减少了社会等级差异的隔膜感，无形中促进了对君主立宪制度的认同，人们甚至认为王室是这个国家、这座城市不可或缺的组成部分，乃至

图6-26　英国谢菲尔德和平公园（Matthew Carmona 等，2005）

是整个英国的荣耀和精神寄托（图 6-26）。

西欧国家在平衡风景资源分配时：一是使用空间均衡法，即在规划中尽量把开放空间插入高强度开发地段或是人均公园绿地相对较缺乏的区域，使得公园绿地的分布区域趋于均衡；二是使用需求导向法，即通过对城市居民需求的调查来提供公园绿地。

例如，慕尼黑 1983 年园林展的规划为城市西部人口密集区留下了一个 60hm² 的公园——西园，使得整个城市的绿地空间布局趋于均衡。尽管当时的慕尼黑有大面积的城市绿地，但由于历史与地理的原因，绿地分布不均，在 1980 年代前，城市西南部 20 多万人口的密集居住区里没有一处公园。虽然 20 世纪 60 年代就有在此建造西园的设想，但是由于要建造 1972 年夏季奥运会的奥运公园，此计划搁浅。1977 年慕尼黑申办 1983 年国际园艺博览会得到批准，通过竞赛 Kluska 的西园设计方案被评为一等奖，并于次年开始实施。

西园处于高速公路与城市环路交汇处，建园前是一块平坦的采石场荒地，由于地处交通要地，噪声颇大且影响周围居民，是一处看来毫无建园希望的地段。地形的处理使得西园具有阿尔卑斯山山前谷地式的风景特征，谷带中是开阔的草坪及水面，它是游人活动与观赏的中心。山谷风景既可避噪声，又与慕尼黑所处的阿尔卑斯山山前这一地理环境相协调。公园周边的山坡上是各种休息和活动的场地平台以及小花园（图 6-27，6-28）。

美国科罗拉多州 Ralston Creek 公园为残障程度不同的儿童设计了一个小花园，以便他们能像正常儿童一样拥有自己的天地（图 6-29）。设计师认为所有孩子都应该拥有游戏的权利，所以为了消除残疾儿童的心灵创伤，这座盲童公园应运而生。园内设有专门为盲童设计制造的秋千、旋转木马、攀登架等游戏器械，这些器械的构造及用料都是针对盲童而设计，不会对他们产生任何伤害。同时，整个公园干净清洁，孩子们可以尽情玩耍，而不必担心被东西绊倒。

6.4.1.4　促进稳定和安全

混乱、黑暗、空旷的环境容易让人产生不安全感，事实上这种环境也是犯罪高发的地区。

通过设计保证环境安全的措施如下（表 6-5）：

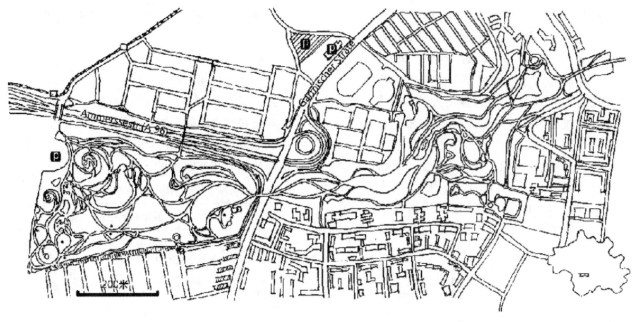

图6-27　慕尼黑西园平面图

图6-28　慕尼黑西园改变了城市西部人口密集区开放空间相对缺乏的面貌

表 6-5　通过设计保证环境安全的措施

	目　标	措　施
1	吸引人流，避免空旷性	通过整洁美观的环境、尺度宜人的空间、丰富多彩的设施和良好的可达性
2	消除死角，预防犯罪发生	增加光照和照明，加强视觉的可达性
3	增加社会安全感	强化人际沟通和互动，调高居民对公共领域的集体责任感
4	保证步行者的安全	降低机动车行驶的速度，实行人车分流

欧美国家一直很重视安全性能提高的理论和实践。早在1950年代，简·雅各布斯就注意到风景园林的设计对社会安全的作用，雅各布斯认为最安全的地方是可以自然监视的区域，她认为从减少犯罪角度来说，公共空间应安排在交通集中的地方。

同时，她借助社会学的方法去研究街道空间的安全性，她主张保留小尺度的街区以及街道上的各种小店铺，用以增加街道生活中人们视线所及的范围，提高隐形的监控力，并称为

"街道眼"。

其后，建筑师奥斯卡·纽曼（Oscar Newman）以及C.R·杰弗瑞（C.R.Jeffery）在著作中都强调了这种非正式监视的重要性。通过环境设计来提高视觉的可达性，从而强化人际沟通与互动，并提高居民对公共领域的集体责任感，一方面可减少疏离感；另一方面可预防犯罪发生。

纽曼（Newman）在1972年提出"可防御空间（Defensible Space）"理论（图6-30），他认为可以通过领域感(territoriality)的建立达到监控公、私空间犯罪的效果。同时可以通过一定的设计手法

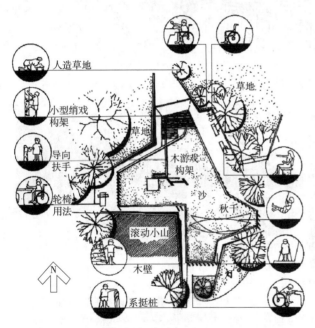

图6-29　美国科罗拉多州Ralston Creek公园残障儿童园
（根据荆其敏《城市休闲空间规划设计》改绘）

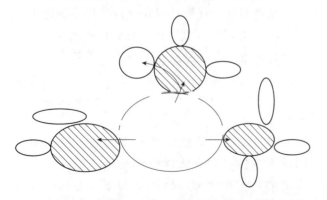

图6-30　纽曼的"可防御空间"理论示意图

减少犯罪，增加居民对公共空间的自然监视机会。其中包括：

①提供室外照明；

②使公共空间一览无遗；

③提供居民户外小憩的场所和设施等，促进居民对公共空间的拥有感（汤晋，2005）。

欧美城市公园提高城市开放空间的安全性设计往往从以下几方面入手（表6-6）：

表6-6　欧美城市公园提高城市开放空间的安全性设计

方　法	具体安全性设计方案
调整植被种植	调整植被栽植比例，减少植物的过分郁闭，提高空间的通透性
减少视线死角	增加路径直线穿越部分，减少公园内的视线死角
增加监视设备	公园周边是非居住性建筑时，在相对私密的区域设置求援与监视设备，以降低犯罪成功率
无障碍视线	公园处于街道、巷弄之中时，保证一定的无障碍视线，或设置多重出入口

以风景园林建设来促进社会稳定和安全的一个实例是巴黎的拉维莱特公园（Parc de la Villette）。公园地处城市边缘运河河畔，历史上曾是巴黎城市中最大的屠宰场，环境混乱不堪，周边地区逐渐成为低收入移民的聚居区，充斥着各种犯罪和种族问题。

拉维莱特地区的改建旨在促进该地区经济、文化、社会的全面发展，最终形成以开放的公园为核心，融合了音乐学院、音乐厅、科学技术馆、马戏馆、酒店、住宅等项目的综合性多功能的城市区域。公园与城市设施紧密地结合在一起，提供各种各样的休闲和运动空间，晚上公园美丽的夜景照明和丰富多彩的文化活动使得这里成为真正的"昼夜公园"（图6-31），吸引了各个年龄和阶层的市民来使用，从而避免了公园成为犯罪多发地。

位于美国圣路易斯（Saint Louis）的南格兰德（Hyatt Place Grand Rapids South）大街及其临近地区因复杂的人口构成和众多民族餐馆而闻名。

图6-31 拉维莱特公园美丽的夜景和夜晚的文化活动

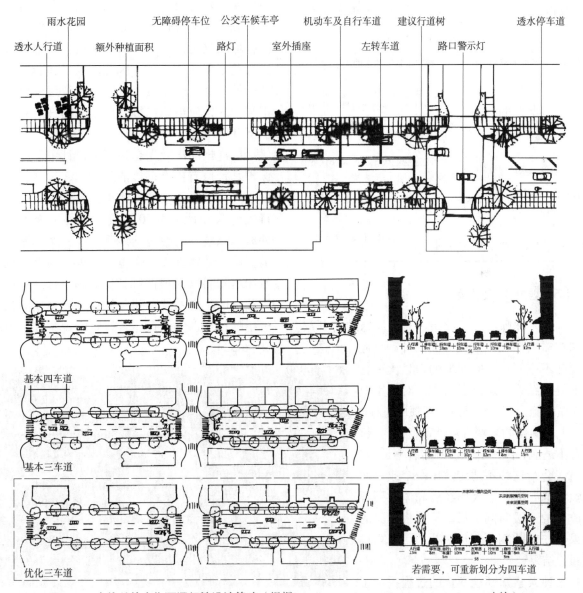

图6-32 南格兰德大街可通行性设计策略（根据http://www.asla.org/2011 awards/ 192.htm1改绘）

过去半个世纪里，城市化的发展带来了大量噪声和每年 80 余起事故，导致许多人在穿越南格兰德大街时，尤其是在夜晚时缺乏安全感。在对街道采取的拯救行动中，通过一系列降低噪声和提高安全性的举措（表 6-7），事故发生率明显降低了 74%（图 6-32）。

表 6-7　欧美城市公园提高城市开放空间的安全性设计

行　动	效　果
将四车道缩减成了三车道	降低了机动车的行车速度，从 45 英里 / 小时降低到 32 英里 / 小时，噪声也随之降低了 8dB（A），达到了一个适合交谈的环境氛围
使用多孔的铺底材料	解决了地面积水的问题
人行道的宽度增加了 36%	为室外的餐饮、聚会等各种活动以及良好的通行性提供了空间，也为行道树提供了健康生长的环境
清理街道上成堆的垃圾	改善卫生状况、扩大公众的视野
底层建筑赋予购物和餐饮等混合商业模式	增强街道活力
增加靠近街道的单元住户	使街道充满生命力，并提供隐形的监控力

6.4.1.5　注重公众教育

风景园林师希望了解市民对公园绿地与开放空间在需求性和适应性方面的种种反应，但这些问题都不应根据一时一地的信息反馈仓促地得出结论，这是因为市民对城市中的物质设施会有一个适应和习惯的过程。

人在周围的环境有可能改变的时候，会有不适应，或者会预测到这种不适应。这时人会给这种不适应做出一个或正面或负面的判断。当人们经历和体验到环境改变的一段时间之后，又会将体验的结果与先前的判断进行对照，得到再次判断的结果。

这种人感知环境变化的过程揭示了现代城市空间与城市市民是同步发展与进步的规律。城市的主人是全体普通市民，他们应该对城市的发展有自己的选择，只有整个城市一起自觉行动起来，将城市发展问题既视为人们的权利，也视为人们的义务，才能获得保护城市生态、维护城市文化传统和谋求城市理性发展的可靠保证。

公共设施应当尽可能地提供公众教育的机会。无论是在自然环境中，还是在遗产保护地中，或是在公园绿地中，人们可以更直接和生动地学习到关于当地的历史、文化、自然系统的知识，也会更懂得尊重历史、文化和自然。尤其对于青少年来说，这种身临其境的教育可以激发他们对某些领域的兴趣，建立全面的素质，为他们未来的成长奠定坚实的基础。因此，风景园林项目，从开始的论证、规划设计、实施以及建成以后的使用和管理，应当始终将公众教育的理念和方法贯穿全过程。

在杭州江洋畈生态公园的设计中，设计者在保护基址原有生态环境的基础上，试图将公园建设成为一座露天生态博物馆。设计师根据公园的特征专门设计了由 80 多块科普展示牌组成的室外展示系统，内容包括地理变迁、生态系统、植被资源、动物种类、生境条件等，为人们认识自然和增加科学知识提供了良好的条件。这里也因为独特的生态系统和完善的科普内容成为当地青少年的第二课堂和自然爱好者的观察和学习基地（图 6-33）。

图6-33　江洋畈生态公园提供了丰富的科普教育内容

6.4.2 论证策划阶段的社会学方法

风景园林项目从表面上看是改善环境的，但是项目的建设也会涉及征地、拆迁等敏感问题，也会对自然环境做出改变，也必然会对原有的利益格局做出调整，在这个过程中，需要与群众充分沟通，政府在一些大型的环境敏感项目的论证和决策环节要做到科学和公开透明。

如何选择更加合理的开发策略，如何在项目之初就对未来的利益分配做出合理规划，如何让民众理解继而支持该项目，避免社会矛盾，我们都需要用社会学的方法来引导。因而循环型规划设计流程的建立是十分必要的（图6-34）。

循环型规划设计流程强调公众作为使用者的参与性，此流程可以弥补设计者与使用者理解上的差距，直接体现使用者的需求和反映社会生活的变化，从而弥补以往规划设计程度上的不足，使规划设计形成一个良性的循环过程。

在风景园林设计过程中，场地的规划必须包含反映用户需求和态度的内容，因此，我们应该更多地考虑到使用者的需求和态度。

设计师想要更加了解公众的需求和客户的态度，有多种方法可以实现（表6-8）。

表6-8 设计师了解公众的需求和客户的态度的方法

方 法	目 的 意 义
社会调研	可为项目提供较为科学合理的基础调查资料和数据
问卷调查、访谈和听证会	收集并听取公众的意见，了解公众希望该项目提供的活动项目和服务，或者公众所关心的利益，并以此为依据对项目的范围、内容等进行合理的调整
项目宣传	使利益相关各方详细地了解项目的性质、目的及价值所在，争取各方的支持

调查形式应以问卷调查，实地调查与深度访谈为主，并结合文献资料的查询。问卷调查以市民为调查对象，采用多段调查、随机选取的调查方式，对不同时间段、不同年龄段、不同职业和不同性别对象的人群进行调查。

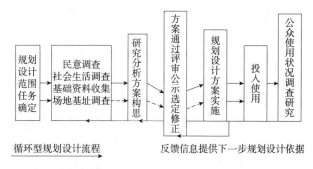

图6-34 两种规划设计流程的比较

同时，在问卷调查过程中，积极观察并选取参与意识强的调查对象进行深度访谈，进一步了解市民的意见与建议。整个调查过程在连续的时间段内完成，工作日与休息日都应该进行调查，从而保证数据样本的随机性与分布的代表性。

当然，调查不能仅限于对部分市民的走访、调查，应该广泛听取社区成员，特别是弱势群体的意见，包括关于可见的和潜在的空间排斥，社会不公平问题的意见等。

同时，应对地块周边的社会经济发展状况与社会生活总体需求进行尽可能详尽的调查和评估，例如，可以分析目前的地块周边有哪些积极的社会因素值得通过规划设计保留或利用。在调查评估的基础上列出规划设计应遵循的具体原则，以便更好地指导规划设计的进行。

扎实的调查研究工作，是正确地认识对象，制订合乎实际、具有科学性方案的必不可少的过程。一般常用的资料收集方法是通过互联网、图书馆、档案材料、大众传媒等途径查阅文献来获得研究的信息，前人的经验、研究成果也可以参考借鉴。但通过问卷调查、实地观察、试验等获取资料，是更重要和有效的资料收集手段。

（1）民意测验

又称为偏好调查，可以通过邮件、电话，或者面对面的访谈来进行。民意测验可以用来确立问题及建立目标。偏好调查的先驱之一，华盛顿州立大学的社会学教授顿·迪尔曼（Don Dillma）提出有3种关于民意测验的思想学派。

第一种是"不要进行民意测验";

第二种观点认为调查是公众参与的基础;

第三种认为测验如果实行得当,则是有益的。

偏好调查对规划设计师来说是一个很方便的收集资料的模式,在这个信息时代,研究结果可以通过计算机制表进行统计分析。同时,政府可以通过测验获取民意,从而进行迅速的反应。

那些对测验的有效性持悲观态度的人认为:首先,人们并没有足够的信息或有足够的能力陈述他们的真实偏好。同时,社会问题日益复杂,需要更多的专业知识,而不能是让他们简单地回答是否,或无意见。

其次,迪尔曼认为人们表述的偏好是肤浅且易变的,而他们为决策提供的不适当的依据会带来持久的影响。

最后测验的有效性与技术性相关,他认为评估人们偏好的程序不可避免会有缺陷,在调查的问题与他们想关注的政策问题之间可能会有很大的区别。

(2)问卷调查

调查表或态度问卷调查可以帮助设计者来收集公众的信息,问卷的备选选项和问题的措辞直接决定着调查的质量。

比如"你对某个事物怎么看"或"你喜欢什么样的环境"之类的态度调查应该尽量避免,因为此类问题中包含有太多的可能性,被调查者以他们以往的经验和不同的想象力所给出的选项,往往会成为影响调查结果的限制条件。

相对来说,提供了关于设施、公园以及游乐场等实际使用状况的问卷调查,是更具有价值的。问卷的设计需要注意以下几点:

第一,问卷结构清晰,题目顺序的安排得当;问卷语言尽量口语化;第二,避免询问被调查者不知道的问题,也不能直接询问敏感性问题;第三,提问题的态度应客观,不带有倾向性,避免使用否定句等。

(3)访谈法

这是风景园林工作者获取当地居民需求和反馈的最直接方法。访谈法包括焦点群体访谈和深度访谈法,这两种方法一般互有交叉,兼并进行(表6-9)。

表6-9 访谈法的分类与特征

分 类	特 征
焦点群体访谈	一是群体效应,二是访谈围绕的是一个给定的焦点问题; 通常访谈会在一段时间内组织多次,以了解人们对某一问题达成共识的程度
深度访谈法	研究者与受访者之间反复的平等的对谈,访谈的形式可以是非正式的完全开放的,也可以是有目的的、标准化的

例如,墨西哥城(Mexico City)的查普尔特佩克(Chapultepec)公园的改造曾面临争议和质疑,但是通过良好的沟通使项目得以顺利地进行并获得成功。

公园具有悠久的历史,然而随着时间的流逝,由于缺乏管理和维护,公园变得凌乱不堪,面临改造。设计师认为原有树木生长过度,过于密集,如要提升公园的环境质量必须首先对树木进行一定的移除和修剪,这一提议引起了比较多的争议。

设计师与公园改造委员会通过组织和参加一系列的公共会议来解释该措施实施的理由和方式——移除和修剪树木将使植株之间有充足的空间可以获得足够的阳光照射,草坪和地被也可以更快更充分地生长,使公园看起来更加生机勃勃。充分的沟通获得了公众的理解,也最终保证了公园的成功改造(图6-35)。

图6-35 改造后的Chapultepec公园生机勃勃

在扬州老城街区复兴的项目中，扬州市政府和德国有关方面合作，组织居民参加老城的摄影活动，然后在研讨会上让居民对这些照片进行分类，进而判断出对历史风貌的认同及存在的问题；针对问题的重要性、难易进行排序，进一步组织专业人员与居民代表一起到现场查看，对问题定位和评估；讨论解决问题的具体计划，并选出代表作为监督联系人。

位于广东的十字水生态旅游度假村的建设过程中，采用了社会学的方法。

首先，工作人员利用实地考察和访谈的方法，对包括客家人在内的当地少数民族的历史文化进行了详细和深入的剖析，并试图从中创建一种能使当地人参与和获益的经济模式。

之后，设计者利用类型学对场地进行了分析研究，为建筑设计提供了参考依据，比如通过尊重场地的"风水"和"气"来确定项目的主轴方向，同时为景观元素赋予古代园林的韵味，其中所有建设材料全部源于当地盛产的竹子（图6-36）。

（4）实地观察

这是每个人都可以进行的社会研究。一个在街上闲逛的人，很可能在不知不觉中观察到沿街的建筑外形；或者坐在窗口喝咖啡的人，无意中体会街道空间的变换，从而获得一些可能很重要的信息。

观察可以使用摄影、摄像、录音、录像、绘图等技术进行记录、收集数据，由于职业的关系，专业人士、非专业人士所观察的结果会有显著的差异。

同时，不同的社会身份，如设计系学生、职业设计师、业主的着眼点也会有很明显的不同，其中由设计师参与调查而采集的数据，会更加可靠。经过摄影、测绘得到数据并整理后，绘制出的详细图纸，即可以记录完整的调查结果。

在特定用途领域或活动区域内可以运用直接行为观察反映出另一层面上的信息。

例如，维尔·霍尔 (Vere Hole) 对伦敦的儿童活动场地进行了研究，测算了孩子们能集中注意力的时间以及儿童所需求的环境。这些研究的内容及特点受人瞩目，为未来的设计工作提供了宝贵的信息。

但是，特定案例研究结果的细节及其用途仅仅局限于一定的场合，因为受到多方面因素的影响，不同的儿童对场地和环境的需要也不尽相同。在公园和公众开放空间通过系统的方法对人们进行观察，可以了解人们使用与误用环境的方式，

图6-36　为了解本地社会和收集环境数据信息,设计团队通过会议讨论、拜访等方式与当地客家人进行交流

（石莹、林佳艺，2012）

就是这种方式使诸如喷泉和长椅等元素的设计与安排产生了特殊的行为模式。

威廉·霍林斯沃思·怀特（William Hollingsworth White）通过隐蔽拍摄的照片，记录下了城市开放空间中各种各样的活动，然后再通过这些活动来评判设计的成败。他的研究成果不仅用于修订纽约开放空间分区条例，而且成为中心城区设计的重要指导方针。根据他的研究所修订的条例详细阐述了座椅的数量、尺寸、树木植栽、零售空间、照明、通道以及维护等方面的内容（图6-37）（米歇尔·劳瑞，2012）。

6.4.3 方案比选阶段的社会学方法

构思阶段应充分分析比较，尽量优选出一个有助于丰富社会生活、也有助于公平分配公共资源的方案。与此同时，还需要在专业的分析和研究基础上吸取公众的意见和建议，提出可能的方案（表6-10）。

风景园林师有自己的专业知识和从业经验，但是当地民众才是真正的利益相关方，他们了解这里的自然和人文，真切关心项目的未来是否能够为当地的环境和社会带来积极的影响。风景园林师应当放下精英意识，认真地倾听当地民众的意见和建议，尊重当地的习俗和传统。在此阶段与民众的沟通，不应该流于形式，而是真正能够为项目的成功奠定基础。

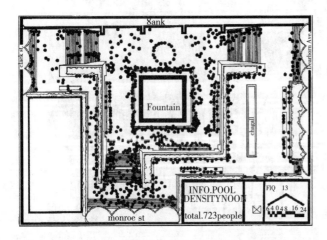

图6-37 芝加哥第一国家银行广场关于广场人数及某一时刻所在位置的社会观察图（美·劳瑞，2012）

表6-10 方案构思阶段的社会学方法

方　法	内　容
考虑到方案实施可能的影响	是否会对原有社会生活结构造成破坏进而引发一些社会问题； 是否能对新的社会生活如文化、经济活动进行积极的引导； 是否维护了大多数市民的利益； 是否忽略了社会弱势群体的需求
充分沟通并吸取公众的意见和建议	用生动形象的方式帮助公众了解和评论方案，与公众进行面对面的方案沟通； 鼓励和吸引当地的和相关的协会和团体参与方案的讨论和指导； 采纳民众的建议以促进方案的成功实施； 可采用的公众参与方法有公众投票、开放设计、研讨会、评审会、媒体讨论

同时，由于大多数民众并不具备相关的专业知识，为保证在项目逐渐深入过程中公众参与的效果，需要由一些志愿团体或者组织通过恰当的培训提高公众实际参与能力。项目的组织者也需要建立强有力的组织过程和严格的操作程序，在集思广益的同时保证公正和效率。

（1）资料分析

收集到大量资料后，就需要进行资料筛选、整理、检验和分析（表6-11）。

表6-11 资料分析步骤

步　骤	具体方法
资料筛选与整理	应对所收集的资料进行定性和定量分类。定性资料包括实地观察记录、访谈记录和文字形式叙述资料。定量资料包括问卷调查资料和二次数据资料
资料可靠性检验	信度和效度是衡量资料可靠性的两个标尺。其中，信度是指测量数据（资料）与结论的可靠性程度，即测量工具能否稳定地测量到它要测量的社会现象的程度，也就是测量的一致性。效度是指测量的内容是否与测量的要求相符合，即测量是否有效
资料分析	有效又可信的资料被分析，并找出变量的特征及其之间的相互关系，进而制定相应的设计标准

比如，要研究城市广场如何成为高效利用的空间，我们需要利用统计学原理，来寻求诸如休憩空间、社区、太阳直射区域、喷泉、树木、咖

啤馆等作为变量，通过改变它们的数量或是存在方式，来吸引不同的活动人群，使广场形成不同的利用效率，这就是它们的相关性。而其中的某些数据就会成为广场设计参考，决定着一个受欢迎的广场必须具备的可供人休息停留的空间数量、绿化率的比例、出入口的个数等。

（2）公众参与和研讨会

近年来，在设计和规划过程中实现公众参与已成为城市更新和社区发展项目的特点，而且往往纳入法律规定。公众参与通常包含在方案阶段的讨论会，这种公开、公平的讨论机会使公众真正具有了主人翁的责任感，一旦他们的从属地位有所改变，他们也就会积极地而不是消极地、认真地而不是敷衍地去主动参与。在各种规模的讨论会中，最终目标是要使社区成员对于社区未来的发展方向达成一致的意见。

讨论会的结构可能根据环境状况而有所不同。劳伦斯·哈普林（Lawrence Halprin）建议，应该在一开始就实现以下两个重要目标。第一个目标是参与者应该了解他们生活环境的真实情况——这将引出并促成第二个目标，即发展出共同语境，使问题更加明确，解决起来更加容易。人们必须学习沟通的艺术，这需要积极倾听并真实表达。

举办研讨会的场地应该尽量宽敞且方便，如一处类似空旷卖场的公共场所，而不是某人家里、俱乐部或者教堂中，这些地方可能影响与会者的人数或者观点的自由表达。在研讨会中，应保证与会人数，并给各种意见和建议留出充分的表达空间和时间，来促成讨论事件的实现和共享。

议程启动之后，议程的策划者需要开启一系列的议题，参与者可以通过任何适合自己的方式来表达观点，并分享对事件的看法。在这个过程中，常常采用彩色纸笔、模型或者其他电子产品之类的媒介，来帮助交流和互动，并且其中的任何决策都是以协商的方式实现的，而非投票表决。

讨论会引导人们建设他们自己的环境、公园、游乐场，甚至住宅，或是参与到某些"自助项目"中。在这种情况下，设计者的角色是提供选择方案，最终促进选择方案的实施。

社会在不断前进，人们某个时候的需求可能与长期目标或他人需求相抵触。因此，尽管这些方法和技巧有助于获得某些宝贵的设计信息，但也必须谨慎地使用，并且对结论保持怀疑态度并加以检验，探讨其结果是否具有启迪意义。

在伦敦一处20世纪60年代停车场屋顶平台改造中，设计师在设计过程中充分考虑当地居民的想法和建议并让他们深入地参与到项目的设计过程中。最终的设计是一个遵循当地居民意愿，为他们的活动、娱乐、交际和沉思而创造的空间，成为周围居民的露天"起居室"。设计中还加入了一些当地儿童设计的有趣的"自然"图案，表达孩子们对花园的理解。这个低造价、小尺度的社区公园的建设通过当地居民的参与，提供了能够真正吸引公众使用并得到认同的户外环境（图6-38、图6-39）。

从决策者来说，规划设计的评审和审批要做到公开、公平和公正。公示和听证不应是象征性的，应当保证公众的意见能够真正对决策产生影响。对于一些与当地社区利益密切相关，最终的使用者也主要为社区居民的项目，更要尊重民众的意见，并以他们的意见作为决策的主导意见，或者在决策过程中给予社区代表与技术专家一样的投票表决的权力。

为了实现真正的公众参与，充分体现对参与者的尊重，在意见处理后，要对不合理意见进行解

图6-38　混凝土沙发和带图案的"地毯"（引自《全球经典景观设计探索集锦（Ⅲ）》

图6-39　乒乓球台

释，对合理意见给予回馈和感谢。同时，可以利用互联网资源，由委员会安排专门的技术人员对公众建议进行处理，并将处理结果通过网站及时地反馈回公众，从而增强公众参与的信心。对于有建设性的意见，由委员会出面与规划部门进行交流，并将交流结果通过网络、媒体及时公布。

6.4.4　实施阶段的社会学方法

随着项目的开展，需要大量的社会工作，包括建立相关组织间的合作，筹集资金，安排项目的调查工作，进行内部动员和调解，进行项目的评估和统计反馈等。同时，也需要同步安排委派监督员、讲习培训和协力参与建设等公众参与活动。根据项目特点和当地的具体情况，有可能进行专业讲解和技能培训等公共教育活动。

建设过程创造的工作岗位可以优先提供给当地民众，让他们能从该项目中获得利益，从而支持项目的进行。有关各方可通过演讲和散发资料等方式，在项目实施过程中向公众提供项目建设的重要信息和背景资料，促使他们对专业人员的规划做出积极反应。

组织社区民众参与项目的建设，有助于社区建设并培养居民对项目的认同并在今后自觉维护和管理。可在社区中雇用当地居民作为公共雇员，及时了解项目对社区的影响和社区的即时需求，监督业主和建设方的行为，及时有效地化解社区与项目建设方之间的问题和矛盾。

（1）动员与调解的方法（表6-12）

表6-12　动员与调解的方法

方法	具体内容
劝说宣传	劝说宣传法在风景园林实践中极为常见并被广为使用。如前期的访谈调查、公众教育，以及公众参与中的公众咨询和研讨会等形式
角色扮演	角色扮演对风景园林实践的贡献主要体现在委任公众为公众代表、调查员、监督员、协助员等具体职责来调动公众的积极性。另外，风景园林师同样应该扮演人民的调解师、公共利益的发言人等更多的社会角色，拓展和协调自身的职能
团体影响	碍于当地居民知识水平的有限，在推广风景园林新技术和新政策的时候往往会受到阻碍。首先通过有说服力的成果打动一部分社会成员，使成效有目共睹，从而使更多的人接受并推行
活动参与	风景园林实践中，鼓励人们参与自己社区的行动规划，参与项目的实质性建设等以改变他们以往对所生活环境的漠视和失望的态度

（2）公共教育

20世纪二三十年代，平民教育和乡村建设的专家晏阳初先生主张实施生计、文艺、卫生和公民四方面的教育，来培养民众的知识力、生产力、强健力和团结力。一方面，公众整体的认知水平、社会责任意识的加强有赖于公众自身认识的不断提升；另一方面，公众的权利、受教育渠道和资金需要更好的保障，这是公众能力受限的外部因素。这两方面因素决定着由政府或社会组织出资的公共教育是一种必然趋势（表6-13）。

表6-13　公共教育的方法与内容

方法	具体内容
项目宣传	首先对风景园林项目本身进行宣传，说明项目的社会价值，提高公众的积极性和认可度
专业讲解	将一部分与民众生活相关的风景园林专业知识介绍展示，提高公众对风景园林的认知程度以及对社会发展的责任感，取得公众的理解，进而提升风景园林的整体水平和行业价值
技能培训	开展就业和技能的拓展训练，是为了改善居民的经济和生活的水平，提高其为社会做贡献的积极性和能力

位于美国加利福尼亚州埃尔文地区（California Irvine）的原海军陆战队基地关闭之后，为

恢复区域活力建立了橘郡公园，向人们展示新的理念、结构、系统和技术等方面的信息，在满足人类需求和促进环境健康发展上达到了平衡。

由于观测气球也是最早的一种军用航行器，因此公园里像"大橙子"一样的热气球，除了象征橘郡盛产橙子的农业历史外，也是对场地曾经的军事基地历史的隐喻；另外，公园的热气球可以将游客带到 400 英尺的高空以见证区域的成长；博物馆、纪念堂、遗存的军事景观等不仅是对过去空军基地的缅怀，更具有教育意义；标识系统向公众解释公园的可持续发展的设计特色；柑橘园、坚果园和鳄梨园等专题园象征体现了橘郡的农业历史和丰产的农业景观（图 6-40）。

负责美国西雅图市滨水地区远景规划的设计团队，发起了一个由四部分组成的公共演讲系列活动，并邀请国内著名的专家就有关环境和社会重要性进行演讲；此外，还组织了一个当地的座谈会，向公众讲解重要的科技和环境问题；共有 1000 名市民参加公共演讲活动；设计团队还在网上添加了"绿色景观工具包"，里面包括对数个可重复的城市公共空间系统的分析、地形信息以及实施方案；规划团队将最终的图例策略合成一个长达 230 页名为《西雅图绿色空间远景：绿色景观远景规划与实施策略》的报告，并附带光盘，市民在西雅图图书馆和社区中心都能看到（图 6-41）。

巴拿马的伊斯拉帕伦克（Isla Palenque）海岛在实现生态旅游的过程中，考虑到建筑材料和食物都需要从外界进口，成本很高，于是在岛上的森

图6-41　西雅图远景规划的"绿色景观工具包"材料

林砍伐区开设了农业特产园区，不仅减弱了砍伐导致的破坏性影响，还提供了岛上基本生活所需，更重要的是具有教育意义——将当地居民、岛上的来客和国际学术机构聚到一起，进行开发和培育的教程。此外，岛上的农业中心为国际大学开展的园艺课程提供了场地，在课程交流中，介绍遭受砍伐的森林可持续的复原方法，使人们明白农业系统与自然生态环境是如何相互关联的。

6.4.5　管理过程中的社会学方法

项目建成后，在规划设计之初考虑到的社会效益需要通过有效的管理来实现，如创造的工作岗位和商业机会优先考虑当地社区居民，保证民

图6-40　橘郡公园中的公共教育（引自http://www.asla.org/2009awards/068.html）

众的日常使用要求，通过有效的组织实现长期的公众教育。

风景园林实践建成环境的运行是一个长期的动态过程。往往需要经历开发期、发展期、成熟期和衰退期4个阶段，并循环往复，在每个时期都具有不同的特征（表6-14）。

表6-14　风景园林实践的建设环境运行过程

时　期	特　征
开发区	应重视其对人与人交往、聚集产生的凝聚作用
发展期	超越城市其他地区，形成建成环境所在地段的独特魅力
成熟期	为该区域特点稳定并形成持续吸引力做出贡献
衰退期	由于环境质量下降，需要重新定义该区域内的环境

因此，必须对风景园林实践的建成环境实施长效监控机制。在开发期、发展期和成熟期尽量通过设置丰富多彩的活动内容起到良好的引导、刺激和稳定作用。当活动空间和内容出现衰退迹象，就应该根据社会生活需求的变化对其进行重新定位，按市场和使用者的需求重新制定或开发新的内容，使原有的城市建成环境得到更新。

以美国纽约中央公园为例，公园每年都提供大量体育、学术和文化艺术活动，众多特色鲜明的文化活动已经发展成为纽约城市文化的标志。在公园中部的德拉科塔（Delacorte）露天剧场举行的"中央公园莎士比亚节"已经有40年历史，每年在这里免费上演的莎翁作品以及其他古典名剧，吸引了大量的观光客。

而最具影响力的活动是每年6~8月举行的夏季舞台（Summer Stage）。它是由纽约市政府赞助的一项大规模公益活动，迄今已举办了15年，活动在持续1个半月的期间提供大量免费的、高水准的现场音乐和戏剧秀。而每周日下午，在靠近大都会博物馆后面的大草坪旁，最新的"国际舞蹈大家跳活动"体现了纽约多民族、多元文化的移民社会特点，展示了纽约普通人真实的生活（图6-42、图6-43）。

中央公园之所以在150年之后依然焕发着生机和活力，最显著的特征正是通过不断调适和进化以顺应时代发展的需要。公园自建成以来，一直以弹性的"精明增长"（Smart Growth）状态，随纽约城市人口和公共生活期望的改变做出即时性回应，同时进行有规律的回顾、反思。公园每5年进行一次动态的适时调整，这种适时更新策略是重点明确的、渐进的、完全实证性的调适性规划。

项目的社会目标能否实现，实施的效果如何，同样需要通过较长时间的评估和统计。公众反馈

图6-42　Delacorte露天剧场活动（引自http://cncsw.mobi/1630/21814/361479/6971524/content.html）

图6-43　Summer Stage活动（引自http://www.360doc.com/content/13/0904/05/7116746_312065061.shtml）

的意见也是评价的主要根据，因此需要在制度和组织上保证反馈途径的通畅。

规划设计方案实施投入使用后，应该由管理部门进行公众使用情况的调查和评估，及时地把合理的市民意见反馈给规划设计人员，并要求其在近期完成对方案的调整和完善，以便新建的城市建成环境可以更好地符合社会生活的需求。特别是对于分期实施的大型规划设计项目，前一期的意见反馈可以作为设计依据，很好地指导后一期的规划设计。

这些都能为项目的后续调整和改善提供方向，也为未来的工作积累经验。同时，在管理过程中还会遇到各类矛盾纠纷，仍然需要进行动员和调解等社会工作。

坚持社会发展目标和应用恰当的社会学方法不仅仅能够使项目本身科学合理地实施，并且能够真正保证项目社会效益的实现。

社会学方法在风景园林实践中的应用，既是科学的体现，也是民主的需求。它相对准确地提取群众的真实心理需求，维护公共利益；提供信息依据，协调决策层的集权以及群众非理性的反抗等矛盾，提高行政效率；通过社会学手段培养集体社会责任感，激发民众的生产力和凝聚力，形成自治型可持续的社会环境（表6-15）。

表6-15　社会学方法在风景园林实践中的应用

项目开始前	项目进行中	项目进行后
社会调研方法		
•定量研究方法		
•调查研究		
•试验		
•非介入性研究		
•定性研究方法		
•实地研究		
•访谈法		
	社会工作	
	•建立相关组织间的合作	
	•筹集资金	
	•组织项目的调查工作	
	•安排公众参与等各项程序——劝说宣传	
	•进行内部动员和调解——角色扮演	
	•项目评估和统计反馈——团体影响	
	活动参与	
	公共教育	
•项目宣传	•专业讲解	•项目宣传
	•技能培训	
	公共参与	
•公示公告	•公共反馈	•公共反馈
•问卷调查	•研讨会	•评审会
•听证会	•评审会	•监督员
	•监督会	
	•讲习培训	
	•景观	

6.5　风景园林实践社会价值的实现保障

6.5.1　加强社会意识的培养

专业人员首先需要树立正确的社会价值观，建立自身职业的社会责任感，关注社会和民生问题，并将社会性原则纳入工作的基本准则中。

其次，要提高自身的综合能力，优化知识结构，从单纯的方案设计者的技术专家身份转变为开发商、政府部门和公众之间的调解者和不同社会团体利益之间的协调者的角色。

要达到这样的目标，需要在高等教育阶段加强风景园林社会原理的教学，培养合格的风景园林工作者。风景园林工作者需具备社会关怀精神，与其他社会主体进行广泛的交流互动，并充实自身的知识，先成为一个社会中的人，再成为主持利益和引导设计的使者。

6.5.2　建立科学合理的行政制度

建立完善的规划设计论证、编制和审批的行政制度，做到公平公正公开，约束行政职权，规范行政部门、开发商、设计师和利益相关方的权利和责任，避免社会损害，用程序的正义减少和消除公众的不满。在管理上，减少各个部门的职能交叉，明确管辖范围，明确风景园林实践的引导和监督机构。

6.5.3　制定积极的风景园林政策

制定有利于社会发展的风景园林政策，包括建立风景园林师执业资格制度；制定客观和可操作的景观评估标准；改变由上而下的封闭式运行模式，建立鼓励公众参与的机制；建立良性循环的风景园林建设投资机制。

6.5.4　完善相关法制建设

通过完善相关法律条文，在宏观上对风景园林实践活动中可能出现的问题进行法律调控；加强规划法律中对公民权利的保障，明确规定公众参与的范围和程序；加强执法，保证法律的尊严，保障公众的利益受到法律的保护。

6.5.5 推动社会组织的发展

社会组织是风景园林实践中公众参与的重要保障。相比于个人化的参与，社会组织的参与能够提高参与的效率，同时建立个体之间相互交流学习的平台，增强社会集体责任感；能汇集并筛选公众的意见，使规划设计师和决策者更好地了解民众的需求和利益；能对风景园林社会责任的履行进行广泛的监督。

风景园林实践中的社会组织由一部分利益相关的社会成员组成，包括社区团体，信托基金会，新闻媒体，专业性的学术研究团体（包括专业人员以及其他学科专家），城市代表，社区代表，外界游客和公众等。

6.6 社会学在风景园林中运用的案例研究与调研分析

6.6.1 案例1——杭州西湖风景名胜区"景中村"的改造

在我国，社会学原理和方法在风景园林中的运用还是一个新课题。在为数不多的探索实例中，杭州西湖风景名胜区"景中村"的改造项目，则是一个相对完整和成功的案例。

西湖风景名胜区也是西湖龙井茶的主要原产地，里面有不少村落。随着经济的发展，村里原来粉墙黛瓦的江南民居逐渐被各式各样、五颜六色的西式小楼所取代，建筑色彩和建筑形式混乱，私搭乱建现象严重。这些村落由于缺乏市政设施，污染严重，景区环境受到很大破坏。为统筹城乡经济和社会发展，加快城市化进程，风景名胜区管委会决定实行"景中村"整治改造。

整治的原则是：结合当地的环境和特色确立村落的发展目标，以市政设施的改进、村落建筑的立面改建和环境改善为主要手段，使村落重现青山环抱、白墙黛瓦、小桥流水、绿茶飘香的景观；同时，积极发展农业旅游休闲产业，吸引市民和游客前来休闲度假，增加居民的收入。在此过程中，政府、风景园林师和街道村委会等相关机构和团体密切合作，在工作中采用了多种社会学方法。

（1）前期社会调研

风景园林师们受政府部门的委托，对村落现状进行前期调研，在走访的过程中发现，村内违章建筑多、建筑杂乱无章，向村民推荐环境整治项目时，由于村民们对整治项目没有全面的了解，因此都抱有抵触的心态。工作人员将每家每户的情况都一一标记在图纸上，并以照片记录。

（2）政策制定

经过调研，政府在制定政策时采取法制、民生、生态和民办公助的原则，没有采用大包大揽强制推行的做法，而仅在市政管线、公共设施和绿化方面由政府财政投入，农居立面整治由村民自愿报名，政府出资由专业人员提供设计援助，村民自筹资金、自寻施工单位进行整修。

为此，政府一开始就制定了一整套评分标准，根据屋面、墙面、门窗、护栏的材料和形式赋予不同的分值，验收时按照此标准进行打分，根据分值高低给予不同标准的奖励。

（3）公共宣传

为配合各个村落的整治工作，西湖环境整治管理办公室印制了宣传册，汇编了西湖风景名胜区管理条例、政府关于实施环境整治工程的意见、农居立面整治的要求和考核奖惩办法，以及有关政策措施的问答，全方位地向广大公众介绍关于环境整治工程的意义、所有流程和细节。

（4）社会动员

管委会连同设计师，并动员村委会的力量，首先给沿街道两旁的村民做思想工作，向村民阐释整治建筑外观，安装排污系统、煤气管道、网络宽带等设施的必要性，将政府承担设计经费并为村民住宅改建提供奖励的政策告知于村民，并为他们分析改造可能带来的潜在收益，增加项目对村民的吸引力。

（5）参与设计

在取得一部分沿街村民同意之后，设计师挨家挨户向村民询问对自家改造的设想和意见。当时，一些村民提出的想法比较特殊，如果照此实施显然会影响村落整体景观，也与整治目标相去甚远。为此设计师为每家每户分别绘制了不同建筑外观的效果图，以直观视觉感受劝服村民选择更为大方统一的建筑形式。同时，对于不影响整体的村民的一些个性化要求，设计师也尊重他们的意见在设计中给予体现。设计师还协助村民将住宅根据家庭旅馆、餐厅和茶楼等商业目标进行改造，开发其经济价值。

（6）团体影响

当一部分村民接受设计师的提议，成功改造住房后，美观的建筑和庭院以及初显的经济效益对其他村民产生了积极影响，村民们开始主动地要求设计师对自己的住宅和院落进行改造，从而使整治工作得以顺利开展。

（7）公众参与监督管理

景观整治和更新的工作还未结束，个别已改造完成的住户就开始随意改动自家院落，甚至乱拆乱装。针对这种现象，政府委派村民代表进行社会监督、管理，在村中形成自主自治的机制。

"景中村"的成功整治使村庄变成了景点，优美的乡村景观和舒适惬意的生活吸引了大量游人前来休闲度假。茶楼、餐厅、乡村旅馆和青年旅社如雨后春笋般在村中开办，村民的收入和生活质量有了明显的改善（图6-44）。一个村落的成功又促使周边村落纷纷自告奋勇要求改造，风景园林建设工作进入一个良性循环的轨道。

如今，西湖风景名胜区内大大小小的茶村都走上了与社会、环境和经济和谐发展的道路。这一案例将风景园林实践从单纯的技术过程成功转化为复杂的社会过程，以社会发展为目标，以社会学方法为手段，对国内其他地区风景园林建设极具参考价值和借鉴意义。

6.6.2 案例2——低收入自发性聚居地改造的风景园林途径

据联合国预计，到2030年，世界范围内贫民窟人口数量将增至现有数量的2倍。从被人们称为非正式（informal）的城市聚居区到棚户区，这些社区的规模有着非常显著的差距，人口总量从

图6-44　杭州西湖风景名胜区"景中村"整治

a.整治工程前村落建筑色彩和形式混乱　b.整治工程宣传册　c.设计师为村民提供的多种建筑外观选择　d~f.整治后的杨梅岭村不仅景色宜人，基础设施完善，而且村民有了更多的经济来源

几百到几百万不等，并且在人口年龄组成、政治水平和社会组织水平等方面各有不同的特点。在过去20年的世界发展进程中，非正式的城市化成为城市快速扩张的主要模式，这些聚居点往往出现在城市中心或周边区域。

以风景园林作为特定视角来审视这些聚居点，虽然形式类型多样，但都存在以下几处相同的问题（表6-16）。

表6-16 自发性聚居点存在问题

共同点	存在问题
地理位置	通常位于边际土地包括冲积平原，峡谷和陡峭的山坡，邻近破坏严重或者受污染区域，主要包括污水渠，工业设施和垃圾填埋场
生活环境	环境恶劣，公共卫生条件差，以及有着各种安全隐患
基础设施	缺乏完善的道路、下水道、供水及雨洪管理的市政基础设施 缺乏文化、娱乐活动的公共设施

多年来，解决非正规聚居点问题的策略通常是大规模拆迁贫民窟，但事实证明，这会导致社会动荡。而近年来的发展趋势显示，这些大规模拆迁的策略正逐渐被摒弃和调整。

风景园林实践中的相关问题既可以看作这些社区里亟需解决的问题，同时也可以看作对社区进行干预及改造的良好契机。不论从小型"见缝插针"式的、或膨胀式的改善基础设施方面，还是从政府主导的、或者设计师推动的项目中，出现了一些解决这类聚居点问题的优秀案例。

南美洲一些国家以不同的风景园林策略介入到非正式城市聚居区内并解决相关问题的案例，向我们展示了运用风景园林手段提升低收入聚居区居民生活质量的重要意义。

6.6.2.1 设计师推动：阿根廷布宜诺斯艾利斯的 Villa Tranquila 项目

Villa Tranquila 是一个可容纳7000人的聚居点，位于阿根廷首都布宜诺斯艾利斯市区东南角的阿韦亚内达市（Avellaneda），里亚丘埃洛河（Riachuelo River）将 Villa Tranquila 与首都隔离开

来。同时，该聚居区又被一片废弃仓库与阿韦亚内达（Avellaneda）市区相阻隔，特殊的社会隔离和空间隔离成为该地区的最主要特点。

Villa Tranquila 经常洪水泛滥，分布着大面积湿地，住房不足和近一半人口处于待业状态也是这个聚居区亟待解决的问题。尽管这里并没有改善社区公共空间的计划，但是住房条件的提升已经启动，在布宜诺斯艾利斯的低收入地区已经建造起了新的居民楼（图6-45至图6-47）。

（1）前期社会分析

Villa Tranquila 项目的设计团队包括来自阿根廷的设计师 Flavio Janches 和 Max Rohm，布宜诺斯艾利斯大学，以及哈佛大学和阿姆斯特丹建筑学院的学生，前期的分析与调研除了绘制相应的现状图纸，还对该区域的居民进行了一系列的会访。

在这些会访中，设计团队发现在这片聚居区，有效的社交网络主要包括：社区食堂、体育设施、教育和文化机构、养老院，以及就业合作社。然而，他们也发现专为儿童所设置的服务设施却相当匮乏。

设计团队通过全面的场地分析，充分的社会背景及空间条件调查，制定了以改善水质，排水系统，交通状况为目标的长期方案。

（2）制订振兴计划

为了完善该聚居区内部及周围存在的空地区域，设计团队希望创造一种新的公共空间形式，而这些空间将会成为低收入社区重新振兴以及他们与城市重新整合的新起点。

设计一种包括广场、运动场和相互联通道路的公共空间网络，这些公共空间被嵌入到聚居区内部的空地区域内，通过这些分散的公共空间来提升社区质量。同时，这些公共空间将提供文化、贸易设施以及娱乐场地，并将各个小型社区连接起来，也将成为社区与周围城市联系的纽带。

（3）区域方案实施

借助社区参与，设计师们选择了两个实施地点：Quincho（社区中心）和 Vicente Lopez（Villa 边缘上的一片废弃地）。利用草地、混凝土、沙子、塑胶等元素在这片聚居区内设计了第一个为孩子建造的空间（图6-48、图6-49）。

图6-45　改造前现状（引自http://asla.org.awards 2006 student awards images494494）

图6-46　新建造的居民楼（引自http://lacamporaddhh.org/tag/
cine-debate/）

图6-47　当地居民居住条件改善（引自http://
lacamporaddhh.org/tag/cine-debate/）

图6-48　儿童在活动场地玩沙（引自http://www.
designother90.org/solution/villa-tranquila-neighborhood-
murals-and-playgrounds/）

图6-49　场地中的儿童活动器材（引自http://places.
designobserver.com/feature/design-with-the-other-90-
percent-cities/30428/）

针对未来该社区公用空间改善计划的更多项目，在筹备资金方面可能需要花费几年的时间，所以设计团队与荷兰的一个私人基金会进行了合作，以快速筹集必要的资金。并且由当地的就业合作社负责项目建设，现有的社区协会将协助其完成这项工作。

这是一个设计师主导的项目，并没有客户或政府的资助，所以在整个项目设计实施过程中，设计师除了要担任自身角色之外，还要承担包括测量师、社会工作者、募捐人、开发商和承包商等多个角色。

6.6.2.2 政府推动：巴西里约热内卢的 Favela-Bairro 贫民窟改善计划 [1]

巴西对贫民窟的治理主要采用政府主导、全社会参与的方式。在贫民窟治理过程中，政府发挥着其他组织不可替代的作用。

巴西由于以往过快的城市化，导致大量农民涌入到城里转变为居民，而城市又没有足够的住房供新移民居住，结果这些新移民只能聚居于城市的一些边缘地带和山区，并逐渐形成"法维拉"（FAVELA），即贫民窟，而这种强占土地居住的方式是违反相关法律规定的。

在针对该贫民窟改造中，市政府希望通过改善基础设施和提高服务水平将贫民窟重新整合，在避免土地被继续侵占的前提下，提供更多廉价的保障住房，使这些区域尽快地融入到城市发展中来。同时，进行监管改革，来实现区域土地合法化，最终使 25% 的贫民窟非法居民从中受益，并且为当地政府提供一个可复制的改造模式。

（1）政策及态度的改变

对于贫民窟问题，最初巴西各级政府试图采取各种措施，禁止侵占共有或私有土地的行为，当时政府主要是对贫民窟居民采取驱逐的态度，力图抑制贫民窟的增长，并把贫民窟完全置于城市规划之外。但由于城市化的无序发展，贫民和贫民窟的规模日益扩大，政府根本无法全面制止这种侵占土地的行为，因而不得不另寻对策。

20 世纪 90 年代以来，随着联合国和国际社会加强对全球贫民窟问题的关注度，以及人们对新自由主义在拉丁美洲实践的反思，巴西政府更加重视贫穷和社会公平等问题，把贫民窟的治理与解决国内贫困和社会排斥问题紧密联系在一起。

巴西政府改变了过去对贫民窟所采取的取缔和驱逐的政策，承认贫民窟的合法性。在此基础上，采取了一系列治理措施，努力改善贫民窟的居住条件，整合区域资源。这种做法增强了贫困社区居民长期居住的信心，为贫民窟今后的治理工作创造了良好的条件。

通过推行一项名为"有条件现金转移"（CCT）的反贫政策，利用资金转移支付的方式来帮助贫困人群，达到在短期内减少贫困人口的目的。该计划鼓励人力资本投资，特别是对贫困人群的下一代投资，防止贫困的代际传递，所以这项计划主要涉及教育和卫生健康等民生领域。

（2）选择地点，并与社区组织联系

为了选择首批改造区域，规划师们将城市中所有贫民聚居区按其规模大小分类成为中型、大型和小型。中型社区可容纳占城市贫困人口的 40% 的 2500 户居民，因此，这些中型社区便成为了这个项目的首批受益地区。

然后，将这些中型社区按照建设改造难易程度进行排序，选出 40 个可行性较强的地区。最后，由政府从中挑选出 16 个地点，成为项目首批实施地。此后，规划师接受政府的委托与当地社区组织联系，为后续工作做好准备。

（3）制订总体改造方案

贫民窟改善计划针对该地区生活基础设施的极度匮乏，试图通过采取一些具体措施，如改善贫民窟居民的居住条件，建立卫生的给排水系统及垃圾回收、处理系统等，把贫民窟改造成拥有完善的基础设施和生活设施的城市社区（图 6-50 至图 6-54）。

（4）社区研讨

不同于以往先例，这个项目将工作重点由私人住房改造转移至公共空间改造，将提升公共空间质量作为这个项目的改造重点。因此，在整个项目的

---

[1] 引自 John Beardsley，Christain Werthmann，2008。

运河大道

社区中心

住宅

足球场

幼儿园

广场内部集成

户外运动场

球场

贫民窟广场

图6-50 改造方案平面图

图6-51 重修的水渠（引自http://valmivr.blogspot.com）

图6-52 建造的运动场（引自http://tourguiderio.com）

图6-53　法维拉当地居民重修道路（引自http://www.
healthcity2013.be/taxonomy/term/3）

图6-54　通往法维拉的大道（引自http:// pt.wikipedia.org）

实施过程中，需要与社区组织及居民就改造问题进行广泛的交流讨论，对项目策略进行调整修改，尽最大可能实现对社区发展方向的一致性愿景。

（5）公众参与

在政府出资提供建设援助的同时，根据建设效果的好坏，对当地雇佣的劳动团体进行不同程度的奖励。由设计者提供改造方案，并鼓励居民参与建设，如向社区内的母亲们征集幼儿园建设意见，向青年人询问文化机构的改造想法等。

（6）监管和评价

项目实施过程中，在进行建设监督管理的同时，收集当地居民对改造效果的评价，根据社会

评价，总结出合理的调整方案，为进一步的改造提供可行的方向。

6.6.2.3　哥伦比亚麦德林（Medellin）整体城市项目——风景园林干预解决社会问题[1]

（1）前期社会调研

基于一系列城市发展规划，对麦德林的城市中心区及外围非正式聚居点区域进行实地调查，发现该区域是极度不安定的地区，存在毒品交易、武装冲突、社会不平等及居民生活贫困等很多社会问题，并缺少安全的公共活动空间，儿童无处活动、社区团体活动无法开展、相邻地区的交通不便，从而导致人与人之间缺少交流。这些显而易见的社会问题成为城市发展的最大障碍（图6-55）。

（2）政策决策

基于亟待解决的社会问题，政府制定了3项城市发展规划，目的在于提高城市的治理能力和经济增长，消除贫困与社会不平等现象，并在国内及国际范围内改变城市形象。

麦德林市市长Anibal Gaviria特别强调城市公民教育项目中的教育和文化项目，将其作为以文化为根基，实现城市可持续发展的优先落实项目。在提议中指出，对环境资源及地域特性关注的缺失是以文化为引擎的城市可持续发展中的关键问题（图6-56）。

市长按照城市发展计划与城市发展企业（EDU）一起制定了整体城市项目（PUI），该项目

图6-55　麦德林城市（引自http://www.zellnertravel2012.
wordpress.com）

[1]引自John Beardsley、Christain Werthman，2008。

包含物质、经济及制度层面的内容，通过采用所有利于发展的措施及风景园林干预的手段解决人类低指数发展区域内的问题。

（3）公共宣传

全球范围内的建筑杂志广泛报道了这些贫困地区的改造项目，标志性的空间设计在创业型城市中将作为经济及象征资本的启动因子。这些具有象征意义的项目使城市具有了国际认可度。

（4）社会动员与公众参与

结合参与实践、跨机构合作、跨学科团队等方式开展工作，并依所改造区域与当地居民合作进行城市和社会干预，从而对该区域进行物质基础方面的提升并提出社会改良倡议。自 2001 年起，连续几任市长及政府管理者都为标志性设计项目、公共空间提升项目、增设可移动设施及教育设施提供相应的财政拨款。

（5）项目落实

关于 Communa 13 的 4 个项目如下。

①项目 A　胡安二十三世（Juan XXIII）城市散步公园（Parque Ambiental and Paseo Urbano Juan XXIII）是一个位于 Metrocable 站附近山谷里的小型袖珍公园，公园内的道路成为连接相邻地区的主要长廊。公园坐落于山谷中央的一个混凝土场地上，该公园发展区域的面积为 1867m²，长

廊占地面积为 1725m²。公园保护了山谷的植被并成为公共休闲空间，长廊的功能提高了现存的 49 A 街（Calle 49 A）行人和车辆的通行能力。但诸如废水处理等有关河流水治理问题还未得到解决（图 6-57、图 6-58）。

②项目 B　索克罗的运动场（Unidad Deportiva el Socorro）位于圣哈维尔地铁站（San Javier Metro）几步之遥的地方。设计的意图在于提升和组织已有的重要邻里功能，为社区活动、体育运动提供场地和游憩地，并连接车站、学校及商业区域。PUI 的目的在于建立一个能影响贫民窟的区域，在组织体育活动的基础上保留该区域。在这次干预活动中，总计有 8818 m² 的场地被重新设计改造。然而该方案的不足之处是为用户提供适宜生活的"绿色"遮阴环境考虑甚少（图 6-59、图 6-60）。

③项目 C　7 月 20 日公园（Parque 20 de Julio）是在原有的道路基础上创建的。它是社区发展的一部分，连接其他长廊、体育设施、公共机构。PUI 意图为在车行交通的基础上创建一个公共空间来加强行人交通，并为文娱活动、儿童游乐等休闲游憩提供可能。在公园外围设立咖啡厅、商店、公交车站及出租车停靠点。该新公共空间占地面积为 448m²（图 6-61、图 6-62）。

④项目 D　电扶梯（Escaleras Electricas）是一

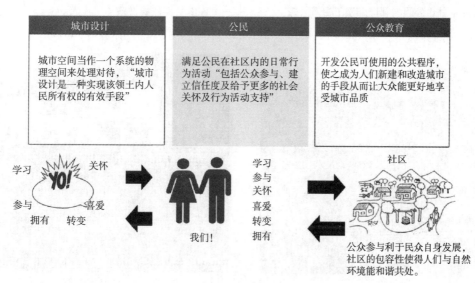

图6-56　城市公民教育项目 "Urbanismo Civico-Pedagogico"

（引自http://www.edu.gov.co/index.php/urbanismo-civico-pedagogico）

图6-57　山谷之中的居民区（引自http://www.panoramio.com/photo/11368703）

图6-60　公园为团体活动提供场地但缺少树木遮阴（引自http://es.wikipedia.org wiki Uriangato)

图6-58　山谷中袖珍公园的廊道连接了相邻区域（引自http://www.skyscraperlife.com）

图6-61　原有道路（引自http://www.panoramio.com/photo/24405415）

图6-59　密集的居住区（引自http://www.panoramio.comphoto484734）

图6-62　在原有道路基础上创建的Parque 20 de Julio（引自http://mikesbogotablog.blogspot.com）

图6-63　连续数层的扶梯连接的上层与下层社区

（引自http://www.taringa.net3）

图6-64　连接社区上下部分的室外自动扶梯

（引自http://www.taringa.net）

个连接社区上下部分高度可见的室外自动扶梯，并通过在其上附加的一个观景台可俯瞰整个城市的壮丽景色，同时作为旅游景点，电扶梯的设置成为具有代表性的城市干预措施。该扶梯使麦德林在2013年《华尔街日报》城市评选中获得"年度最具创意城市"。通过"一个有形的基础设施项目"达到3个标准从而荣获奖项。（图6-63、图6-64）。

（6）社会反馈

风景园林干预提高了当地居民的生活品质。在对专家、PUI工作人员的采访后知晓，虽然这些通过风景园林干预改造后的空间成功地成为市民社交、休闲及从事教育活动的公共空间，但缺少机构间的合作和固定统一的符号语言，导致项目环境一体化、可持续发展及文化特性建设的不足，进一步导致民众参与的积极性下降及行政机构提高设施质量职能低下，从而影响了环境评价、经济和社会的可持续发展。即只关注空间景观干预及创造出显著的旅游景点限制了区域的整体发展，并影响了对该区域社会特性的考虑，应以可持续发展和文化为基础的城市发展为背景，将自然和文化因素一起等同考虑。

6.6.3　案例3——危机景观下的社会重建

6.6.3.1　重塑城市和海岸——飓风后新奥尔良市的景观恢[1]

新奥尔良（New Orleans）是美国路易斯安那州（Louisiana）南部的一座海港城市，也是美国仅次于纽约的第二大港城。全市面积近950km²，市区人口50万，大新奥尔良区人口118万。

2005年，"卡特里娜"飓风对新奥尔良造成了大规模的创伤性影响，80%的城市土地被深达十英尺（1英尺=30.48cm）的洪水淹没数周，千余人死亡，大量人口流离失所并遭受着健康问题的困扰。此外，市区内的大量建筑和树木被摧毁，灾难的破坏性甚至还波及附近的6条运河。

严重的海岸侵蚀现象，以及几十年来环境保护措施的缺乏，使得新奥尔良市早已面临一个土地快速流失和破坏的局面。而"卡特里娜"飓风的毁灭性打击，又造成了包括生物量损耗、温室气体排放量增大，树木覆盖率降低，湿地和屏障岛屿缺失等严峻的景观生态问题。

同时，在新奥尔良三角洲范围内，海岸侵蚀现象以指数速度增长，在未来的十几年内，墨西哥湾海水将淹没大量城市土地，并威胁居民的安全。基于所面临的严峻生存危机，多种新的城市环境恢复以及沿海海岸修复方案被提上了议事日程，并在全市范围内达成了提升生态系统现状的

---

[1] 引自Elizabeth Mossop，2011。

图6-65 "卡特里娜"飓风袭击后的新奥尔良(引自 http://www.commons.wikimedia.org，http:// www.climatenewsnetwork.net)

共识（图 6-65）。

（1）政府态度转变

"卡特里娜"飓风的袭击将城市在政治、社会经济和自然等多方面问题暴露了出来，由于路易斯安那州和新奥尔良市长期缺乏高效的管理机制，导致政府未能及时采取有效措施以满足公众的需求、保护公众的利益。同时，随之而来的经济低迷，教育系统和卫生系统的低效，这些因素综合起来，导致了新奥尔良大规模的城市衰败。在飓风之后，基础设施破败落后、高犯罪率、贫穷、缺乏就业岗位以及保障性住房长期供给不足等，均显示出各级政府缺乏有力的总体调控和明确的职能结构作用。

而在受灾 6 年后，受灾地区的基本环境已经得到缓解，州政府正在投入更多的资源用于海岸保护，并且海岸保护和恢复部门正在筹备一项总体规划（截至 2012 年）以应对路易斯安那州海岸的未来变化。政府希望通过对城市有效的治理和管理，随着时间的推移，将新奥尔良转变成为一个适宜居住、工作和投资的地方。

（2）实施方案

关于海岸保护的河口计划（River to Bayou Project）利用现有的流域结构作为河流改道的出发点，使沉积物沉淀在低洼地区，最终达到恢复湿地和保护海岸的目的。针对地势低洼的下九区采用清淤和湿地同化技术完成河流改道工程，恢复中央湿地系统的湿地和赛普拉斯沼泽（Cypress Swamp），将城市风暴保护缓冲区延伸到新奥尔良东部地区。城市形态因保水湿地与运河的结合而更加灵活，低洼地区设计融合生产性和娱乐性，达到提高容纳水量、减缓洪水的目的。地势较高的地区则发挥更广泛和集中的用途（图6-66、图6-67）。

在海岸保护计划实施的同时，针对城市景观恢复重建的家庭生长计划（Growing Home Project）也应运而生。新奥尔良政府重建委员会通过给予一定的财政奖励，出售居民住宅旁闲置土地的所

图6-66 飓风后的河流状况

（引自 http://en.wikipedia.org，http://www.fws.gov）

图6-67 河流恢复状况（引自 http://the galaxy.today.com）

有权来鼓励市民建造花园，解决城市中大规模的土地空置问题。该计划旨在提升房地产价值，增加住宅附近便民设施，提高生活质量，改善环境（图6-68至图6-73）。

（3）公众参与

在政府制定恢复计划的同时，公众居民也切实地参与到建设当中来。在家庭成长计划的实施

过程当中，公众购买自己住宅附近土地，家庭成员自己利用围栏，植物材料，免费水，环保材料等来设计并建造属于自己的花园，充分参与其中，改善整个区域的生态环境（图6-74）。

（4）社区参与

新奥尔良大部分的恢复重建项目在很大程度上不依赖于政府，而是以基层和社区为基础的团

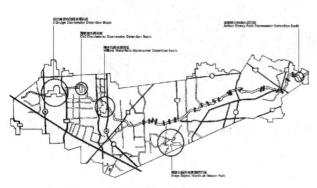

图6-68 海岸保护的河口计划平面图

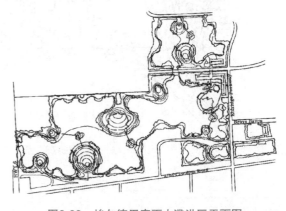

图6-69 埃尔德里奇雨水滞洪区平面图

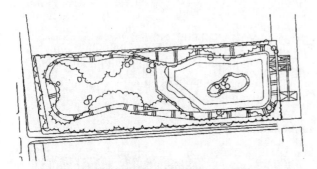

体组织与设计师和非政府组织开展合作，共同创建有助于社区振兴的城市景观。社区组织将继续推进这种合作方式以促进城市重建工作。

图6-70　海默雨水滞洪区平面图

6.6.3.2　海地典范社区 Zoranje 灾后重建[1]

在海地（Haiti）2010年毁灭性的地震后近2年的时间里，土地所有权的不明确及缺乏适当的治理，使得重建过程缓慢。持续动荡的生活环境，让重建工作集中在短期措施上（图6-75）。

海地正面临着地震和几十年经济政治动乱的挑战。地震发生一年半后，太子港(Port-au-Prince)仍处于可怕的境况中：估计有68万居民住在帐篷或临时宿舍中，80%的瓦砾还未清除。同时，很难获得干净的饮水，从而导致了近期霍乱病例的增长。自从地震发生以来，这个拥有350万居民的城市还没有实质性的永久住房建成。没有基础设施，没有工作前景：据估计，大约有

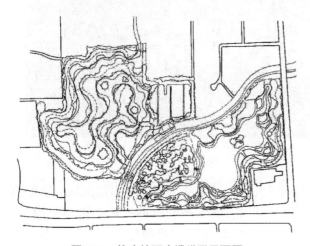

图6-71　柳水坑雨水滞洪区平面图

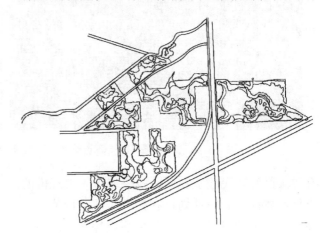

图6-72　梅森公园的布雷海湾沼泽平面图

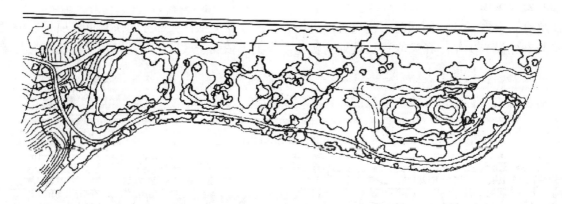

图6-73　亚瑟楼公园雨水滞洪区平面图

[1] 引自Christian Werthmann, 2011。

30 000人正居住在太子港北部的山坡上，并且处境极端贫困。这不是由于人们缺乏积极性，而是由于缺乏合法的土地以及政府的指导。

海地的土地所有权很复杂。即使在地震发生前，为了确定海地法院内的一块可建设地块的所有权就花了近5年的时间，而寻找可用的场地成了更大的障碍。对于重建，除了土地所有权不明确，第二大主要障碍是政府监管和项目协调不足，这种情况在地震前就已存在，并且长期以来对捐助组织的依赖更是使之加剧（图6-76）。

图6-74 家庭生长计划实施状况（引自http://growinghomeinc.org/）

图6-75 海地灾后现状（引自http://upload.wikimedia.org/ wiki/File:Haiti_Earthquake_building_damage.jpg http://www.huffing tonpost.com）

图6-76 居民搭建的临时住房

（引自http://cross catholic blog.com）

（1）社区发展基金会

在上述背景下，典范社区发展基金会成立（ECDF），它是基于海地的公私合作的组织，旨在为海地开发可复制的住房模式。目前的目标主要是Zoranje——一个位于太子港西北郊的包含300户家庭的小社区作为示范区。它的特点是：增量增长、可扩建、经济一体化以及完善的社会福利体系。Zoranje的土地可以通过典范社区基金会获得。

该基金会已建立了有价值的新基础设施，如学校和操场来协调社区活动，像举办青年足球锦标赛和家庭活动。在政府机构FAES（全宗援助经济社会）的帮助下，基金会近期在Zoranje组织了一个建筑博览会，展示了40座可以很容易复制的小房子，以期待博览会能引起国际社会的关注。作为平行工程，ECDF（典范社区发展基金会）在私人赞助商的帮助下正致力于在遗址上给地震难民建设125座房屋单元。

（2）设计团队基于广泛社会调研提出的策略

Zoranje周围的土地虽已退化但仍有价值，远离太子港中心10km的125个贫困家庭的安置成为削弱城市化过快的一个有效方法。

设计研究者抱着一种阻碍快速发展的态度进行，这是一种灾后规划常见的可操作模式。非紧急情况下的设计旨在协调社会、自然和经济力量的长期利益，而灾后的设计必须调和两个相反的方面：关键的短期援助和长期计划。灾后设计的艺术就是在实现紧急救济与建立持久的机会之间保持平衡。

设计团队制定了基本的城市策略去致密化和重建太子港的中心，同时在城市边缘建立新的社区。Zoranje项目在分阶段计划新社区的未来（图6-77、图6-78）。

（3）运作框架

在太子港（Port-au-prince），千百万住在帐篷里的居民，对住房建造形成了巨大的压力，这些压力往往会占用用于城市化的土地。因此，设计团队制定了用于Zoranje发展的五项原则（表6-17）。

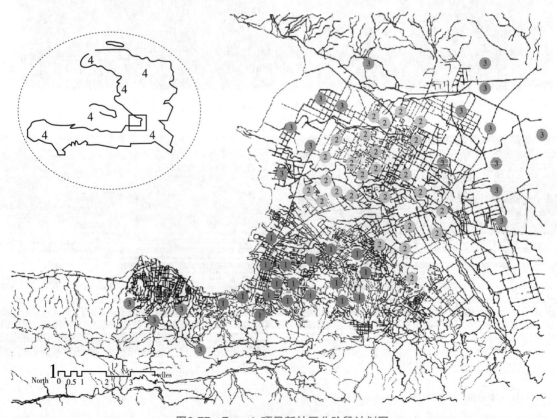

图6-77　Zoranje项目新社区分阶段计划图

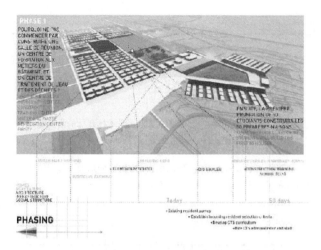
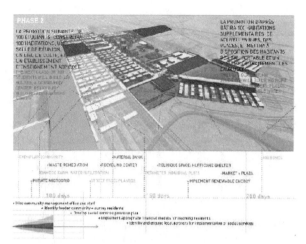
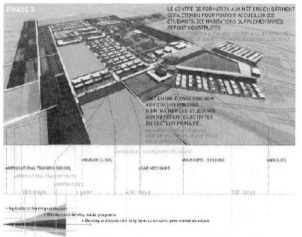
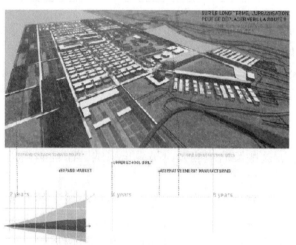

图6-78 四项基本城市策略（引自http://issuu.com/gsdmit/docs/designingprocess/6）

表 6-17 Zoranje 发展五项原则

序号	内 容
1	制定城市化进程，且在当前能力下可复制
2	与后续计划及太子港物流能力相关联
3	促进可持续的利用场地自然资源
4	社会设计融入自然设计
5	在建造住所的同时创造对等的工作机会

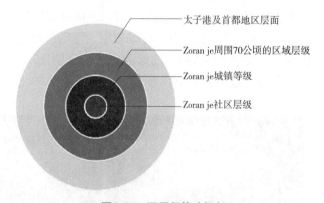

图6-79 四层级战略框架

很显然，根据这些原则125个安置点的规模是不够的。研究小组为 Zoranje 制定了 4 个层级的战略框架：太子港及整个首都地区层级，Zoranje 周围 70hm² 的区域层级，城镇本身层级和 Zoranje 社区层级（图 6-79）。

然后，制定一个进程来明确每个级别框架的行动运作顺序（表 6-18）。

①太子港及首都地区层面 Zoranje 正在进行

表 6-18　行动运作顺序

四层级战略框架	核心目标	策　略
A.太子港及整个首都地区的规划	去致密化太子港核心城市	①重建及将核心城市去致密化； ②建设和密实郊区； ③建设和重建乡村
B.Zoranje周围70hm²的区域规划	形成生产性景观框架	①禁建区，例如肥沃的土壤、平原、河岸以及拥有保护性红树林森林的沿海走廊； ②制定绿色基础设施区作为灾难防护场所，限制住房扩增，同时丰富环境景观
C.城镇区域规划	将社会工程和自然干预相结合	①建设有机农业学校、竹材建设单位、数字化制造实验室组成的培训学校； ②自愿搬迁的人将会在职业学校接受培训，建造更多的房屋
D.Zoranje社区层级	为当地居民提供更好的居住条件	房屋与基础设施由未来的居民和建筑公司建造

的工作必须纳入到全市的重建工作中。城市化选择的绿地，比如 Zoranje 中的，只有被当成其他三类去致密化和重建战略的补充来设想时才有意义：

第一，重建和去致密化核心城市；

第二，密实和建设郊区；

第三，建设和重建海地乡村。

这些策略应当及时被政府采纳，而且必须是相互关联的。

研究小组认为，当前太子港核心城区的去致密化工作，为了达成目标，对那些愿意远离太子港拥挤的中心区，并且同意住在郊区的居民，要有合理的规划和建设相配套（图 6-80）。

②Zoranje 周围 70hm² 的区域层级　在接下来级别的规划中，必须仔细检查 Zoranje 社区周围 70hm² 的凝聚性开放空间的未来规划，否则，这些土地将会被庞大的不协调的低密度住宅所占用。

首先，设计团队划出禁建区，例如肥沃的土

壤、平原、河岸以及拥有保护性红树林森林的沿海走廊。

其次，通过制订方案，充分利用现有的自然资源，使土地变得丰饶；同时提供诸如对飓风、洪水和地震等迫近灾难的防护。

在 Zoranje 区域提供大规模集中性的基础设施是不可能的，也是不必要的。因此，设计团队提议建设贯穿整个场地，宽 50~100m、长 200~300m 的绿色基础设施区。这些绿色基础设施区要保证其不受失控住房的侵犯，它们可以满足基本的功能，如对淡水、能源、食品和再生建材生产的管理。同时，围绕 Zoranje 附近的地区用作雨水收集、地下水补给、水稻田、竹林、风暴防风林和休闲区。基础设施带连同禁建区，形成一个生产性景观框架，通过政府和当前土地所有者的协调，可以在其周围发展成一个城市化模式（图 6-81）。

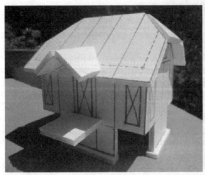

图6-80　斜坡屋顶（引自http://haitirewired.wired.com）

图6-81 居民重建房屋 (引自www.rootsof development.org, http://upload.wikimedia.org, http://degenkolb.com)

③ **Zoranje 城镇等级** 设计团队策划了一系列的项目，使社会工程与自然干预深深地结合在一起。

首先，将会建成一个建设培训学校，用来教育来自现有村庄的志愿者和那些将要暂时安置在房屋博览会的空房子里的新定居者。一所建筑培训学校，一个绿色基础设施和一个拥有材料银行的回收中心将会提供所需的材料和知识。作为培训的一部分，学员将和建设公司一道，建立第一条绿色基础设施带，以及道路、供水设施、卫生、能源设施、堆肥、回收中心、宗教中心还有第一个包含125所房屋的住宅单位，学员及其家人将在一年内入住。

同时，第二类自愿搬迁的人将会在职业学校接受培训，建造更多的房屋等。太子港迫切需要熟练的劳动力，使 Zoranje 的建设学校扮演一个重要的角色。该学校的课程将会为更多的行业提供培训，包括一个有机农业学校，一个竹材建设单位和一个数字化制造实验室（图 6-82）。

④ **Zoranje 社区层级**（图 6-83） 正如那些大量建造在太子港陡峭山坡上的非正规居住区所表明的，海地有能力在最艰难的情况下完成建设。我们必须利用这种能力，因为传统施工的市场不能提供解决海地住房短缺所需的巨大建造力。开放式社区会议目前已成为 Zoranje 规划的一个重要组成部分，并且会在将来继续下去。

总之，Zoranje 社区有作为建筑和城市农业中心的潜质，其土地具有提供淡水、食物和建材的能力，与城市布局和居民的生活紧密结合在一起。

到目前为止的工作进程证明，作为一个专业，风景园林对于多标量、多部门和多视角的规划是多么的重要，这样的规划与重灾后的景观、基础设施和社会有着密切的关系。研究小组认为，典范社区基金会有能力在海地政府和一些选定的非政府组织的帮助下策划上述项目。

图6-82 建设培训学校（引自http://haiti school project.org）

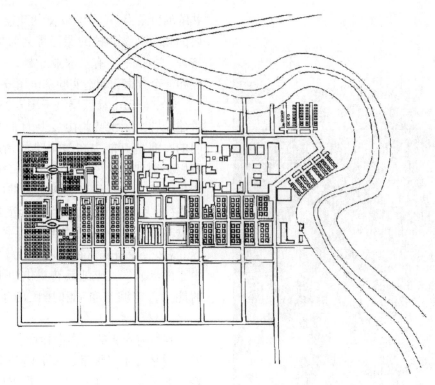

图6-83　Zoranje社区平面图

小　结

　　风景园林随着社会的发展而发展，同时也起到促进社会发展的作用。风景园林实践作为城乡建设的重要组成部分，涉及的领域不断扩大，对社会各阶层利益的影响也不断加深。风景园林实践不仅要维护自然生态系统，创造美好的视觉体验，还要考虑项目所涉及的人和人们的社会交往模式，以及社会管理方式。在实践中应用社会学原理和方法，有助于风景园林学科更有效地对环境、经济和人类社会做出贡献。随着法律和制度的健全、民众意识的提高和社会组织的完善，风景园林实践也将体现出更多更重要的社会价值。

思考题

1. 选择一处街区尺度的城市建成地区，以小组的形式进行社会调查，利用风景园林社会实践原理，关注街区公共空间，完成调查报告。

2. 如何在风景园林规划设计实践中运用社会原理？

3. 风景园林常用的社会调研方法有哪些？

推荐阅读书目

1. 美国大城市的生与死. 简·雅各布斯. 译林出版社，2006.

2. 城市规划社会学. 吴晓，魏羽力. 东南大学出版社，2010.

3. 社区规划的社会实践——参与式城市更新及社区再造. 刘佳燕，王天夫等. 中国建筑工业出版社，2019.

4. 城市社会学（第2版）. 顾朝林，刘佳燕等. 清华大学出版社，2013.

5. 共建美丽家园：社区花园实践手册. 刘悦来，魏闽. 上海科学技术出版社，2018.

参考文献

（美）查尔斯·莫尔，等．风景：诗化般的园艺为人类再造乐园 [M]．李斯，译．北京：光明日报出版社，2000．

（美）查尔斯·瓦尔德海姆．景观都市主义 [M]．刘海龙，等译．北京：中国建筑工业出版社，2011．

（美）罗杰·特兰西克．寻找失落空间——城市设计的理论 [M]．朱子瑜，等译．北京：中国建筑工业出版社，2008．

（美）奇普·沙利文，等．庭院与气候 [M]．沈浮，王志珊，译．北京：中国建筑工业出版社，2005．

（美）斯塔夫里阿诺斯．全球通史 [M]．吴象婴，等译．北京：北京大学出版社，2006．

（美）威廉．M·马什．景观规划的环境学途径 [M]．4 版．朱强，译．北京：中国建筑工业出版社，2006．

（美）伊恩·伦诺克斯·麦克哈格．设计结合自然 [M]．芮经纬，译．天津：天津大学出版社，2006．

（美）约翰·D·霍格．伊斯兰建筑 [M]．杨昌鸣，等译．北京：中国建筑工业出版社．1999．

（英）艾伦·泰特．城市公园设计 [M]．周玉鹏，等译．北京：中国建筑工业出版社，2005．

（英）凯瑟琳·迪伊．景观建筑、形式与纹理 [M]．周剑云，等译．杭州：浙江科学技术出版社，2003．

（英）汤姆·特纳．景观规划与环境影响设计 [M]．王珏，译．北京：中国建筑工业出版社，2006．

（美）Eugene P．Odem，Gray W．Barrett．生态学基础 [M]．5 版．陆健健，等译．北京：高等教育出版社，2009：3．

（美）凯文·林奇．城市意象 [M]．方益萍，何晓军，译．北京：华夏出版社，2001．

[美] 诺曼·K·布思．风景园林设计要素 [M]．曹礼昆，曹德鲲，译．北京：中国林业出版社，1989．

（美）托拍特·哈姆林．建筑形式美的原则 [M]．邹德侬，泽．北京：中国建筑工业出版社，1982．

（美）约翰·O·西蒙兹．景观设计学——场地规划与设计手册 [M]．4 版．朱强，等译．北京：中国建筑工业出版社，2009．

〔英〕罗伯特·欧文．伊斯兰世界的艺术 [M]．南宁：广西师范大学出版社，2005．

Bill Hanway．伦敦 2012 奥林匹克公园总体规划及赛后利用 [J]．风景园林，2012(3)：102-110．

J·格林伍德，J．M．B·爱德华兹．人类环境和自然系统 [M]．2 版．刘之光，等译．北京：化学工业出版社，1987．

M·米歇尔·劳瑞．景观设计学概论 [M]．天津：天津大学出版社，2012．

Tom Turner．世界园林史 [M]．林箐，等译．北京：中国林业出版社．2011．

埃德蒙·培根．城市设计 [M]．黄富详，朱琪，译．北京：中国建筑工业出版社，2003．

北京市质量技术监督局．DB11 T335—2006 北京市地方标准——园林设计文件内容及深度 [S]．2006．

陈从周．说园 [M]．济南：山东画报出版社，2002．

陈植注．园冶注释 [M]．北京：中国建筑工业出版社，1988．

陈志华．外国建筑史（19 世纪末叶以前）[M]．北京：中国建筑工业出版社．2010．

陈志华．外国造园艺术 [M]．郑州：河南科学技术出版社，2005．

程大锦．建筑：形式、空间和秩序 [M]．刘丛红，译．天津：天津大学出版社，2005．

董璁．景观形式的生成与系统 [D]．北京：北京林业大学，2000．

傅熹年．中国古代城市规划建筑群布局及建筑设计方法研究 [M]．北京：中国建筑工业出版社，2001．

高居翰，黄晓，刘珊珊．不朽的林泉：中国古代园林绘画 [M]．北京：三联书店，2012．

顾凯．明代江南园林研究 [M]．南京：东南大学出版社，2010．

郭美锋．一种有效推动我国风景园林规划设计的方法——公众参与 [J]．中国园林，2004(1)：76-78．

汉宝德．物象与心境——中国的园林 [M]．北京：三联书店，2013．

黄亚平. 城市规划与城市社会发展 [M]. 北京：中国建筑工业出版社，2009：72-77，21-36，141-160.

贾珺. 北京私家园林志 [M]. 北京：清华大学出版社，2009.

杰弗瑞·杰里柯，苏珊·杰里柯. 图解人类景观：环境塑造史论 [M]. 上海：同济大学出版社，2006.

景观设计杂志社. 全球经典景观设计探索集锦（III）[M]. 大连：大连理工大学出版社，2011：192-197，54-59.

李春玲. 风景区的社区公众参与模式研究 [J]. 中国园林，2006(11)：90-93.

李华东. 朝鲜半岛古代建筑文化 [M]. 南京：东南大学出版社，2011.

林广思. 中国风景园林学科和专业设置的研究 [D]. 北京：北京林业大学，2007.

林箐. 当代国际风景园林印象 [J]. 风景园林，2015(04)：92-101.

林箐. 法国勒诺特尔园林的艺术成就及其对现代风景园林的影响 [D]. 北京：北京林业大学，2005.

林箐，王向荣. 风景园林与文化 [J]. 中国园林，2009，25(09)：19-23.

林箐，吴菲. 风景园林实践的社会原理 [J]. 中国园林，2014，30(01)：34-41.

林箐，王向荣. 地域特征与景观形式 [J]. 中国园林，2005(6)：16-24.

刘敦桢. 苏州古典园林 [M]. 北京：中国建筑工业出版社，2005.

刘庭风. 日本园林教程 [M]. 天津：天津大学出版社，2005.

刘晓明，薛晓飞，等. 中国古代园林史 [M]. 北京：中国林业出版社，2017.

刘易斯·芒福德. 城市发展史：起源、演变和前景 [M]. 倪文彦，宋峻岭，译. 北京：中国建筑工业出版社，2005.

芦原义信. 外部空间设计 [M]. 尹培桐，译. 北京：中国建筑工业出版社，1985.

潘谷西. 江南理景艺术 [M]. 南京：东南大学出版社，2001.

潘谷西. 中国建筑史 [M]. 6 版. 北京：中国建筑工业出版社，2009.

彭一刚. 中国古典园林分析 [M]. 北京：中国建筑工业出版社，1986.

戚珩，范为. 古城阆中的风水格局 [A]. 王其亨，风水理论研究 [C]. 天津：天津大学出版社，1992.

沈克宁. 文化环境研究面面观 [M]. 杭州：浙江科学技术出版社，2003.

斯蒂芬·斯特罗姆，库尔特·内森. 风景建筑学场地工程 [M]. 任慧韬，等译. 大连：大连理工出版社，2002.

孙施文. 现代城市规划理论 [M]. 北京：中国建筑工业出版社. 2007.

汤晋. 城市设计与城市公共空间犯罪防控 [J]. 华中建筑，2005(1)：112-117.

特里莎·安德森，特里莎·贝尔特恩特·卡玛拉. 第一代葡萄牙风景园林大师 (1940—1970)[J]. 风景园林，2008(06)：42-53.

童寯. 江南园林志 [M]. 北京：中国建筑工业出版社，1984.

汪菊渊. 中国古代园林史 [M]. 北京：中国建筑工业出版社，2006.

王受之. 世界现代建筑史 [M]. 北京：中国建筑工业出版社，1999.

王向荣. 理性的浪漫，德国传统园林艺术 [M]. 昆明：云南大学出版社，1999.

王向荣，林箐. 风景园林与自然 [J]. 世界建筑，2014(02)：24-27.

王向荣，林箐. 杭州江洋畈生态公园工程月历 [J]. 风景园林，2011(1)：18-31.

王向荣，林箐. 蒙小英，北欧国家的现代景观 [M]. 北京：中国建筑工业出版社，2007.

王向荣，林箐. 欧洲新景观 [M]. 南京：东南大学出版社，2003.

王向荣，林箐. 西方现代景观设计的理论和实践 [M]. 北京：中国建筑工业出版社，2002.

王向荣，林箐. 现代景观的价值取向 [J]. 中国园林，2003(1)：4-11.

王向荣，林箐. 自然的含义 [J]. 中国园林，2007.

威廉·马什. 景观规划的环境学途径 [M]. 朱强，等译. 北京：中国建筑工业出版社，2006.

吴良镛. 中国人居史 [M]. 北京：中国建筑工业出版社，2014.

吴晓，魏羽力．城市规划社会学 [M]．南京：东南大学出版社，2010．

西蒙·贝尔．景观的视觉设计要素 [M]．王文彤，译．北京：中国建筑工业出版社，2004．

杨·伍德斯达，赵纪军．"相约千年"：千年之交的英国景观设计 [J]．世界建筑，2006(07)：40-44．

杨冬辉．因循自然的景观规划——从发达国家的水域空间规划看城市景观的新需求 [J]．中国园林，2002(03)：17-20．

杨鸿勋．江南园林论 [M]．上海：上海人民出版社，1996．

俞孔坚，吉庆萍．国际"城市美化运动"之于中国的教训（上）[J]．中国园林，2001(1)：27-34．

约翰·迪克松·亨特．风景的结构 [A]．温迪普兰，科学与艺术中的结构 [C]．曹博，译．北京：华夏出版社，2003．

张晋石．20 世纪荷兰乡村景观发展概述 [J]．风景园林，2013(04)：61-66．

张晋石．荷兰土地整理与乡村景观规划 [J]．中国园林，2006(05)：66-71．

张京祥．西方城市规划思想史纲 [M]．南京：东南大学出版社，2005：111-127．

张京祥，李志刚．开敞空间的社会文化含义：欧洲城市的演变与新要求 [J]．国外城市规划，2004（19）：24-27．

赵万民，赵民，毛其智．关于"城乡规划学"作为一级学科建设的学术思考 [J]．城市规划，2010，34(06)：46-52，54．

中国建筑标准设计研究院，06SJ805 建筑场地园林景观设计深度及图样 [M]．北京：中国计划出版社，2006．

周维权．中国古典园林史 [M]．3 版．北京：清华大学出版社，2008．

朱建宁．探索未来的城市公园——拉维莱特公园 [J]．中国园林，1999(2)：74-76．

Baljon. Designing Parks[M]. Amsterdam: Natura Press，1992．

Beardsley John，Werthmann，Christian. Dirty Work [J]. Topos，2008(64)：36-43．

Bolhuis Peter van. Soaring landscape[M]. Wageningen: Blauwdruk，2010．

Figueras Bet. Botanic and Fractal Embodied　Figures in Landscape [J]. Association Paysage，2002．

Gothein，Marie Luise. A History of Garden Art[M]. Georg Olms Verlag Hildesheim，1977．

Hargreaves George. Landscape Alchemy: The Work of Hargreaves Associates[M].

Jellicoe Geoffrey，Jellicoe Susan. The Oxford Companion to Gardens[M]. London: Oxford，2001．

Le Dantec，Jean-pierre. Le Sauvage et le Régulier-Art des Jardins et Paysagisme en France au XXe Siècle[M]. Paris，2002．

Michel. Corajoud-Collection Visage[M]. Hartmann Édition，École Nationale Supérieure du Paysage，2000：104-107．

Mossop Elizabeth. Remarking City And Coast Landscape Crisis in New Orleans[J]. Topos，2011(76)：97-101．

Motloch John. Introduction to landscape Design[M]. New York: John Wiley & Sons，2000．

Newton Norman T. Design on the Land: The Development of Landscape Architecture[M]. Boston: Harvard University Press，1971．

Saunder William S. Kiley Daniel Urban[M]. New York: Princeton Architectural Press，1999．

Schwab Eva，Aponte Gloria. Small Scale-big Impact: Medellin's Integral Urban Projects [J]．Topos，2013(84)：36-43．

Steenbergen Clemens. Architecture and Landscape: The Design Experiment of The Great European Gardens and Landscapes[M].
Bussum：THOTH Publishers，2003．

Terib Mart. Axioms For a Morden Landscape Architecture[M]. Cambridge，Mass: MIT Dept. of Architecture，1992．

Werthmann Christian. Designing Process The Exemplar Community Zoranjie in Haiti [J]. Topos，2011(76)：90-95．